黑龍江大學出版社
HEILONGJIANG UNIVERSITY PRESS

本丛书获得以下基金项目资助：

国家出版基金项目
国家哲学社会科学基金重点项目《东欧新马克思主义理论研究》，10AKS005
黑龙江省社科重大委托项目《东欧新马克思主义研究》，08A-002

衣俊卿◆主编

个体生存的现代观照

——沙夫人道主义思想研究

Modern Solicitude for the Existence of the Human Individual
—A Study of Adam Schaff's Humanism

孙　芳◇著

黑龍江大學出版社
HEILONGJIANG UNIVERSITY PRESS

图书在版编目(CIP)数据

个体生存的现代观照：沙夫人道主义思想研究 / 孙芳著. -- 哈尔滨：黑龙江大学出版社，2015.5（2021.7重印）
（东欧新马克思主义理论研究 / 衣俊卿主编）
ISBN 978-7-81129-890-1

Ⅰ. ①个… Ⅱ. ①孙… Ⅲ. ①沙夫,A.(1913～2006)-人道主义-研究 Ⅳ. ①B513②B089.1

中国版本图书馆 CIP 数据核字(2015)第 080797 号

个体生存的现代观照：沙夫人道主义思想研究
GETI SHENGCUN DE XIANDAI GUANZHAO：SHAFU RENDAOZHUYI SIXIANG YANJIU
孙　芳　著

责任编辑　高　媛
出版发行　黑龙江大学出版社
地　　址　哈尔滨市南岗区学府三道街36号
印　　刷　三河市春园印刷有限公司
开　　本　720毫米×1000毫米　1/16
印　　张　19
字　　数　278千
版　　次　2015年5月第1版
印　　次　2021年7月第2次印刷
书　　号　ISBN 978-7-81129-890-1
定　　价　52.00元

目　　录

>>> 总序

全面开启国外马克思主义研究的一个新领域

衣俊卿

经过较长时间的准备,黑龙江大学出版社从2010年起陆续推出"东欧新马克思主义译丛"和"东欧新马克思主义理论研究"丛书。作为主编,我从一开始就赋予这两套丛书以重要的学术使命:在我国学术界全面开启国外马克思主义研究的一个新领域,即东欧新马克思主义研究。

我自知,由于自身学术水平和研究能力的限制,以及所组织的翻译队伍和研究队伍等方面的原因,我们对这两套丛书不能抱过高的学术期待。实际上,我对这两套丛书的定位不是"结果"而是"开端":自觉地、系统地"开启"对东欧新马克思主义的全面研究。

策划这两部关于东欧新马克思主义的大部头丛书,并非我一时心血来潮。可以说,系统地研究东欧新马克思主义是我过去二十多年一直无法释怀的,甚至是最大的学术夙愿。这里还要说的一点是,之所以如此强调开展东欧新马克思主义研究的重要性,并非我个人的某种学术偏好,而是东欧新马克思主义自身的理论地位使然。在某种意义上可以说,全面系统地开展东欧新马克思主义研究,应当是新世纪中国学术界不容忽视的重大学术任务。基于此,我想为这两套丛书写一个较长的总序,为的是给读者和研究者提供某些参考。

一、丛书的由来

我对东欧新马克思主义的兴趣和研究始于20世纪80年代初，也即在北京大学哲学系就读期间。那时的我虽对南斯拉夫实践派产生了很大的兴趣，但苦于语言与资料的障碍，无法深入探讨。之后，适逢有机会去南斯拉夫贝尔格莱德大学哲学系进修并攻读博士学位，这样就为了却自己的这桩心愿创造了条件。1984年至1986年间，在导师穆尼什奇（Zdravko Munišić）教授的指导下，我直接接触了十几位实践派代表人物以及其他哲学家，从第一手资料到观点方面得到了他们热情而真挚的帮助和指导，用塞尔维亚文完成了博士论文《第二次世界大战后南斯拉夫哲学家建立人道主义马克思主义的尝试》。在此期间，我同时开始了对东欧新马克思主义其他代表人物的初步研究。回国后，我又断断续续地进行东欧新马克思主义研究，并有幸同移居纽约的赫勒教授建立了通信关系，在她真诚的帮助与指导下，翻译出版了她的《日常生活》一书。此外，我还陆续发表了一些关于东欧新马克思主义的研究成果，但主要是进行初步评介的工作。①

纵观国内学界，特别是国外马克思主义研究界，虽然除了本人以外，还有一些学者较早地涉及东欧新马克思主义的某几个代表人物，发表了一些研究成果，并把东欧新马克思主义一些代表人物

① 如衣俊卿：《实践派的探索与实践哲学的述评》，（台湾）森大图书有限公司1990年版；衣俊卿：《东欧的新马克思主义》，（台湾）唐山出版社1993年版；衣俊卿：《人道主义批判理论——东欧新马克思主义述评》，中国人民大学出版社2005年版；衣俊卿、陈树林主编：《当代学者视野中的马克思主义哲学·东欧和苏联学者卷》（上、下），北京师范大学出版社2008年版，以及关于科西克、赫勒、南斯拉夫实践派等的系列论文。

的部分著作陆续翻译成中文[1]，但是，总体上看，这些研究成果只涉及几位东欧新马克思主义代表人物，并没有建构起一个相对独立的研究领域，人们常常把关于赫勒、科西克等人的研究作为关于某一理论家的个案研究，并没有把他们置于东欧新马克思主义的历史背景和理论视野中加以把握。可以说，东欧新马克思主义研究在我国尚处于起步阶段和自发研究阶段。

我认为，目前我国的东欧新马克思主义研究状况与东欧新马克思主义在20世纪哲学社会科学，特别是在马克思主义发展中所具有的重要地位和影响力是不相称的；同时，关于东欧新马克思主义研究的缺位对于我们在全球化背景下发展具有中国特色和世界眼光的马克思主义的理论战略，也是不利的。应当说，过去30年，特别是新世纪开始的头十年，国外马克思主义研究在我国学术界已经成为最重要、最受关注的研究领域之一，不仅这一领域本身的学科建设和理论建设取得了长足的进步，而且在一定程度上还引起了哲学社会科学研究范式的改变。正是由于国外马克思主义的研究进展，使得哲学的不同分支学科之间、社会科学的不同学科之间，乃至世界问题和中国问题、世界视野和中国视野之间，开始出现相互融合和相互渗透的趋势。但是，我们必须看到，国外马克思主义研究还处于初始阶段，无论在广度上还是深度上都有很大的拓展空间。

我一直认为，在20世纪世界马克思主义研究的总体格局中，从对马克思思想的当代阐发和对当代社会的全方位批判两个方面衡量，真正能够称之为“新马克思主义”的主要有三个领域：一是我

---

① 例如，沙夫：《人的哲学》，林波等译，三联书店1963年版；沙夫：《论共产主义运动的若干问题》，奚戚等译，人民出版社1983年版；赫勒：《日常生活》，衣俊卿译，重庆出版社1990年版；赫勒：《现代性理论》，李瑞华译，商务印书馆2005年版；马尔科维奇、彼德洛维奇编：《南斯拉夫“实践派”的历史和理论》，郑一明、曲跃厚译，重庆出版社1994年版；柯拉柯夫斯基：《形而上学的恐怖》，唐少杰等译，三联书店1999年版；柯拉柯夫斯基：《宗教：如果没有上帝……》，杨德友译，三联书店1997年版等，以及黄继锋：《东欧新马克思主义》，中央编译出版社2002年版；张一兵、刘怀玉、傅其林、潘宇鹏等关于科西克、赫勒等人的研究文章。

们通常所说的西方马克思主义，主要包括以卢卡奇、科尔施、葛兰西、布洛赫为代表的早期西方马克思主义，以霍克海默、阿多诺、马尔库塞、弗洛姆、哈贝马斯等为代表的法兰克福学派，以及萨特的存在主义马克思主义、阿尔都塞的结构主义马克思主义等；二是20世纪70年代之后的新马克思主义流派，主要包括分析的马克思主义、生态学马克思主义、女权主义马克思主义、文化的马克思主义、发展理论的马克思主义、后马克思主义等；三是以南斯拉夫实践派、匈牙利布达佩斯学派、波兰和捷克斯洛伐克等国的新马克思主义者为代表的东欧新马克思主义。就这一基本格局而言，由于学术视野和其他因素的局限，我国的国外马克思主义研究呈现出发展不平衡的状态：大多数研究集中于对卢卡奇、科尔施和葛兰西等人开创的西方马克思主义流派和以生态学马克思主义、女权主义马克思主义等为代表的20世纪70、80年代之后的欧美新马克思主义流派的研究，而对于同样具有重要地位的东欧新马克思主义以及其他一些国外新马克思主义流派则较少关注。由此，东欧新马克思主义研究已经成为我国学术界关于世界马克思主义研究中的一个比较严重的"短板"。有鉴于此，我以黑龙江大学文化哲学研究中心、马克思主义哲学专业和国外马克思主义研究专业的研究人员为主，广泛吸纳国内相关领域的专家学者，组织了一个翻译、研究东欧新马克思主义的学术团队，以期在东欧新马克思主义的译介、研究方面做一些开创性的工作，填补国内学界的这一空白。2010—2015年，"译丛"预计出版40种，"理论研究"丛书预计出版20种，整个翻译和研究工程将历时多年。

以下，我根据多年来的学习、研究，就东欧新马克思主义的界定、历史沿革、理论建树、学术影响等作一简单介绍，以便丛书读者能对东欧新马克思主义有一个整体的了解。

二、东欧新马克思主义的界定

对东欧新马克思主义的范围和主要代表人物作一个基本划

界，并非轻而易举的事情。与其他一些在某一国度形成的具体的哲学社会科学理论流派相比，东欧新马克思主义要显得更为复杂，范围更为广泛。西方学术界的一些研究者或理论家从20世纪60年代后期就已经开始关注东欧新马克思主义的一些流派或理论家，并陆续对“实践派”、“布达佩斯学派”，以及其他东欧新马克思主义代表人物作了不同的研究，分别出版了其中的某一流派、某一理论家的论文集或对他们进行专题研究。但是，在对东欧新马克思主义的总体梳理和划界上，西方学术界也没有形成公认的观点，而且在对东欧新马克思主义及其代表人物的界定上存在不少差异，在称谓上也各有不同，例如，“东欧的新马克思主义”、“人道主义马克思主义”、“改革主义者”、“异端理论家”、“左翼理论家”等。

近年来，我在使用“东欧新马克思主义”范畴时，特别强调其特定的内涵和规定性。我认为，不能用“东欧新马克思主义”来泛指第二次世界大战后东欧的各种马克思主义研究，我们在划定东欧新马克思主义的范围时，必须严格选取那些从基本理论取向到具体学术活动都基本符合20世纪“新马克思主义”范畴的流派和理论家。具体说来，我认为，最具代表性的东欧新马克思主义理论家应当是：南斯拉夫实践派的彼得洛维奇（Gajo Petrović，1927—1993）、马尔科维奇（Mihailo Marković，1923—2010）、弗兰尼茨基（Predrag Vranickić，1922—2002）、坎格尔加（Milan Kangrga，1923—2008）和斯托扬诺维奇（Svetozar Stojanović，1931—2010）等；匈牙利布达佩斯学派的赫勒（Agnes Heller，1929—　）、费赫尔（Ferenc Feher，1933—1994）、马尔库什（György Markus，1934—　）和瓦伊达（Mihaly Vajda，1935—　）等；波兰的新马克思主义代表人物沙夫（Adam Schaff，1913—2006）、科拉科夫斯基（Leszak Kolakowski，1927—2009）等；捷克斯洛伐克的科西克（Karel Kosik，1926—2003）、斯维塔克（Ivan Svitak，1925—1994）等。应当说，我们可以通过上述理论家的主要理论建树，大体上建立起东欧新马克思主义的研究领域。

除了上述十几位理论家构成了东欧新马克思主义的中坚力量外，还有许多理论家也为东欧新马克思主义的发展作出了重要贡献。例如，南斯拉夫实践派的考拉奇（Veljko Korać，1914—1991）、日沃基奇（Miladin Životić，1930—1997）、哥鲁波维奇（Zagorka Golubović，1930— ）、达迪奇（Ljubomir Tadić，1925—2013）、波什尼雅克（Branko Bošnjak，1923—1996）、苏佩克（Rudi Supek，1913—1993）、格尔里奇（Danko Grlić，1923—1984）、苏特里奇（Vanja Sutlić，1925—1989）、达米尼扬诺维奇（Milan Damnjanović，1924—1994）等，匈牙利布达佩斯学派的女社会学家马尔库什（Maria Markus，1936— ）、赫格居什（András Hegedüs，1922—1999）、吉什（Janos Kis，1943— ）、塞勒尼（Ivan Szelenyi，1938— ）、康拉德（Ceorg Konrad，1933— ）、作家哈拉兹提（Miklós Haraszti，1945— ）等，以及捷克斯洛伐克的人道主义马克思主义理论家马霍韦茨（Milan Machovec，1925—2003）等。考虑到其理论活跃度、国际学术影响力和参与度等因素，也考虑到目前关于东欧新马克思主义研究力量的限度，我们一般没有把他们列入东欧新马克思主义的主要研究对象。

这些哲学家分属不同的国度，各有不同的研究领域，但是，共同的历史背景、共同的理论渊源、共同的文化境遇以及共同的学术活动形成了他们共同的学术追求和理论定位，使他们形成了一个以人道主义批判理论为基本特征的新马克思主义学术群体。

首先，东欧新马克思主义产生于第二次世界大战后东欧各国的社会主义改革进程中，他们在某种意义上都是改革的理论家和积极支持者。众所周知，第二次世界大战后，东欧各国普遍经历了“斯大林化”进程，普遍确立了以高度的计划经济和中央集权体制为特征的苏联社会主义模式或斯大林的社会主义模式，而20世纪五六十年代东欧一些国家的社会主义改革从根本上都是要冲破苏联社会主义模式的束缚，强调社会主义的人道主义和民主的特征，以及工人自治的要求。在这种意义上，东欧新马克思主义主要产生于南斯拉夫、匈牙利、波兰和捷克斯洛伐克四国，就不是偶然的事情了。因为，1948 年至 1968 年的 20 年间，标志着东欧社会主义改革艰巨历程的苏南冲突、波兹南事件、匈牙利事件、“布拉格之春”几个重大的世界性历史事件刚好在这四个国家中发生，上述东欧新马克思主义者都是这一改革进程中的重要理论家，他们从青年马克思的人道主义实践哲学立场出发，反思和批判苏联高度集权的社会主义模式，强调社会主义改革的必要性。

其次，东欧新马克思主义都具有比较深厚的马克思思想理论传统和开阔的现时代的批判视野。通常我们在使用“东欧新马克思主义”的范畴时是有严格限定条件的，只有那些既具有马克思的思想理论传统，在新的历史条件下对马克思关于人和世界的理论进行新的解释和拓展，同时又具有马克思理论的实践本性和批判维度，对当代社会进程进行深刻反思和批判的理论流派或学说，才能冠之以“新马克思主义”。可以肯定地说，我们上述开列的南斯拉夫、匈牙利、波兰和捷克斯洛伐克四国的十几位著名理论家符合这两个方面的要件。一方面，这些理论家都具有深厚的马克思主义思想传统，特别是青年马克思的实践哲学或者批判的人本主义思想对他们影响很大，例如，实践派的兴起与马克思《1844 年经济学哲学手稿》的塞尔维亚文版 1953 年在南斯拉夫出版有直接的关系。另一方面，绝大多数东欧新马克思主义理论家都直接或间接地受卢卡奇、布洛赫、列菲伏尔、马尔库塞、弗洛姆、哥德曼等人带有人道主义特征的马克思主义理解的影响，其中，布达佩斯学派的主要成员就是由卢卡奇的学生组成的。东欧新马克思主义代表人物像西方马克思主义代表人物一样，高度关注技术理性批判、意识形态批判、大众文化批判、现代性批判等当代重大理论问题和实践问题。

再次，东欧新马克思主义主要代表人物曾经组织了一系列国际性学术活动，这些由东欧新马克思主义代表人物、西方马克思主义代表人物，以及其他一些马克思主义者参加的活动进一步形成了东欧新马克思主义的共同的人道主义理论定向，提升了他们的国际影响力。上述我们划定的十几位理论家分属四个国度，而且所面临的具体处境和社会问题也不尽相同，但是，他们并非彼此孤立、各自独立活动的专家学者。实际上，他们不仅具有相同的或相近的理论立场，而且在相当一段时间内或者在很多场合内共同发起、组织和参与了20世纪六七十年代一些重要的世界性马克思主义研究活动。这里特别要提到的是南斯拉夫实践派在组织东欧新马克思主义和西方马克思主义交流和对话中的独特作用。从20世纪60年代中期到70年代中期，南斯拉夫实践派哲学家创办了著名的《实践》杂志（PRAXIS，1964—1974）和科尔丘拉夏令学园（Korčulavska ljetnja Škola，1963—1973）。10年间他们举办了10次国际讨论会，围绕着国家、政党、官僚制、分工、商品生产、技术理性、文化、当代世界的异化、社会主义的民主与自治等一系列重大的现实问题进行深入探讨，百余名东欧新马克思主义者、西方马克思主义理论家和其他东西方马克思主义研究者参加了讨论。特别要提到的是，布洛赫、列菲伏尔、马尔库塞、弗洛姆、哥德曼、马勒、哈贝马斯等西方著名马克思主义者和赫勒、马尔库什、科拉科夫斯基、科西克、实践派哲学家以及其他东欧新马克思主义者成为《实践》杂志国际编委会成员和科尔丘拉夏令学园的国际学术讨论会的积极参加者。卢卡奇未能参加讨论会，但他生前也曾担任《实践》杂志国际编委会成员。20世纪后期，由于各种原因东欧新马克思主义的主要代表人物或是直接移居西方或是辗转进入国际学术或教学领域，即使在这种情况下，东欧新马克思主义主要流派依旧进行许多合作性的学术活动或学术研究。例如，在《实践》杂志被迫停刊的情况下，以马尔科维奇为代表的一部分实践派代表人物于1981年在英国牛津创办了《实践（国际）》（PRAXIS INTERNATIONAL）杂志，布达佩斯学派的主要成员则多次合作推出一些共同的研究成果。① 相近的理论立场和共同活动的开展，使东欧新马克思主义成为一种有机的、类型化的新马克思主义。

三、东欧新马克思主义的历史沿革

我们可以粗略地以20世纪70年代中期为时间点，将东欧新马克思主义的发展历程划分为两大阶段：第一个阶段是东欧新马克思主义主要流派和主要代表人物在东欧各国从事理论活动的时期，第二个阶段是许多东欧新马克思主义者在西欧和英美直接参加国际学术活动的时期。具体情况如下：

20世纪50年代到70年代中期，是东欧新马克思主义主要流派和主要代表人物在东欧各国从事理论活动的时期，也是他们比较集中、比较自觉地建构人道主义的马克思主义的时期。可以说，这一时期的成果相应地构成了东欧新马克思主义的典型的或代表性的理论观点。这一时期的突出特点是东欧新马克思主义主要代表人物的理论活动直接同东欧的社会主义实践交织在一起。他们批判自然辩证法、反映论和经济决定论等观点，打破在社会主义国家中占统治地位的斯大林主义的理论模式，同时，也批判现存的官僚社会主义或国家社会主义关系，以及封闭的和落后的文化，力图在现存社会主义条件下，努力发展自由的创造性的个体，建立民主的、人道的、自治的社会主义。以此为基础，东欧新马克思主义积极发展和弘扬革命的和批判的人道主义马克思主义，他们一方面以独特的方式确立了人本主义马克思主义的立场，如实践派的"实践哲学"或"革命思想"、科西克的"具体的辩证法"、布达佩斯学派

① 例如，Agnes Heller, *Lukács Revalued*, Oxford: Basil Blackwell Publisher, 1983; Ferenc Feher, Agnes Heller and György Markus, *Dictatorship over Needs*, New York: St. Martin's Press, 1983; Agnes Heller and Ferenc Feher, *Reconstructing Aesthetics – Writings of the Budapest School*, New York: Blackwell, 1986; J. Grumley, P. Crittenden and P Johnson eds., *Culture and Enlightenment: Essays for György Markus*, Hampshire: Ashgate Publishing Limited, 2002 等。

的需要革命理论等等；另一方面以异化理论为依据，密切关注人类的普遍困境，像西方人本主义思想家一样，对于官僚政治、意识形态、技术理性、大众文化等异化的社会力量进行了深刻的批判。这一时期，东欧新马克思主义代表人物展示出比较强的理论创造力，推出了一批有影响的理论著作，例如，科西克的《具体的辩证法》、沙夫的《人的哲学》和《马克思主义与人类个体》、科拉科夫斯基的《走向马克思主义的人道主义》、赫勒的《日常生活》和《马克思的需要理论》、马尔库什的《马克思主义与人类学》、彼得洛维奇的《哲学与马克思主义》和《哲学与革命》、马尔科维奇的《人道主义和辩证法》、弗兰尼茨基的《马克思主义和社会主义》等。

20 世纪 70 年代中后期以来，东欧新马克思主义的基本特点是不再作为自觉的学术流派围绕共同的话题而开展学术研究，而是逐步超出东欧的范围，通过移民或学术交流的方式分散在英美、澳大利亚、德国等地，汇入到西方各种新马克思主义流派或左翼激进主义思潮之中，他们作为个体，在不同的国家和地区分别参与国际范围内的学术研究和社会批判，并直接以英文、德文、法文等发表学术著作。大体说来，这一时期，东欧新马克思主义的主要代表人物的理论热点，主要体现在两个大的方面：从一个方面来看，马克思主义和社会主义依旧是东欧新马克思主义理论家关注的重要主题之一。他们在新的语境中继续研究和反思传统马克思主义和苏联模式的社会主义实践，并且陆续出版了一些有影响的学术著作，例如，科拉科夫斯基的三卷本《马克思主义的主要流派》、沙夫的《处在十字路口的共产主义运动》[①]、斯托扬诺维奇的《南斯拉夫的垮台：为什么共产主义会失败》、马尔科维奇的《民主社会主义：理论与实践》、瓦伊达的《国家和社会主义：政治学论文集》、马尔库什的《困难的过渡：中欧和东欧的社会民主》、费赫尔的《东欧的危机

① 参见该书的中文译本——沙夫：《论共产主义运动的若干问题》，奚戚等译，人民出版社 1983 年版。

和改革》等。但是,从另一方面看,东欧新马克思主义理论家,特别是以赫勒为代表的布达佩斯学派成员,以及沙夫和科拉科夫斯基等人,把主要注意力越来越多地投向20世纪70年代以来西方其他新马克思主义流派和左翼激进思想家所关注的文化批判和社会批判主题,特别是政治哲学的主题,例如,启蒙与现代性批判、后现代政治状况、生态问题、文化批判、激进哲学等。他们的一些著作具有重要的学术影响,例如,沙夫作为罗马俱乐部成员同他人一起主编的《微电子学与社会》和《全球人道主义》、科拉科夫斯基的《经受无穷拷问的现代性》等。这里特别要突出强调的是布达佩斯学派的主要成员,他们的研究已经构成了过去几十年西方左翼激进主义批判理论思潮的重要组成部分,例如,赫勒独自撰写或与他人合写的《现代性理论》、《激进哲学》、《后现代政治状况》、《现代性能够幸存吗?》等,费赫尔主编或撰写的《法国大革命与现代性的诞生》、《生态政治学:公共政策和社会福利》等,马尔库什的《语言与生产:范式批判》等。

四、东欧新马克思主义的理论建树

通过上述历史沿革的描述,我们可以发现一个很有趣的现象:东欧新马克思主义发展的第一个阶段大体上是与典型的西方马克思主义处在同一个时期;而第二个阶段又是与20世纪70年代以后的各种新马克思主义相互交织的时期。这样,东欧新马克思主义就同另外两种主要的新马克思主义构成奇特的交互关系,形成了相互影响的关系。关于东欧新马克思主义的学术建树和理论贡献,不同的研究者有不同的评价,其中有些偶尔从某一个侧面涉猎东欧新马克思主义的研究者,由于无法了解东欧新马克思主义的全貌和理论独特性,片面地断言:东欧新马克思主义不过是以卢卡奇等人为代表的西方马克思主义的一个简单的附属物、衍生产品或边缘性、枝节性的延伸,没有什么独特的理论创造和理论地位。

这显然是一种表面化的理论误解，需要加以澄清。

在这里，我想把东欧新马克思主义置于20世纪的新马克思主义的大格局中加以比较研究，主要是将其与西方马克思主义和20世纪70年代之后的新马克思主义流派加以比较，以把握其独特的理论贡献和理论特色。从总体上看，东欧新马克思主义的理论旨趣和实践关怀与其他新马克思主义在基本方向上大体一致，然而，东欧新马克思主义具有东欧社会主义进程和世界历史进程的双重背景，这种历史体验的独特性使他们在理论层面上既有比较坚实的马克思思想传统，又有对当今世界和人的生存的现实思考，在实践层面上，既有对社会主义建立及其改革进程的亲历，又有对现代性语境中的社会文化问题的批判分析。基于这种定位，我认为，研究东欧新马克思主义，在总体上要特别关注其三个理论特色。

其一，对马克思思想独特的、深刻的阐述。虽然所有新马克思主义都不可否认具有马克思的思想传统，但是，如果我们细分析，就会发现，除了卢卡奇的主客体统一的辩证法、葛兰西的实践哲学等，大多数西方马克思主义者并没有对马克思的思想、更不要说20世纪70年代以后的新马克思主义流派作出集中的、系统的和独特的阐述。他们的主要兴奋点是结合当今世界的问题和人的生存困境去补充、修正或重新解释马克思的某些论点。相比之下，东欧新马克思主义理论家对马克思思想的阐述最为系统和集中，这一方面得益于这些理论家的马克思主义理论基础，包括早期的传统马克思主义的知识积累和20世纪50年代之后对青年马克思思想的系统研究，另一方面得益于东欧理论家和思想家特有的理论思维能力和悟性。关于东欧新马克思主义理论家在马克思思想及马克思主义理论方面的功底和功力，我们可以提及两套尽管引起很大争议，但是产生了很大影响的研究马克思主义历史的著作，一是弗兰尼茨基的三卷本《马克思主义史》①，二是科拉科夫斯基的三卷本《马克思主义的主要流派》②。甚至当科拉科夫斯基在晚年宣布"放弃了马克思"后，我们依旧不难在他的理论中看到马克思思想的深刻影响。

在这一点上，可以说，差不多大多数东欧新马克思主义理论家都曾集中精力对马克思的思想作系统的研究和新的阐释。其中特别要提到的应当是如下几种关于马克思思想的独特阐述：一是科西克在《具体的辩证法》中对马克思实践哲学的独特解读和理论建构，其理论深度和哲学视野在20世纪关于实践哲学的各种理论建构中毫无疑问应当占有重要的地位；二是沙夫在《人的哲学》、《马克思主义与人类个体》和《作为社会现象的异化》几部著作中通过对异化、物化和对象化问题的细致分析，建立起一种以人的问题为核心的人道主义马克思主义理解；三是南斯拉夫实践派关于马克思实践哲学的阐述，尤其是彼得洛维奇的《哲学与马克思主义》、《哲学与革命》和《革命思想》，马尔科维奇的《人道主义和辩证法》，坎格尔加的《卡尔·马克思著作中的伦理学问题》等著作从不同侧面提供了当代关于马克思实践哲学最为系统的建构与表述；四是赫勒的《马克思的需要理论》、《日常生活》和马尔库什的《马克思主义与人类学》在宏观视角与微观视角相结合的视阈中，围绕着人类学生存结构、需要的革命和日常生活的人道化，对马克思关于人的问题作了深刻而独特的阐述，并探讨了关于人的解放的独特思路。正如赫勒所言："社会变革无法仅仅在宏观尺度上得以实现，进而，人的态度上的改变无论好坏都是所有变革的内在组成部

① Predrag Vranicki, *Historija Marksizma*, I,II,III, Zagreb: Naprijed, 1978. 参见普雷德腊格·弗兰尼茨基:《马克思主义史》(I、II、III)，李嘉恩等译，人民出版社1986、1988、1992年版。

② Leszek Kolakowski, *Main Currents of Marxism*, 3 vols., Oxford: Oxford University Press, 1978.

分。”①

其二，对社会主义理论和实践、历史和命运的反思，特别是对社会主义改革的理论设计。社会主义理论与实践是所有新马克思主义以不同方式共同关注的课题，因为它代表了马克思思想的最重要的实践维度。但坦率地讲，西方马克思主义理论家和20世纪70年代之后的新马克思主义流派在社会主义问题上并不具有最有说服力的发言权，他们对以苏联为代表的现存社会主义体制的批判往往表现为外在的观照和反思，而他们所设想的民主社会主义、生态社会主义等模式，也主要局限于西方发达社会中的某些社会历史现象。毫无疑问，探讨社会主义的理论和实践问题，如果不把几乎贯穿于整个20世纪的社会主义实践纳入视野，加以深刻分析，是很难形成有说服力的见解的。在这方面，东欧新马克思主义理论家具有独特的优势，他们大多是苏南冲突、波兹南事件、匈牙利事件、“布拉格之春”这些重大历史事件的亲历者，也是社会主义自治实践、“具有人道特征的社会主义”等改革实践的直接参与者，甚至在某种意义上是理论设计者。东欧新马克思主义理论家对社会主义的理论探讨是多方面的，首先值得特别关注的是他们结合社会主义的改革实践，对社会主义的本质特征的阐述。从总体上看，他们大多致力于批判当时东欧国家的官僚社会主义或国家社会主义，以及封闭的和落后的文化，力图在当时的社会主义条件下，努力发展自由的创造性的个体，建立民主的、人道的、自治的社会主义。在这方面，弗兰尼茨基的理论建树最具影响力，在《马克思主义和社会主义》和《作为不断革命的自治》两部代表作中，他从一般到个别、从理论到实践，深刻地批判了国家社会主义模式，表述了社会主义异化论思想，揭示了社会主义的人道主义性质。他认为，以生产者自治为特征的社会主义“本质上是一种历史的、新

① Agnes Heller, *Everyday Life*, London and New York: Routledge and Kegan Paul, 1984, p. x.

型民主的发展和加深”①。此外,从20世纪80年代起,特别是在20世纪90年代后,很多东欧新马克思主义理论家对苏联解体和东欧剧变作了多视角的、近距离的反思,例如,沙夫的《处在十字路口的共产主义运动》,费赫尔的《戈尔巴乔夫时期苏联体制的危机和危机的解决》,马尔库什的《困难的过渡:中欧和东欧的社会民主》,斯托扬诺维奇的《南斯拉夫的垮台:为什么共产主义会失败》、《塞尔维亚:民主的革命》等。

其三,对于现代性的独特的理论反思。如前所述,20世纪80年代以来,东欧新马克思主义理论家把主要注意力越来越多地投向20世纪70年代以来西方其他新马克思主义流派和左翼激进思想家所关注的文化批判和社会批判主题。在这一研究领域中,东欧新马克思主义理论家的独特性在于,他们在阐释马克思思想时所形成的理论视野,以及对社会主义历史命运和发达工业社会进行综合思考时所形成的社会批判视野,构成了特有的深刻的理论内涵。例如,赫勒在《激进哲学》,以及她与费赫尔、马尔库什等合写的《对需要的专政》等著作中,用他们对马克思的需要理论的理解为背景,以需要结构贯穿对发达工业社会和现存社会主义社会的分析,形成了以激进需要为核心的政治哲学视野。赫勒在《历史理论》、《现代性理论》、《现代性能够幸存吗?》以及她与费赫尔合著的《后现代政治状况》等著作中,建立了一种独特的现代性理论。同一般的后现代理论的现代性批判相比,这一现代性理论具有比较厚重的理论内涵,用赫勒的话来说,它既包含对各种关于现代性的理论的反思维度,也包括作者个人以及其他现代人关于“大屠杀”、“极权主义独裁”等事件的体验和其他“现代性经验”②,在我看来,其理论厚度和深刻性只有像哈贝马斯这样的少数理论家才

---

① Predrag Vranicki, Socijalistička revolucija——Očemu je riječ? *Kulturni radnik*, No. 1, 1987, p. 19.

② 参见阿格尼丝·赫勒:《现代性理论》,李瑞华译,商务印书馆2005年版,第1、3、4页。

能达到。

从上述理论特色的分析可以看出，无论从对马克思思想的当代阐发、对社会主义改革的理论探索，还是对当代社会的全方位批判等方面来看，东欧新马克思主义都是20世纪一种典型意义上的新马克思主义，在某种意义上可以断言，它是西方马克思主义之外一种最有影响力的新马克思主义类型。相比之下，20世纪许多与马克思思想或马克思主义有某种关联的理论流派或实践方案都不具备像东欧新马克思主义这样的学术地位和理论影响力，它们甚至构不成一种典型的“新马克思主义”。例如，欧洲共产主义等社会主义探索，它们主要涉及实践层面的具体操作，而缺少比较系统的马克思主义理论传统；再如，一些偶尔涉猎马克思思想或对马克思表达敬意的理论家，他们只是把马克思思想作为自己的某一方面的理论资源，而不是马克思理论的传人；甚至包括日本、美国等一些国家的学院派学者，他们对马克思的文本进行了细微的解读，虽然人们也常常在宽泛的意义上称他们为“新马克思主义者”，但是，同具有理论和实践双重维度的马克思主义传统的理论流派相比，他们还不能称做严格意义上的“新马克思主义者”。

五、东欧新马克思主义的学术影响

在分析了东欧新马克思主义的理论建树和理论特色之后，我们还可以从一些重要思想家对东欧新马克思主义的关注和评价的视角把握它的学术影响力。在这里，我们不准备作有关东欧新马克思主义研究的详细文献分析，而只是简要地提及一下弗洛姆、哈贝马斯等重要思想家对东欧新马克思主义的重视。

应该说，大约在20世纪60年代中期，即东欧新马克思主义形成并产生影响的时期，其理论已经开始受到国际学术界的关注。20世纪70年代之前东欧新马克思主义者主要在本国从事学术研究，他们深受卢卡奇、布洛赫、马尔库塞、弗洛姆、哥德曼等西方马克思主义者的影响。然而,即使在这一时期,东欧新马克思主义同西方马克思主义,特别是同法兰克福学派的关系也带有明显的交互性。如上所述,从20世纪60年代中期到70年代中期,由《实践》杂志和科尔丘拉夏令学园所搭建的学术论坛是当时世界上最大的、最有影响力的东欧新马克思主义和西方马克思主义的学术活动平台。这个平台改变了东欧新马克思主义者单纯受西方人本主义马克思主义者影响的局面,推动了东欧新马克思主义和西方马克思主义者的相互影响与合作。布洛赫、列菲伏尔、马尔库塞、弗洛姆、哥德曼等一些著名西方马克思主义者不仅参加了实践派所组织的重要学术活动,而且开始高度重视实践派等东欧新马克思主义理论家。这里特别要提到的是弗洛姆,他对东欧新马克思主义给予高度重视和评价。1965年弗洛姆主编出版了哲学论文集《社会主义的人道主义》,在所收录的包括布洛赫、马尔库塞、弗洛姆、哥德曼、德拉·沃尔佩等著名西方马克思主义代表人物文章在内的共35篇论文中,东欧新马克思主义理论家的文章就占了10篇——包括波兰的沙夫,捷克斯洛伐克的科西克、斯维塔克、普鲁查,南斯拉夫的考拉奇、马尔科维奇、别约维奇、彼得洛维奇、苏佩克和弗兰尼茨基等哲学家的论文。①1970年,弗洛姆为沙夫的《马克思主义与人类个体》作序,他指出,沙夫在这本书中,探讨了人、个体主义、生存的意义、生活规范等被传统马克思主义忽略的问题,因此,这本书的问世无论对于波兰还是对于西方学术界正确理解马克思的思想,都是"一件重大的事情"②。1974年,弗洛姆为马尔科维奇关于哲学和社会批判的论文集写了序言,他特别肯定和赞扬了马尔科维奇和南斯拉夫实践派其他成员在反对教条主义、"回到真正的马克思"方面所作的努力和贡献。弗洛姆强调,在南

---

① Erich Fromm, ed., *Socialist Humanism: An International Symposium*, New York: Doubleday, 1965.

② Adam Schaff, *Marxism and the Human Individual*, New York: McGraw – Hill Book Company, 1970, p. ix.

斯拉夫、波兰、匈牙利和捷克斯洛伐克都有一些人道主义马克思主义理论家，而南斯拉夫的突出特点在于：“对真正的马克思主义的重建和发展不只是个别的哲学家的关注点，而且已经成为由南斯拉夫不同大学的教授所形成的一个比较大的学术团体的关切和一生的工作。”①

20世纪70年代后期以来，汇入国际学术研究之中的东欧新马克思主义代表人物（包括继续留在本国的科西克和一部分实践派哲学家），在国际学术领域，特别是国际马克思主义研究中，具有越来越大的影响，占据独特的地位。他们于20世纪60年代至70年代创作的一些重要著作陆续翻译成西方文字出版，有些著作，如科西克的《具体的辩证法》等，甚至被翻译成十几国语言。一些研究者还通过编撰论文集等方式集中推介东欧新马克思主义的研究成果。例如，美国学者谢尔1978年翻译和编辑出版了《马克思主义人道主义和实践》，这是精选的南斯拉夫实践派哲学家的论文集，收录了彼得洛维奇、马尔科维奇、弗兰尼茨基、斯托扬诺维奇、达迪奇、苏佩克、格尔里奇、坎格尔加、日沃基奇、哥鲁波维奇等10名实践派代表人物的论文。② 英国著名马克思主义社会学家波塔默1988年主编了《对马克思的解释》一书，其中收录了卢卡奇、葛兰西、阿尔都塞、哥德曼、哈贝马斯等西方马克思主义著名代表人物的论文，同时收录了彼得洛维奇、斯托扬诺维奇、赫勒、赫格居什、科拉科夫斯基等5位东欧新马克思主义著名代表人物的论文。③此外，一些专门研究东欧新马克思主义某一代表人物的专著也陆

① Mihailo Marković, *From Affluence to Praxis: Philosophy and Social Criticism*, The University of Michigan Press, 1974, p. vi.

② Gerson S. Sher, ed., *Marxist Humanism and Praxis*, New York: Prometheus Books, 1978.

③ Tom Bottomore, ed., *Interpretations of Marx*, Oxford UK, New York USA: Basil Blackwell, 1988.

续出版。[1] 同时，东欧新马克思主义代表人物陆续发表了许多在国际学术领域产生重大影响的学术著作，例如，科拉科夫斯基的三卷本《马克思主义的主要流派》[2]于20世纪70年代末在英国发表后，很快就被翻译成多种语言，在国际学术界产生很大反响，迅速成为最有影响的马克思主义哲学史研究成果之一。布达佩斯学派的赫勒、费赫尔、马尔库什和瓦伊达，实践派的马尔科维奇、斯托扬诺维奇等人，都与科拉科夫斯基、沙夫等人一样，是20世纪80年代以后国际学术界十分有影响的新马克思主义理论家，而且一直活跃到目前。[3] 其中，赫勒尤其活跃，20世纪80年代后陆续发表了关于历史哲学、道德哲学、审美哲学、政治哲学、现代性和后现代性问题等方面的著作十余部，于1981年在联邦德国获莱辛奖，1995年在不莱梅获汉娜·阿伦特政治哲学奖(Hannah Arendt Prize for Political Philosophy)，2006年在丹麦哥本哈根大学获松宁奖(Sonning Prize)。

应当说，过去30多年，一些东欧新马克思主义主要代表人物已经得到国际学术界的广泛承认。限于篇幅，我们在这里无法一一梳理关于东欧新马克思主义的研究状况，可以举一个例子加以说明：从20世纪60年代末起，哈贝马斯就在自己的多部著作中引用东欧新马克思主义理论家的观点，例如，他在《认识与兴趣》中提到了科西克、彼得洛维奇等人所代表的东欧社会主义国家中的“马克思主义的现象学”倾向[4]，在《交往行动理论》中引用了赫勒和马

---

① 例如，John Burnheim, *The Social Philosophy of Agnes Heller*, Amsterdam-Atlanta: Rodopi B. V., 1994; John Grumley, *Agnes Heller: A Moralist in the Vortex of History*, London: Pluto Press, 2005，等等。

② Leszek Kolakowski, *Main Currents of Marxism*, 3 vols., Oxford: Clarendon Press, 1978.

③ 其中，沙夫于2006年去世，坎格尔加于2008年去世，科拉科夫斯基于2009年去世，马尔科维奇和斯托扬诺维奇于2010年去世。

④ 参见哈贝马斯：《认识与兴趣》，郭官义、李黎译，学林出版社1999年版，第24、59页。

尔库什的观点①,在《现代性的哲学话语》中讨论了赫勒的日常生活批判思想和马尔库什关于人的对象世界的论述②,在《后形而上学思想》中提到了科拉科夫斯基关于哲学的理解③,等等。这些都说明东欧新马克思主义的理论建树已经真正进入到20世纪(包括新世纪)国际学术研究和学术交流领域。

六、东欧新马克思主义研究的思路

通过上述关于东欧新马克思主义的多维度分析,不难看出,在我国学术界全面开启东欧新马克思主义研究领域的意义已经不言自明了。应当看到,在全球一体化的进程中,中国的综合实力和国际地位不断提升,但所面临的发展压力和困难也越来越大。在此背景下,中国的马克思主义理论研究者进一步丰富和发展马克思主义的任务越来越重,情况也越来越复杂。无论是发展中国特色、中国风格、中国气派的马克思主义,还是“大力推进马克思主义中国化、时代化、大众化”,都不能停留于中国的语境中,不能停留于一般地坚持马克思主义立场,而必须学会在纷繁复杂的国际形势中,在应对人类所面临的日益复杂的理论问题和实践问题中,坚持和发展具有世界眼光和时代特色的马克思主义,以争得理论和学术上的制高点和话语权。

在丰富和发展马克思主义的过程中,世界眼光和时代特色的形成不仅需要我们对人类所面临的各种重大问题进行深刻分析,还需要我们自觉地、勇敢地、主动地同国际上各种有影响的学术观

① 参见哈贝马斯:《交往行动理论》第2卷,洪佩郁、蔺青译,重庆出版社1994年版,第545、552页,即“人名索引”中的信息,其中马尔库什被译作“马尔库斯”(按照匈牙利语的发音,译作“马尔库什”更为准确)。

② 参见哈贝马斯:《现代性的哲学话语》,曹卫东等译,译林出版社2004年版,第88、90~95页,这里马尔库什同样被译作“马尔库斯”。

③ 参见哈贝马斯:《后形而上学思想》,曹卫东、付德根译,译林出版社2001年版,第36~37页。

点和理论思想展开积极的对话、交流和交锋。这其中，要特别重视各种新马克思主义流派所提供的重要的理论资源和思想资源。我们知道，马克思主义诞生后的一百多年来，人类社会经历了两次世界大战的浩劫，经历了资本主义和社会主义跌宕起伏的发展历程，经历了科学技术日新月异的进步。但是，无论人类历史经历了怎样的变化，马克思主义始终是世界思想界难以回避的强大“磁场”。当代各种新马克思主义流派的不断涌现，从一个重要的方面证明了马克思主义的生命力和创造力。尽管这些新马克思主义的理论存在很多局限性，甚至存在着偏离马克思主义的失误和错误，需要我们去认真甄别和批判，但是，同其他各种哲学社会科学思潮相比，各种新马克思主义对发达资本主义的批判，对当代人类的生存困境和发展难题的揭示最为深刻、最为全面、最为彻底，这些理论资源和思想资源对于我们的借鉴意义和价值也最大。其中，我们应该特别关注东欧新马克思主义。众所周知，中国曾照搬苏联的社会主义模式，接受苏联哲学教科书的马克思主义理论体系；在社会主义的改革实践中，也曾经与东欧各国有着共同的或者相关的经历，因此，从东欧新马克思主义的理论探索中我们可以吸收的理论资源、可以借鉴的经验教训会更多。

鉴于我们所推出的“东欧新马克思主义译丛”和“东欧新马克思主义理论研究”丛书尚属于这一研究领域的基础性工作，因此，我们的基本研究思路，或者说，我们坚持的研究原则主要有两点。一是坚持全面准确地了解的原则，即是说，通过这两套丛书，要尽可能准确地展示东欧新马克思主义的全貌。具体说来，由于东欧新马克思主义理论家人数众多，著述十分丰富，“译丛”不可能全部翻译，只能集中于上述所划定的十几位主要代表人物的代表作。在这里，要确保东欧新马克思主义主要代表人物最有影响的著作不被遗漏，不仅要包括与我们的观点接近的著作，也要包括那些与我们的观点相左的著作。以科拉科夫斯基《马克思主义的主要流派》为例，他在这部著作中对不同阶段的马克思主义发展进行了很多批评和批判，其中有一些观点是我们所不能接受的，必须加以分析批判。尽管如此，它是东欧新马克思主义影响最为广泛的著作之一，如果不把这样的著作纳入“译丛”之中，如果不直接同这样有影响的理论成果进行对话和交锋，那么我们对东欧新马克思主义的理解将会有很大的片面性。二是坚持分析、批判、借鉴的原则，即是说，要把东欧新马克思主义的理论观点置于马克思主义的理论发展进程中，置于社会主义实践探索中，置于20世纪人类所面临的重大问题中，置于同其他新马克思主义和其他哲学社会科学理论的比较中，加以理解、把握、分析、批判和借鉴。因此，我们将在每一本译著的译序中尽量引入理论分析的视野，而在“理论研究”中，更要引入批判性分析的视野。只有这种积极对话的态度，才能使我们对东欧新马克思主义的研究不是为了研究而研究、为了翻译而翻译，而是真正成为我国在新世纪实施的马克思主义理论研究和建设工程的有机组成部分。

在结束这篇略显冗长的“总序”时，我非但没有一种释然和轻松，反而平添了更多的沉重和压力。开辟东欧新马克思主义研究这样一个全新的学术领域，对我本人有限的能力和精力来说是一个前所未有的考验，而我组织的翻译队伍和研究队伍，虽然包括一些有经验的翻译人才，但主要是依托黑龙江大学文化哲学研究中心、马克思主义哲学专业和国外马克思主义研究专业博士学位点等学术平台而形成的一支年轻的队伍，带领这样一支队伍去打一场学术研究和理论探索的硬仗，我感到一种悲壮和痛苦。我深知，随着这两套丛书的陆续问世，我们将面对的不会是掌声，可能是批评和质疑，因为，无论是“译丛”还是“理论研究”丛书，错误和局限都在所难免。好在我从一开始就把对这两套丛书的学术期待定位于一种“开端”(开始)而不是“结果”(结束)——我始终相信，一旦东欧新马克思主义研究领域被自觉地开启，肯定会有更多更具才华更有实力的研究者进入这个领域；好在我一直坚信，哲学总在途中，是一条永走不尽的生存之路，哲学之路是一条充盈着生命冲动的创新之路，也是一条上下求索的艰辛之路，踏上哲学之路的人们不仅要挑战智慧的极限，而且要有执著的、痛苦的生命意识，要有对生命的挚爱和勇于奉献的热忱。因此，既然选择了理论，选择了精神，无论是万水千山，还是千难万险，在哲学之路上我们都将义无反顾地跋涉……

导 论

亚当·沙夫(Adam Schaff,1913—2006)是东欧新马克思主义的重要代表人物,波兰著名的马克思主义哲学家和政治家。东欧新马克思主义的共同思想特征就是倡导人道主义精神,批判现存社会主义的异化现象。在20世纪两种制度并存和激烈斗争的特殊社会历史条件下,沙夫在实践层面上对两种制度进行了全面的批判和反思,在理论层面上深化和发展了马克思主义人道主义思想。沙夫以个体的人为理论核心,对社会主义条件下个体的人所面临的生存困境进行了深入的探讨,提出了系统的社会主义人道主义理论设想。沙夫是东欧新马克思主义思潮的社会主义人道主义理论的重要代表人物,研究沙夫的社会主义人道主义思想具有重要的理论价值和现实意义。

一、20世纪东欧新马克思主义的人道主义思潮

马克思主义是关于人的自由和解放的学说,在创始人马克思那里,就确立了以人为核心的理论方向,关于人的存在方式和人的发展思想是其最深层的理论内涵,它深刻地揭示了资本主义条件下人的生存困境,指出消除一切使人异化的现象,是人类面临的永恒课题。马克思主义人道主义以建立和实现人的全面发展的社会制度与生存环境为最终目的,以超越资本主义条件下人道主义的局限性为目标,为人的生存和发展提供了新的机遇和可能。马克思主义人道主义既是一场现实的社会政治运动,又是一种价值目标和理论诉求。社会主义实践是马克思主义人道主义作为现实运动的产物,理论形态的马克思主义的人道主义思想主要表现为三

种:马克思主义创始人的人道主义理论;西方马克思主义人道主义理论;东欧马克思主义人道主义理论。

(一)20世纪马克思主义理论的新发展

马克思主义创立160多年以来,经历了几个重要的发展阶段。19世纪的马克思主义理论以创始人马克思和恩格斯的思想为基本内容。20世纪的马克思主义经历了深刻的分化,社会主义革命和现代西方思潮分别在实践与理论层面上深刻地影响了马克思主义的发展及走向,马克思主义应用于不同地区的革命进程,产生了不同的马克思主义实践模式,即社会主义模式,马克思主义同当代哲学、社会学等领域的其他思想成果交汇形成了众多的马克思主义流派。20世纪以来,对马克思主义的理解进入了一个多元化的时期。

对20世纪马克思主义流派的认识,比较具有代表性的是衣俊卿教授的观点,他在关于东欧新马克思主义的一本著作中,以第二次世界大战为界,将当代马克思主义的分化划分为两大时期。第二次世界大战前主要有三种马克思主义流派:第二国际理论家的马克思主义;列宁主义及其第三国际的马克思主义;以卢卡奇、科尔施、葛兰西和布洛赫为代表的早期西方马克思主义。这个阶段马克思主义演化的主要内涵是列宁主义同第二国际理论家的论战和早期西方马克思主义对上述两种马克思主义的挑战。第二次世界大战后主要有六种马克思主义流派:各社会主义国家的"正统马克思主义";西方人本主义马克思主义;西方科学主义马克思主义;东欧新马克思主义;"欧洲共产主义";欧洲社会民主党人的"民主社会主义"。[①]战前与战后的马克思主义之间具有内在的理论联系,战后的一些马克思主义是战前某些马克思主义的延续。在社会主义国家长期占统治地位的正统马克思主义与列宁主义本质上是一致的,战后西方人本主义的马克思主义是卢卡奇等早期西方马克思主义的直接发展。而"欧洲共产主义"和"民主社会主义"的倡导者是西欧的共产党与北欧的社会民主党,他们偏重于发达资本主义社会中工人阶级的实际革命策略和社会主义具体实践,较少涉

① 衣俊卿:《人道主义批判理论——东欧新马克思主义述评》,中国人民大学出版社2005年版,第2页。

及作为整体的马克思主义。他们关于革命道路的多样性、社会民主和公正、建立民主的和自治的社会主义等主张也都体现在西方人本主义马克思主义和东欧新马克思主义思想中。本书涉及的20世纪马克思主义流派主要是社会主义国家的正统马克思主义、西方马克思主义(包括西方人本主义马克思主义和西方科学主义马克思主义)和东欧新马克思主义。

(二)社会主义实践与苏联社会主义模式

第二次世界大战以后,东欧各国的社会主义命运历尽兴衰荣辱,半个多世纪以来东欧各社会主义国家从建立到剧变的命运起伏,与苏联的政治影响密切相关。

"东欧"既是一个地理概念,也是一个政治概念。第二次世界大战以后,政治意义上的东欧主要指的是曾经深受苏联影响的八个共产党执政的社会主义国家:南斯拉夫、保加利亚、罗马尼亚、波兰、匈牙利、捷克斯洛伐克、德意志民主共和国和阿尔巴尼亚。在历史上,东欧各国的历史就是一部悲惨的受奴役的历史,他们没有民族的独立,没有国家的完整,备受各国列强的压迫和宰割。第二次世界大战的结束是东欧各国的历史转折点,在各民族的斗争和苏联红军的帮助下,东欧各国获得了民族独立,纷纷建立起了共产党执政的社会主义国家,同时选择或者被迫接受斯大林主义和苏联的社会主义模式,经历了所谓的"斯大林化"的过程。20世纪40年代末到50年代初,战后短短几年的时间里,苏联成功地在东欧各国确立起了斯大林主义统治,把东欧变成了与西方资本主义体系相抗衡的社会主义世界。斯大林主义对东欧实施严格的控制,各国制定了以苏联宪法为模本的宪法,确立了以亲莫斯科派为核心的共产党的领导地位和单一的意识形态管理体制,建立了高度集权的党政合一的政治领导体制和以高度国有化与单一指令性计划为核心的经济管理体制。苏联被视为唯一正确的社会主义模式,斯大林的理论被当作马克思主义发展的顶峰,变成了放之四海而皆准的普遍真理。

"斯大林化"进程一方面帮助东欧各国取得了民族独立,建立了崭新的社会主义国家,另一方面也给他们带来了新的束缚。斯大林主义及其社会主义模式有其内在的致命弱点和导致产生消极历史后果的可能性,因为它与东欧各国的具体国情有很大的出入,与马克思主义理论的精神和实质也有很大程度的背离,所以“斯大林化”进程使东欧各国背负了沉重的历史包袱。在理论上,斯大林主义理论体系的根本缺陷在于对外在客观必然性的过分强调,对人的活动及历史地位尤其是对人的主体性的忽视,结果使人类历史发展沦为同自然界演进无异的“无主体过程”,从而产生决定论和宿命论倾向,把人由历史进程的主体降为历史规律自我实现的手段。在实践上,斯大林主义导致国家的强化和专制主义的滋生。总之,斯大林主义在理论上和实践上都忽略了人的地位,没有把人作为社会主义发展的核心问题和根本目的,没有为人的自由和全面发展、为人的需要的丰富和满足创立一种民主的与人道的社会体制,而是确立起束缚人的自由,限制人的全面发展的高度集权的官僚体制。斯大林主义与苏联模式的弊端,给东欧各国的政治和经济发展造成了不同程度的伤害,也受到东欧各国不同程度的抵制和抗争,东欧人道主义思潮就是在这一背景下产生的。

(三)东欧新马克思主义的兴起与人道主义探索

从20世纪40年代末到50年代初期,伴随着所谓的“斯大林化”的进程,东欧各国逐步开始了社会主义改革的探索,东欧各国共产党中陆续出现了一些带有民族主义和独立意识的领导人与共产党员,他们中的大多数被视为推行“斯大林化”的障碍而遭受残酷的“清洗”,尽管他们的命运坎坷,但是却引发了一场政治和思想领域的革命,引起人们对社会主义发展的深刻思考,并且诞生了以东欧人道主义为标志的丰富思想成果。

东欧的“非斯大林化”以苏南冲突、波兹南事件、匈牙利事件和布拉格之春几个重大历史事件为代表,宣告了带有民主的和人道主义色彩的反抗苏联社会主义模式的东欧新马克思主义的兴起。这几个历史事件的命运各不相同,1948年的苏南冲突是“非斯大林化”的序曲,南斯拉夫面对斯大林的政治高压,在极端艰难的条件下,开始了一场以工人自治和生产资料社会所有为核心的、新的社会主义模式的探索。发生在1956年的波兹南事件和匈牙利事件是“非斯大林化”的真正开始,波兹南工人的流血换来了波兰社会主义改革的开端,而匈牙利事件却以纳吉被处死的惨痛悲剧告终。1968年的布拉格之春更加明确地提出了民主政治的要求,但是在苏联和华约组织的武装镇压之下被扼杀了。这几个历史事件的发展过程,呈现出越来越清晰的民主和人道主义的社会主义改革方向,这正是东欧新马克思主义得以产生和发展的历史条件。

东欧新马克思主义者的理论与实践活动本身就构成了"非斯大林化"进程的重要组成部分,其中涌现出来的一大批代表人物就是东欧"非斯大林化"进程的重要参与者和推动者,这些重大历史事件又反过来促使他们建构自己的理论观点和社会发展模式。在反思和批判斯大林主义的过程中,他们一方面充分注意吸收当代哲学和社会科学的成果,另一方面重新回到马克思主义的理论遗产中汲取养分,青年马克思彻底的、革命的和批判的人本主义立场成为东欧新马克思主义的最主要理论渊源。东欧的新马克思主义者以南斯拉夫、波兰、匈牙利和捷克斯洛伐克四个国家的哲学家与政治家为主要代表,虽然他们的具体观点不尽相同,但是他们都继承和发展了人本主义的马克思主义立场,都致力于在现存的社会主义条件下,建立民主的、人道的、自治的社会主义,因此,东欧新马克思主义在理论上表现为一种社会主义人道主义思潮。

以东欧新马克思主义为代表的社会主义人道主义思想,将人道主义理论发展到了一个新的阶段。其基本理论是立足于已经建立社会主义制度的东欧国家,对发达资本主义进行现实批判、对社会主义自身发展及走向进行反思的思想成果。东欧人道主义思想家以青年马克思批判的人本主义为理论源泉,继承了西方马克思主义的思想传统。面对 20 世纪下半叶世界政治经济的飞速发展和巨大变化,面对两种社会制度的激烈斗争,从理论上回应这个时代的现实问题成为他们的历史使命。一方面,对发达资本主义社会展开全面的理论批判;另一方面,作为社会理想的马克思主义人道主义在社会主义实践过程中遇到了严峻的挑战,社会主义异化现象的普遍存在,苏联模式的消极影响,各国社会政治经济面临的困难和矛盾,使人道主义理想的实现道路偏离甚至背离了最初的方向。东欧各国的马克思主义者对社会主义现实进行了深刻反思,他们以马克思关于人的解放、自由和发展的理论为依据,借鉴西方马克思主义的理论成果,以"非斯大林化"运动为标志,在理论和实践两个层面上开展了社会主义人道主义探索。

二、沙夫社会主义人道主义的历史背景

人道主义批判理论是东欧新马克思主义共同的理论特征和价

值追求，南斯拉夫、波兰、匈牙利和捷克斯洛伐克的理论家们从不同角度论述了各自的人道主义主张，相比而言，沙夫更加自觉地进行了社会主义人道主义的理论建构，通过对社会主义条件下人的生存问题、人的地位、人的异化等问题的探讨，对社会主义人道主义做出了系统的理论表达。

（一）沙夫生平及其主要著述

亚当·沙夫是东欧新马克思主义的重要代表人物，波兰著名的马克思主义哲学家和政治家。1913 年 3 月 10 日出生于波兰的利沃夫（Lwów，现在乌克兰境内），早年在巴黎政治经济学院攻读法律和经济，并在波兰学习哲学，1945 年在莫斯科获苏联科学院哲学研究所博士学位，回国后在罗兹大学担任教授，1948 年起在华沙大学任教，1952 年成为波兰科学院通讯院士，1961 年成为波兰科学院院士。1955～1968 年间，沙夫任波兰统一工人党中央委员，先后任波兰科学院院士、哲学和社会学研究所所长、哲学和社会学学会主席，1963 年因为与波兰统一工人党党中央关系恶化而辞去有关领导职务，后到维也纳任社会科学欧洲中心理事会主席，1972 年后成为“罗马俱乐部”最高成员之一，1980 年任“罗马俱乐部”执行委员会主席。作为一位有国际影响的哲学家，沙夫在西方许多大学中担任客座教授，先后被授予美国密歇根州安阿伯大学名誉博士称号、巴黎大学博士学位、法国国立南锡第二大学博士学位等。20 世纪 80 年代初，沙夫因批判苏联和东欧社会主义制度内部的问题，于 1984 年被波兰统一工人党开除出党。波兰剧变后，沙夫始终坚持马克思主义立场，反思社会主义挫折的原因，致力于未来社会主义的理论研究。2006 年 11 月 12 日，沙夫于华沙逝世，享年 93 岁。

沙夫被西方学者和媒体称为“波兰最杰出的哲学家之一”①，“我们这个时代唯一杰出的波兰共产主义哲学家”②，“社会主义世界一位重要的知识分子”③。他的社会主义人道主义思想影响深

① Erich Fromm, *Introduction*, In Adam Schaff, *Marxism and the Human Individual*, New York: McGraw - Hill, 1970, p. 1.

② Radio Free Europe Research, *Adam Schaff—An Orthodox Marxist or a Heretic?*, 11, February 1966, p. 1.

③ 赵鑫珊:《A. 沙夫的〈人的哲学〉（英文版）》，载《哲学译丛》1981 年第 1 期。

远，对人道主义和人类个体问题的深刻阐发，使他不仅在社会主义范围而且在西方资本主义世界都受到广泛的关注。沙夫积极参与社会主义理论与实践的探索和研究，与各种西方思潮进行广泛对话。沙夫参与了多个重要的国际学术组织，20世纪70年代成为"罗马俱乐部"的最早成员之一，1980年任"罗马俱乐部"执行委员会主席，是生态社会主义的开创者和第一代生态社会主义的代表人物。他还为国际文献联合会工作，任联合国教科文组织社会科学学术中心主任。20世纪80年代末，他与西班牙工人社会党合作，参与创立和发展"未来社会主义"这一国际组织，致力于社会主义的理论探索。沙夫还积极与激进派基督教"解放神学"的思想家开展对话与合作，研究基督教人道主义问题。苏东剧变前后，沙夫对国际共产主义运动的困境进行了总结和反思，坚定地坚持马克思主义，探讨了社会主义未来的发展方向。

沙夫的研究涉猎领域众多，一生著述颇丰，主要著作有：《概念与词》(1946)、《马克思主义理论入门》(1947)、《马克思主义哲学的产生和发展》(1949)、《马克思主义真理论的若干问题》(1951)、《历史规律的客观性》(1955)、《人的哲学》(1961)、《语义学引论》(1962)、《马克思主义与人类个体》(1965)、《语言与认知》(1973)、《历史与真理》(1976)、《结构主义与马克思主义》(1978)、《作为社会现象的异化》(1980)、《处在十字路口的共产主义运动》(汉译本名为《论共产主义运动的若干问题》)(1981)、《微电子学与社会》(1982)、《今天的波兰》(1984)、《认识理论中的移情作用》(1984)、《现代社会主义透视》(1988)、《信息社会》(1995)、《困惑者纪事》(1995)、《全球人道主义》(2001)、《关于社会主义的思考》(2001)等。

20世纪40年代末和整个50年代，沙夫的研究主要集中在正统马克思主义哲学理论和语言哲学两个方面，他从正统的马克思主义哲学，即从辩证唯物主义和历史唯物主义立场出发，批判各种非马克思主义的哲学传统或哲学流派，并把语言问题或语义学当作马克思主义哲学的"真正研究课题"。到了20世纪60年代上半期，沙夫先后发表了《人的哲学》和《马克思主义与人类个体》，由语言学和认识论问题转向哲学人本学或人道主义，他试图恢复马克思主义的"人的哲学"，即社会主义人道主义或马克思主义人道主义，从此，他开始了作为新马克思主义者的理论生涯。20 世纪 70 年代到 80 年代，沙夫更加关注社会主义发展过程中面临的问题，有关真理、异化问题，以及共产主义的命运等问题成为他研究的主题。苏东剧变以后，从 20 世纪 90 年代直到 21 世纪初沙夫逝世前，他致力于未来社会主义研究，呼唤新左派出现，探讨马克思主义的当代意义。本书重点关注 20 世纪 60 年代以后沙夫的人道主义思想，视之为沙夫整个思想体系的核心部分，进而理解沙夫的基本思想特征和理论框架。

（二）波兰的社会主义实践

波兰是欧洲最古老的民族之一，早在公元 9 世纪中叶，波兰就形成了最初的一些国家雏形，公元 966 年，在这些国家雏形的基础上，有文字记载的皮雅斯特家族的大公梅什科一世正式建立了波兰这个国家。波兰拥有悠久历史文化传统，有自己的语言、自己的文化和高度的民族认同感，但是在历史上却屡遭列强瓜分，千余年来波兰人民一直为了民族的统一和独立不断抗争、不断浴血奋战。

第二次世界大战的结束和波兰人民共和国的诞生标志着波兰历史翻开了崭新的一页，在苏联红军的帮助下，1944 年 7 月 21 日波兰民族解放委员会宣告波兰历史上第一个人民政权诞生，波兰共和国成立。1945 年 3 月，波兰全境解放。1947 年 1 月，波兰举行议会选举，以波兰工人党为首的民主阵线获胜执政，波兰工人党领袖博莱斯瓦夫·贝鲁特当选为总统。1948 年，执政的波兰工人党内部出现了分化，"国内派"和"莫斯科派"之间围绕战后波兰发展模式问题展开公开的争论，在苏联的操纵下，"莫斯科派"占了上风，坚持"走波兰道路建设社会主义"的主要领导人哥穆尔卡被戴上"右倾民族主义"的帽子而锒铛入狱，随后，波兰工人党和波兰社会党合并成为波兰统一工人党，更加依附于莫斯科，开始接受苏联模式，形成了一党集权的局面。1952 年 7 月，波兰通过了《波兰人民共和国宪法》，确定波兰为人民共和国，波兰统一工人党为国家的政治领导力量，同时，宪法取消了总统职位，改设国务委员会和国务委员会主席职位，总理改称为部长会议主席。

1956 年，赫鲁晓夫在苏共二十大上揭露斯大林的错误，波兰全国开展了一场涉及政治、经济、文化、思想领域的大辩论，党内意见不一致，始终未能制定出明确的政治纲领，引发了一场政治危机。

二战后波兰在苏联东欧一体化经济中不得不搞起片面的工业化，结果影响了消费品工业的发展，强行推行农业集体化又压抑了农业生产的增长，各种社会矛盾日趋激化。1956 年 6 月，斯大林工厂的工人不能忍受生产率增长高达 24.6%，而工人工资却呈下降趋势的状况，先后派代表团同地方和中央政府交涉，政府拒绝接见，愤怒的工人上街示威，同警察发生严重的流血冲突，爆发了震惊全国的“波兹南事件”。最后，党中央委员会不得不请出哥穆尔卡重新主持工作，开始领导波兰进行社会主义改革。改革的主要内容是下放中央权力，具体内容包括扩大工人的自主权和自治权，设立工人委员会，承认价值规律，农村集体化实行自愿原则，等等。

波兹南事件标志着波兰的“非斯大林化”取得了一定的成效，但是波兰的社会主义道路仍然充满了曲折和艰辛。1968 年 3 月受布拉格之春影响，当局禁演反俄诗剧（密茨凯维奇的《先人祭》）引发了波兰大学生和知识分子的游行示威（被称为“三月事件”）；1970 年 12 月，政府因农业歉收而提高食品价格引起沿海城市工人罢工，造成流血冲突，导致哥穆尔卡下台（被称为“十二月事件”）；1976 年 6 月又爆发了类似事件，因国际经济危机和农业连年歉收，政府提高食品价格的决定又引起工人罢工，迫使政府取消涨价决定，加剧了局势的动荡；1980 年 7 月，波兰社会陷入了全面危机，再次出现食品涨价方案引起群众性抗议活动，结果诞生了独立于统一工人党之外的团结工会，并迅速发展为拥有 1 000 万会员的全国最大群众团体。1980 年底，波兰实行军管，进入战时状态，团结工会被取缔，其领导人被捕入狱，直到 1983 年 7 月波兰才取消了战时状态。从 1982 年 11 月起，波兰开始实行全面的政治经济改革。由于改革政策的失误，1988 年波兰国内政治和经济形势进一步恶化，为稳定局势，挽救濒临崩溃的经济，6 月，波兰领导人雅鲁泽尔斯基提出举行由各个政党、群众组织和教会代表参加的“圆桌会议”，共商对策。1989 年初，圆桌会议召开并达成协议，同意团结工会合法化，通过了波兰改行总统制和实行议会民主等决议。随后，波兰举行了众议院、参议院选举和总统选举，并组建了由团结工会为首的联合政府，从此，波兰开始实行社会市场经济，并着手改变整个社会的政治制度。1989 年底，波兰议会取消了宪法中关于波兰统一工人党在国家起领导作用的条款，将波兰人民共和国改名为波兰共和国。1990 年 1 月,波兰通过了政党法草案,为多党制奠定了法律基础,随后波兰统一工人党宣布该党停止活动,并在原有的基础上组建波兰共和国社会民主党,执政 40 多年、拥有 300 多万成员的波兰统一工人党退出了政治历史舞台。1990 年底,波兰提前举行总统选举,团结工会领导人瓦文萨当选为波兰总统。波兰剧变之后的整个 90 年代,波兰通过议会选举、总统大选和修改宪法,逐步巩固了现有的政治制度,经济也持续回升,成为东欧国家中最早恢复发展的国家之一。波兰于 2004 年 5 月 1 日正式成为欧盟成员国,7 月 23 日,波兰总统克瓦希涅夫斯基正式签署了波兰入盟条约。

(三)政治矛盾与文化冲突背景下的沙夫人道主义思想

团结工会在波兰的崛起和执政,揭开了震惊世界的东欧剧变的序幕。在 20 世纪 80 年代初的著作《论共产主义运动的若干问题》中,沙夫曾经深入地分析了波兰社会主义实践中频繁发生的上述历史事件背后的原因,他把团结工会事件称作“一场和平革命”,将团结工会引发的事件及其影响称作“波兰综合症”,他认为波兰事件的发生有三个原因:一是波兰不具备建设社会主义的主客观条件;二是苏联模式与波兰素有的天主教传统和反俄情绪相冲突;三是波兰统一工人党的队伍不纯,力量脆弱。[①] 总之,波兰特有的政治、经济、历史、文化、宗教、地理等等复杂因素造就了这一“波兰综合症”。在这种跌宕起伏的社会背景下,沙夫经受着深刻的思想冲击,身居党内要职,兼具哲学家的特殊身份,这些促使他对社会主义实践进行深刻的理论反思。正是 20 世纪马克思主义理论与实践的发展变化,引导沙夫走向了社会主义人道主义。

沙夫的社会主义人道主义思想是东欧马克思主义思潮的重要代表。他通过对社会主义条件下人的生存困境、人的地位、人的异化等问题的探讨,提出了社会主义人道主义设想。沙夫在社会主义的背景下深入探讨了人的存在境遇和未来,特别突出和强调了个体存在的意义与价值,这使东欧的人道主义批判理论达到了一个新的高度。沙夫的人道主义思想主要包括以下内容:

① 亚当·沙夫:《论共产主义运动的若干问题》,奚戚、齐伍译,人民出版社 1983 年版,第 157 ~ 163 页。

1. 沙夫全面论述了社会主义人道主义理论，使东欧人道主义理论在批判现实的基础上，进行了系统的理论构建，阐述了社会主义人道主义的基本特征、具体内容和价值取向，深化了马克思的人道主义思想，丰富了社会主义条件下人道主义理论的内涵。沙夫将个人的全面发展和广义的个人自由视为社会主义的首要目的。"人是社会主义的出发点和最终目的，正是人的有目的的活动使社会主义得以实现。人道主义把人类个体的全面发展视为人类活动的目的，社会主义人道主义有别于其他类型的人道主义之处，在于它将这一目的的实现与社会主义特殊的社会和经济目标联系起来。马克思主义在这一点上与其他的人道主义相区别，它在理论和实践上始终关注着人类的事务。"①沙夫指出，社会主义人道主义是最高形式的人道主义。

2. 沙夫是较早研究和强调人类个体的马克思主义学者之一，个体的人是沙夫人道主义理论的出发点和最终归宿。他对萨特的存在主义哲学进行了分析和批判，沙夫指出，萨特提出了关于个人的地位和作用这一重要的现实问题，但是存在主义的理论基础和结论是错误的，必须予以抛弃。马克思主义产生之初曾以这一人道主义立场为出发点，但是在接下来的发展中忽视和远离了它，我们必须重新加以研究，用马克思主义的立场、观点和方法对个体的人的问题给予分析与解答，填补这一领域的理论空白，批判和超越存在主义。沙夫继承了马克思关于现实的人、具体的人的思想，从现实的人、具体的人和他所处的社会关系出发，明确提出要实现人的个性的充分发展，消除集体性不幸的根源。"社会主义人道主义者相信，只有通过实现全社会的幸福，才能实现个人幸福。因为只有在社会层面拥有个人发展的更广阔空间和满足人类需求的更大可能性，才能创造出实现个人愿望的必要基础。"②沙夫指出，马克思的最终目标是为了求得每个人的幸福，每个人的幸福与整个人类的幸福是一致的。沙夫提出了实现个人幸福的社会条件，认为幸福观与特定个人的心理和生理结构有机联系着，所以无法保证所有人都能获得幸福，社会主义人道主义的实现只能在尊重个性

---

① Adam Schaff, *A Philosophy of Man*, London: Lawrence & Wishart, 1963, p. 101.

② Adam Schaff, *A Philosophy of Man*, London: Lawrence & Wishart, 1963, p. 61.

的基础上，消除不幸的社会根源，为幸福生活创造可能性。社会主义人道主义的目的就是要最大限度地扩大作为通向人的个性最充分发展道路的自由的范围。

3. 沙夫全面阐述了异化理论，肯定它在马克思思想体系中的核心地位，通过对对象化、异化、物化、拜物教等概念间关系的梳理和建构，丰富与发展了异化理论。运用这些理论成果，沙夫一方面对资本主义异化进行现实批判，另一方面分析现存社会主义条件下的异化现象，并且指出了扬弃异化斗争的长期性和艰巨性，这就在继承马克思思想的基础上进一步挖掘了异化思想的当代理论价值，深化了异化理论的现实意义。对异化问题的研究最终依然以实现个体自由和全面发展的社会主义人道主义理想为目的。

4. 沙夫是生态社会主义的早期代表人物，对人类生存困境的研究和批判实质上是对马克思主义社会批判理论的继承与发展，对新技术的批判以对发达资本主义社会的批判为前提。生态社会主义试图以马克思主义理论解决当代环境危机，从而为克服人类的生存困境寻找一条既能消除生态危机，又能实现社会主义的新道路。通过在"罗马俱乐部"的研究活动，沙夫认为，以微电子学为标志的新工业革命一方面会在传统工业领域带来结构性失业、导致技术统治的加剧和人与人以及人与社会关系的疏离，另一方面也会给人类的就业领域和生存方式带来全新的变革。新工业革命为逐渐克服和消除固定化分工所造成的劳动与人的异化提供了条件及可能，使人们从事创造性活动的机会大大增加，闲暇时间增多，这就意味着人类的实践活动朝着越来越能恢复人的生活目标和人生意义的方向发展。

5. 沙夫认为社会主义人道主义的实现是同社会主义前途和命运紧密相连的，在其现实性上，社会主义人道主义本质上是自治的人道主义，是一场现实的消除异化、实现人的自由和解放的社会运动。沙夫提出"共产主义 = 人道主义的实践"，他把社会主义和共产主义的社会实践同人道主义紧密联系起来，立足当代，从资本主义政治经济新变化和共产主义运动的现状出发，探讨新左派的兴起和社会主义未来发展。

此外，沙夫还开创性地发展并丰富了马克思主义的语义学和语言学。沙夫积极吸收现代语言哲学的成果，在语义学研究方面取得了突出的成就，他因此被西方学者视为哲学家、逻辑学家和语言学家，是马克思主义分析语言学或语言哲学的最重要代表人物之一。

研究沙夫的人道主义思想具有重要的现实意义，能够为我国的社会主义事业提供有益的参照和借鉴。在理论和实践层面上，沙夫的思想能够使我们对人类个体的生存和发展给予更加充分的关注，创造实现社会主义人道主义目标的条件；研究社会主义与异化问题，揭示当代人生存的现实困境，为消除各种异化现象提供理论依据；推进以人为本的理论研究，为中国特色社会主义建设提供理论参考和借鉴；关注社会主义的发展和未来，探讨马克思主义的当代意义。

三、国内外有关沙夫思想的研究现状

沙夫是一个具有国际影响的哲学家，他的许多著作被译成多国文字，尤其是20世纪60年代以后的作品，至少有8部被译成英文。沙夫著作的中译本有6部，还有25篇文章也被译成了中文。由于沙夫的著作数量多，国内外的研究多局限于某一著作或者某一领域，缺乏对沙夫思想系统的研究，这就给本书的研究提供了空间。

（一）国内外对沙夫思想的研究情况

国外关于沙夫思想的研究资料比较丰富，沙夫的著作几乎都是刚刚问世就被翻译到西方，可见沙夫很受西方学者关注和认可。有关沙夫研究的英文文献资料比较零散，以书评和专题论文的形式为主，分别侧重人道主义、异化理论、语义学、生态社会主义等不同的问题，还有一些文献提供了关于沙夫学术研究和生平的简介，但是缺少系统的研究。西方世界视沙夫为社会主义人道主义思想的代表人物和社会主义阵营的著名学者，西方学者非常关注他的《马克思主义与人类个体》和《人的哲学》，有书评称《人的哲学》探讨了有关人的幸福、自由和职责等一些永恒的问题。西方学者对《马克思主义与人类个体》一致给予了高度的评价，有多种书评介绍这本著作，西方学者普遍视之为沙夫社会主义人道主义的主要代表作。其中法兰克福学派的哲学家艾瑞克·弗洛姆的评论最具有代表性，由于他是西方人本主义马克思主义的代表之一，在研究逃避自由的心理机制时，他曾探讨过人的个体化进程，并且以人道主义的价值目标和理想为最终理论归宿，他对沙夫思想的认同和肯定是建立在强烈的理论共鸣的基础上的，因此他的评价深刻且有分量。弗洛姆不仅为这本书撰写了英文版序言，而且编辑了有关社会主义人道主义的书籍向西方推介沙夫等波兰和东欧哲学家。弗洛姆称这本书的发表“是一个重大事件”，“他提出了关于人类、个人主义、生命意义、生活方式等问题，这些内容迄今为止在大多数马克思主义文献中一直被忽略”。① 他认为，马克思主义人道主义正在复兴，“在波兰、捷克斯洛伐克、南斯拉夫和匈牙利，马克思主义人道主义的这一复兴愈演愈烈，由这些国家的最主要哲学家们共同参与，可以真正称之为一场运动。他们已经出版了许多著作和文章，充分表达了他们的人道主义信念……在社会主义者中间的这一人道主义复兴是一场更大运动的一部分，其重要性还远没有被充分地认识到：人道主义的复兴遍及全世界，存在于不同的意识形态阵营之中”②。“本书充满了对人的真正关怀精神，因为作者真诚面对自己，从不隐瞒他的怀疑，并且对人类能够不断趋向于更加人性和更加幸福的存在方式充满了希望。③

1966 年《自由欧洲电台研究资料》对 1965 年华沙以波兰文出版的《马克思主义与人类个体》进行了详细介绍，并逐章加以解读和分析。法国的结构主义马克思主义代表阿尔都塞则与沙夫的立场相反，他认为马克思主义从理论上说是反人道主义的，二人的理论差异鲜明地体现在 20 世纪 60 年代同时问世的各自的代表作《保卫马克思》和《马克思主义与人类个体》中，此后沙夫将这场争论总结成一部论战性著作——《结构主义与马克思主义》。20 世纪 60 年代至 80 年代，《哲学译丛》和《世界哲学》陆续翻译了 10 篇国外学者有关沙夫人道主义、异化问题方面的评论文章，这些评价

① Erich Fromm, *Introduction*, In Adam Schaff, *Marxism and the Human Individual*, New York: Graw – Hill, 1970, p. 1.

② Erich Fromm, *Introduction*, In Adam Schaff, *Marxism and the Human Individual*, New York: Graw – Hill, 1970, p. 3.

③ Erich Fromm, *Introduction*, In Adam Schaff, *Marxism and the Human Individual*, New York: Graw – Hill, 1970, p. 4.

肯定居多,有个别保守的学者不同意沙夫对存在主义的评价和肯定,批评沙夫为修正主义和抽象人性论

沙夫语义学研究成果一直受到西方学者的关注。早在20世纪60年代美国加利福尼亚大学的H.斯科林莫夫斯基就出版了名为《波兰的分析哲学》的专著,把沙夫的早期和中期思想进行梳理总结,他指出,“沙夫是一个卓越的实证主义者,不仅在波兰而且在整个共产主义世界,他无疑是首要的马克思主义哲学家之一。沙夫除了是一个思想家,即圣火的保卫者以外,他还发展了马克思主义哲学的某些方面。因此,他是一个修正主义者(在修正和发展前人学说的创造性的意义上)”。该学者认为沙夫在开创和发展马克思主义语言哲学方面都做出了重要贡献,是马克思主义分析语言学或是语言哲学的最重要代表人物。Susan Petrilli 和 Augusto Ponzio 在2007年发表的论文中称沙夫为哲学家和符号学家,认为沙夫的研究从语义学转向了政治符号学,通过研究,他们指出沙夫的哲学兴趣在于政治符号学,他特别感兴趣的是“症候学”或是现代生产系统中的经济、政治和国际关系的“符号学”。两位学者对沙夫20世纪90年代后的理论特征的评价是:他“特别关注我们时代的个体和社会焦虑症状”。这种认识和理解就把沙夫的语义学研究、社会主义理论归结到人道主义的高度,我认为是符合沙夫思想的基本倾向和连续性的。

沙夫的《微电子学与社会》作为生态社会主义的重要代表作也有很大影响,沙夫是“罗马俱乐部”的重要成员,该组织始终致力于研究人类生存面临的困境,这个研究报告探讨了以微电子学为基础的新技术革命对人类生活产生的深刻影响,对新工业革命的忧虑和反思既延续了马克思主义的社会批判传统,又以未来社会主义为目标建设性地探索了解决生态危机的道路。沙夫是生态社会主义的第一代代表人物,沿着他所开创的方向,生态社会主义不断向前发展,涌现出一大批学者。一方面,生态社会主义学者从理论内部对沙夫的思想进行研究和发展;另一方面,研究社会主义和未来学的东西方学者也非常关注他的思想。但是国外有关这方面的研究主要是在涉及“罗马俱乐部”、未来学和生态社会主义时有所提及,而且沙夫在这一领域的研究成果和代表作是与人合作完成的,因此有关资料多为零散的评介,对沙夫本人思想特征缺少深入

系统的专门研究，也未能将他在这一领域的研究与他的社会主义人道主义思想联系起来考察。

我国对沙夫思想的研究相对西方起步较晚，沙夫的著作目前已经有5本被翻译成中文。国内有关沙夫的研究可以划分为两个大的阶段，第一阶段从20世纪60年代开始至80年代中期，主要是翻译和介绍沙夫的著作，已经译成中文的著作有：《人的哲学》（1963年），《语义学引论》（1979年），《论共产主义运动的若干问题》（1983年），《微电子学与社会》（1984年）。这一时期，《哲学译丛》先后登载了他的13篇有代表性的文章，这些文章摘选自沙夫的著作和论文，内容主要围绕异化理论（7篇）、人道主义（4篇）、语义学（1篇）和结构主义（1篇）。《哲学译丛》在1981年还刊登了关于沙夫著作的两篇书评，分别是赵鑫珊对《人的哲学》、叶林对《马克思主义与人类个体》的简介，这一时期国内有7篇关于沙夫的论文发表，《哲学译丛》和《世界哲学》还翻译了近10篇国外学者的评论文章。20世纪80年代中国思想界出现了一场关于“人道主义的争论”，沙夫的上述文献资料是这场争论的思想来源之一，那时争论的焦点还集中在马克思主义是不是人道主义上，相比之下，我国有关马克思主义人道主义的研究还处在起步阶段，而沙夫早在20世纪60年代就已经明确提出马克思主义是彻底的人道主义，并且构建了系统的社会主义人道主义理论体系。

第二阶段从20世纪90年代中期至今，我国先后翻译、编译了沙夫关于社会主义研究的12篇论文，其中有9篇发表于《当代世界社会主义问题》等期刊，有3篇被收录于中央编译出版社的两本有关社会主义研究的著作之中。2007年，山东大学王建民教授主编“当代社会主义译丛”，2009年6月，山东大学出版社出版了由袁晖与李绍明翻译的沙夫著作《结构主义与马克思主义》。在衣俊卿教授主持的“东欧新马克思主义译丛”系列中，2014年10月、11月，黑龙江大学出版社出版了张笑夷翻译的沙夫著作《历史与真理》和赵海峰翻译的《人的哲学》。衣俊卿教授在关于东欧新马克思主义的三部著作中对东欧马克思主义的一系列代表人物思想进行了介绍和评价，其中都有专门章节对沙夫的思想进行了综合的介绍和评述，是目前国内研究沙夫最为全面深入的文献。衣俊卿教授组织有关学者开始对沙夫的思想进行更加深入的研究，衣俊卿等翻译的《作为社会现象的异化》、杜红艳翻译的《马克思主义与人类个体》也已陆续出版。此外还有陈学明等学者发表过关于沙夫某一思想研究的 9 篇论文,郭增麟发表了关于沙夫社会主义理论的 2 篇论文(该学者曾经翻译过沙夫后期关于社会主义研究的 8 篇文章,并且发表过十多篇关于波兰问题的论文,是波兰问题的专家),俞可平等学者在有关全球化和生态社会主义的文章中研究了沙夫的相关思想。虽然在我国沙夫的文献有不少已经被翻译过来,也有学者关注、评价过沙夫的某些理论观点,但是目前国内尚没有系统研究沙夫思想的专题学术著作。

(二)研究定位

沙夫的学术研究大致可以分为三个阶段。第一个阶段:1945—1962 年,正统的马克思主义理论研究和语义学及语言哲学研究;第二个阶段:1962—1984 年,以《人的哲学》和《马克思主义与人类个体》为标志,形成社会主义人道主义理论,研究社会主义的异化现象,关注共产主义运动的现实问题,与存在主义、结构主义对话,并且对微电子时代人的存在与发展状况进行了深入的研究;第三阶段:1988—2006 年,反思社会主义运动,对未来新型社会主义的理论阐述,设想新左派的出现,阐释马克思主义的当代价值。

沙夫的学术研究具有内在的连续性和鲜明的时代性,沙夫的社会主义人道主义理论体系是在社会主义实践过程中、在与资本主义意识形态斗争过程中形成和发展起来的。沙夫认为,“我们的时代是各种人道主义相互对垒的时代”[①],这是因为“今天,人的生活受到空前的威胁”[②]。这就为人道主义理论的发展提出了现实要求。任何一种人道主义都是一种意识形态,“所谓人道主义,我们认为主要指的是一种以人作为思考对象的体系,这个体系认为人是最高的目的,它力图保障人在实践中享有幸福的最美满的条件”[③]。沙夫的人道主义思想继承了早期马克思和西方马克思主义

① A. 沙夫:《马克思主义的人道主义》,载《哲学译丛》1980 年第 1 期。

② A. 沙夫:《马克思主义的人道主义》,载《哲学译丛》1980 年第 1 期。

③ Adam Schaff: *Marxism and the Human Individual*, New York: McGraw - Hill, 1970, p. 168.

的社会批判立场，在当代背景下深化和发展了马克思的异化理论与人道主义思想，并且对共产主义运动的现实和未来进行了理论总结与分析。他的思想中既包含对资本主义制度和意识形态的批判，又有对社会主义自身的反思和超越，既坚持马克思主义的一贯立场，又紧紧把握时代发展的特点进行思考，始终围绕人这一主题，从现实出发，对个体的人的自由和幸福给予最为深切的关怀。

根据现有国内外文献，可以看出关于沙夫思想研究的现状具有如下特点：

1. 对沙夫思想的基本理论定位是社会主义人道主义，这是国内外研究的理论共识。通过对沙夫学术阶段的划分，可以看出，沙夫最具有代表性的著作和成果集中在 20 世纪 60 年代至 80 年代，以《人的哲学》、《马克思主义与人类个体》、《作为社会现象的异化》和《处在十字路口的共产主义运动》等著作为标志，得到东西方学者的广泛认可和高度评价。在东欧新马克思主义思潮的人道主义研究中，沙夫的社会主义人道主义理论体系独树一帜，全面系统地论述了人道主义的理论内涵和现实意义，丰富和深化了马克思主义的人道主义理论。阿尔都塞反对沙夫对马克思主义人道主义定位，个别保守的学者批评沙夫是修正主义者。

2. 充分肯定沙夫关于人类个体地位和价值的研究，视之为沙夫社会主义人道主义理论最有特色的核心部分，认为这一思想是对马克思早期思想的继承，是对马克思主义的重要发展，具有重大的理论意义和现实意义。相比之下，在这方面的文献资料中，国外研究比国内研究更加深入和丰富，沙夫在西方的影响和地位以这方面的成果最为突出。早在 1966 年《自由欧洲电台研究资料》就对 1955 年沙夫在华沙以波兰文刚刚出版的《马克思主义与人类个体》一书进行了详尽的专题介绍，1970 年该书被译成英文，在西方广泛传播，沙夫因此获得了很高的学术声望。该书至今为止尚无中译本，国内文献对此问题的研究还很欠缺。

3. 国内外学者对沙夫的异化理论都比较重视，肯定它是沙夫思想的重要内容，认为他通过对对象化、异化、物化、拜物教等概念间关系的梳理和建构，丰富和发展了异化理论。衣俊卿教授认为在东欧新马克思主义者中，沙夫和彼得洛维奇对异化问题的讨论最多,思考最深刻,但是沙夫把自我异化片面地理解为“主体的异化”,颠倒了异化与自我异化的关系。相比之下,实践派对异化和自我异化关系的理解更具合理性,也更加符合马克思的原意。

4. 东西方学者都对沙夫在生态社会主义领域的研究十分认可,认为他在这方面的研究具有开创性,生态社会主义近年来的迅速发展也在理论上把沙夫的研究继续向前推进了。我国学者当前非常关注生态社会主义的发展,但是对沙夫这方面思想的探讨不多。

5. 受西方分析哲学深厚传统的影响,西方学者对沙夫的语义学理论比较关注,不仅有美国学者研究波兰的分析哲学,而且有沙夫语义学研究的新成果,2007 年底有学者研究指出,沙夫后期的理论兴趣从语义学研究转向政治符号学,这种观点把沙夫早期的语义学研究、中期的语言与认知理论和后期对当代社会人的生存状况的关注联系起来考察,比较深入地剖析了沙夫思想发展的内在逻辑。这一新的思路也反映了对沙夫思想研究逐渐趋向整体化和系统化。我国学者也比较关注沙夫的语义学,但是研究尚处在起步阶段。

6. 我国学者对沙夫后期关于社会主义理论与实践的研究比较重视,翻译了沙夫的一系列相关文章,但是缺少理论层面的概括和分析,而且没有把沙夫这方面的思想与他的全部理论联系起来加以考察。

国内外现有的文献表明,对沙夫思想的研究还较多地停留在零打碎敲的分类研究状态,停留在个别文本的解读上,缺少全面系统的专题研究。目前,只有衣俊卿教授在有关东欧新马克思主义的著作中以专门章节对沙夫的思想进行了全面的评价和系统的理论分析。沙夫的著述丰富,思想深刻,内容涉及多个领域,在东西方两种意识形态中都有较大的影响力。苏东剧变已经过去 20 多年了,沙夫 2006 年底去世,2013 年是他 100 周年诞辰,现在正是对沙夫思想进行全面研究、深入解读和理论总结的最佳时期,把握这一历史机遇,挖掘沙夫思想的学术价值,具有重大的理论意义。

(三)本书的基本理论观点与写作思路

衣俊卿教授在《人道主义批判理论——东欧新马克思主义述评》一书中,将马克思的思想内容和理论观点划分为三个基本层面,(1)构成马克思思想表层的是关于具体历史事件的具体分析结论、关于具体历史进程的预见、具体的革命措施、实践设想等具有操作性的实践理论结论。……(2)构成马克思思想中层结构的主要是以经典唯物史观为表述形态的社会历史理论。……(3)构成马克思思想深层结构的是关于人的存在方式和人的发展的基本理论,主要表现在马克思关于实践哲学的构想、关于资本主义社会条件下人的异化的生存状态的批判以及关于人的自由、全面发展和"自由人的联合体"的理论设想。[①] 依据这种理解,可以把沙夫的社会主义人道主义理论体系加以多维度的立体分析:他对马克思思想的直接继承、对马克思主义的深化和发展,均以人的自由和发展为核心,异化理论也是其中的重要组成部分,这是他的人道主义思想的深层结构;关于社会主义制度的现状与未来走向等问题的研究可以视为其理论的中层结构;而沙夫关于发达资本主义和现存社会主义的批判、对国际国内政治形势的分析以及技术与生存关系的反思等具有鲜明时代特征的思想观点则可以视为沙夫思想的表层结构。根据这种理解方式,可以把沙夫思想的丰富性和开放性以人道主义为基本线索整合起来,挖掘他思想的内在一致性和连续性,从沙夫所处的特殊历史背景和时代特征出发,研究他对马克思主义的理论发展和现实反思,突出沙夫思想的人道主义核心价值。沿着这一思路,本书力图论证以下观点:

1. 沙夫的社会主义人道主义理论是一个具有多维结构的有机整体,以人道主义为基本线索,以人类个体为核心范畴,沙夫的思想具有连续性和一致性,关于人道主义的理论构建、关于异化问题的研究、关于当代新技术革命与人类生存困境关系的探讨、关于社会主义的现实及走向与未来的思考都围绕着人的自由、解放和发展这一主题,分别侧重理论、制度和实践层面展开,他既关注人类社会中个体与群体、类的关系,又努力从人与自然关系的角度探讨人的自由和解放,最终落脚在制度层面的革命和变革。沙夫在不同领域的研究和著述体现了在两种意识形态对垒背景下的时代特征。

① 衣俊卿:《人道主义批判理论——东欧新马克思主义述评》,中国人民大学出版社 2005 年版,第 236 ~ 237 页。

2. 本书将深入挖掘沙夫人道主义理论中的人类个体概念,论证人道主义从宏大叙事转向微观领域的个体生存层面的重要意义和理论价值,这与微观政治学形成了一种理论呼应。正是在这方面,沙夫与存在主义和结构主义展开对话,深化了马克思主义人道主义理论。人是个体性、群体性和类的统一体,个体性标志着差异性,群体性和类本质反映了同一性。差异性是绝对的,是同一性的前提,同一性是相对的,马克思主义人道主义立场正是在强调差异性的前提下主张个体与群体、类的关系实现和谐统一,反对一切异化了的人与人、人与群体以及个体与类的关系。力图通过对当代人类个体生存状况的分析,揭示全球化时代政治与技术的异化导致的对个人统治和控制的加剧,探讨当代人面临的生存困境和出路。

3. 以异化理论为切入点,探讨沙夫在特殊的历史背景下对两种社会制度的批判和反思,揭示沙夫思想的社会批判理论特征。沙夫继承并发展了马克思的早期思想,对西方马克思主义和东欧新马克思主义的理论成果进行了总结与概括,沙夫不仅建构了异化理论的概念系统,在当代背景下阐释异化理论,运用它分析和批判发达资本主义与社会主义的现实,而且以开放和包容的态度对待异化理论在存在主义者、社会分析学派甚至天主教文献中的广泛应用,并把消除各种异化现象作为实现人道主义的现实路径,体现了社会批判理论的特征。同时也应看到,沙夫的异化思想存在比较明显的不足,他颠倒了主体的异化与客体的异化的关系,没有揭示自我异化是客体的异化的根源。

4. 本书认为沙夫的人道主义理论有一定的局限性,他突出和强调了人类个体在马克思主义理论中的重要地位,但是在实现人道主义的具体道路问题上,他仍然侧重从制度层面消除普遍的异化现象,而忽视了个体的人在主观层面的自我塑造和自我实现。沙夫对存在主义的评价有局限性,他承认存在主义提出了个体存在的重要问题,但是否定了存在主义的理论内容。一方面,从人道主义的实现方式考察,在个体的自由和发展问题上,存在主义与马克思主义各自突出和强调了其中的一个方面,即社会制度层面的发展环境、客观条件与个体层面的自我设计、自我实现。人道主义目标的最终实现,上述两个方面缺一不可。另一方面,从更深层次上看，马克思主义与存在主义在人道主义基本价值目标的理解上具有高度的一致性，都以人的自由、解放和发展为最高价值。马克思早期思想就确立这一目标，此后他的确沿着为实现绝大多数人的福祉而变革社会制度的方向进行革命实践和理论探索，这在当时的社会历史条件下是必然的选择，但是这并不意味着马克思忽视了实现人的自由和发展的另一个维度，马克思关于资本主义条件下劳动异化的四重规定性中人的本质的异化就是劳动异化的根源，自我异化的消除和克服与人的自由的实现是一致的。显然，沙夫继承并发展了马克思的理论方向，但是他对自我异化的理解存在较大的偏差，这就影响他对个体自我改造和自我实现的重要性的认识，未能吸取存在主义最有价值的理论成果。本书认为在人类个体层面上探讨社会主义人道主义实现的双重路径，对于我国当前提倡以人为本的科学发展观具有重要的理论意义和现实意义，我们既要从制度建设层面提供推进人的自由和全面发展的客观条件，又要努力创造尊重个体价值和选择的氛围，使每个个体通过自我设计和自我实现，获得自由和发展，成为真正的“自由人”。

5. 对沙夫的总体评价：沙夫第一次明确提出并全面论述了社会主义人道主义的理论内涵，深化发展了马克思关于人的自由和发展的学说，将马克思主义人道主义推向了一个新的高度。沙夫把人道主义的价值目标进一步明确指向人类个体的自由和幸福，以个体差异为前提，提出了实现个人幸福的社会条件并指出了社会制度的限度，从而为主体自主选择、创造和自我实现留下了理论空间。沙夫人道主义理论的局限性在于，他没有认识到个体主体的自觉与选择对客体给定性具有超越性，这是主体性生成的决定性因素。

第一章　人道主义与马克思主义

人文主义的本质，就是把人类历史理解为不断的自我理解和自我实现的过程。

——爱德华·萨义德

人道主义是以人的本质、使命、地位、价值和个性发展等内容为核心的思潮与理论。人道主义(humanism)一词源自拉丁文humanitas，罗马的西塞罗最早使用这个词，意指一种能够促使个人的才能得到最大限度发展的、具有人道精神的教育制度。文艺复兴时期以后，人道主义逐渐发展成为一种把人和人的价值置于首位的观念。18世纪法国的启蒙运动思想家把人道主义概括为“天赋人权”和“自由、平等、博爱”，人道主义发展为资产阶级革命的指导思想和行动纲领。在对资产阶级人道主义批判和继承的基础上，马克思主义人道主义改造和发展了它的合理内容，将人道主义发展到了新的历史阶段。现代的各种人道主义形式都主张褒扬人的价值、捍卫人的尊严、提高人的地位，近现代以来，人道主义理论本质上既是意识形态，又是社会批判理论。

人道主义在发展过程中不断地被赋予特定的时代主题和理论内涵，表现出多种多样的形式和各不相同的内容。马克思主义本质上是一种彻底的人道主义，马克思从青年时代就确立了以人道主义的实现为价值目标的基本哲学立场，他从资本主义条件下个体的人面临的生存困境出发，通过政治经济学批判探索消灭资本主义私有制和消除异化的现实道路，社会主义和共产主义运动的政治诉求就是以人的自由和全面发展为最高理想的。

第一节　人道主义的历史发展和价值目标

在英语和汉语语境中，人道主义都是一个含义丰富多变的词语，在不同的时代和文化背景下，人们对人道主义的理解各不相同，围绕人的存在和人的价值，在理论层面展开了持续不断的讨论，形成的理论成果是指导相应实践活动的行动纲领。

一、人道主义（humanism）的渊源和基本内涵

人道主义一词是根据英文 humanism 翻译而来的，也有译为人文主义的，还有译为人本主义、人性主义、唯人论的，译成汉语之后，人道主义一词在汉语语境中具有区别于人文主义的特定内涵，只有从西文词源上梳理其产生发展过程，才能准确把握人道主义、人文主义和人本主义等术语之间的内在关联，进而探讨其在特定文本中的内涵。

在英语中，humanism 来源于拉丁文 humanitas，而拉丁文的含义又可以追溯到古希腊的教育观念。希腊文称为 paideia 的教育是一种古老的传统，它以七门文科学科为核心，这七门学科是语法、修辞、逻辑即论辩（又称三学科）以及算术、几何、天文、音乐（又称四学科）。在古希腊所谓的文科不同于今天的理解，指的是对提高文化素养有价值的学科，与实用学科相对而言。在公元前五世纪和公元前四世纪期间，古希腊的雅典逐渐形成了比较系统的教育，希腊文称之为 enkyklia paideia，意指一种全面的教育，它突出人的理性能力，在没有书籍和印刷的时代，以培养人的思维、演讲、论辩等参与公共事务的能力为目标，对人进行全面的身心训练。这种教育传统为中世纪时期兴起的大学教育奠定了基础，并且在历史上一直深刻地影响着整个西方的教育。

希腊人的 paideia 是发扬纯粹属于人和人性的品质的途径，罗马继承并发展了它。西塞罗在拉丁文中找到了一个与 enkyklia paideia 对等的词 humanitas（人性、人道）。在人道主义思想的发展历史上，西塞罗起到了非常重要的作用，他不仅继承了希腊身心训练的教育传统，极为重视语言和雄辩在社会中的作用，而且进一步巩固和强化了它。在罗马征服希腊之前，修辞学作为哲学的一个

分支存在，苏格拉底从阿波罗的神谕中体会到神高于人，只有神才拥有智慧，人只能追求智慧，这是希腊对哲学的理解，人的理性活动不过是接近神的方式。希腊的生活是以神为中心的，而罗马的生活则更加突出人的中心地位。“作为一个认真思考的人道主义者，是西塞罗学说基本有效性的证明：修辞学方面的训练，确实能够充分运用那种自然的特性武装人的理智，使他能够完全支配他的世界和命运。”[①]西塞罗第一次提出了 humanitas 即人性、人道这一名词，并将希腊的教育传统选择性地加以改造，突出了适应罗马需要的修辞学特色。他指出这是在完善的统治中实现完善的人的具体途径，身心全面训练的目的就是培养以演说家为代表的人才，他们是人性丰富完善的标志，因为只有他们才懂得如何运用修辞学使人的知识不断完善，进而参与社会政治生活。这一思想对整个文艺复兴时期的人道主义观念产生了深远的影响。

罗马帝国的格利乌斯时代，曾经对两类人道主义做出重要的区分，美国学者阿伦·布思在题为“罗马的人道主义”的论文中引用了格利乌斯的论证：

> 这些说拉丁语、用拉丁语的人，未必能正确地赋予 humanitas 一词以人们公认的含义，希腊人称这为 φιλανθρωπτα，指一种一视同仁的友善精神和善意；但是，他们赋予 humanitas 以希腊文 παιδετα 的力量；即我们所说的“eruditionem institutionemque in bonas artes”，或“education and training in the liberal arts”（自由艺术的教育和训练）。热切地渴望并追求这一切的人们，具有最高的人性。在所有动物中，唯独人才追求这种知识，接受这种训练，因此，它被称作“humanitas”或“humanity”（人性）。[②]

格利乌斯对善行和身心全面训练这两种人道主义的区分，直到今天仍然具有重要的价值，二者相互交织，衍生出人道主义的各种历史形态。显然，格利乌斯突出 humanitas 这一身心全面训练的人性含义，视之为真正的希腊传统。罗马时期把身心全面训练的

---

① 大卫·戈伊科奇、约翰·卢克、蒂姆·马迪根：《人道主义问题》，杜丽燕等译，东方出版社 1997 年版，第 62 页。

② 大卫·戈伊科奇、约翰·卢克、蒂姆·马迪根：《人道主义问题》，杜丽燕等译，东方出版社 1997 年版，第 41 页。

人道主义制度化，到基督教早期教父时代，两种人道主义逐渐在基督教中融合统一，善行在宗教法则中进一步制度化，身心全面训练则在大学文科七类中制度化。历史上各种人道主义的理论构建和实践探索都是以古希腊罗马的人性理解为原点展开的，今天，人道主义仍然在善行和完善身心的教育两种意义上普遍使用。

罗马的 humanitas 传统经过中世纪的传承，在大学教育中沿袭下来，文艺复兴时期，这个词具有了人文的含义。15 世纪末，意大利的学生把教授古典语言和文学的教师称作 umanista，英文即 humanist（人文主义者），把教授法律的教师称作 legista，把他们所教的课程统称为 studia humanitatis，对应的英语译为"the humanities"，即人文学。

尽管作为人性完善途径的教育历史源远流长，但是人道主义这个名词一直到 19 世纪才出现。人道主义的英语原文 humanism 是从德语 humanismus 译过来的，德语该词是一位德国教育家 F. J. 尼特哈麦于 1808 年在《当代教育课程理论中的博爱主义和人道主义之争》的论文中首次使用，是作者根据拉丁词根 humanus 造出来的，表示一种以文艺复兴时期的人文主义为典范，以研究古典语言、文学等为目的的教育理想。此后，人道主义这个词被用于描述文艺复兴运动，并逐渐流传开来。黑格尔赋予 humanismus 更为广泛的意义，将其理解为人的精神上的努力，肯定人的崇高尊严，人的无可比拟的价值、人的多方面能力，力求保证人的个性的全面实现。到 19 世纪后半期，作为哲学意义上的人道主义概念在西方国家才普遍确立起来。

在当代西方的各种百科全书中，对 humanism 一词通常也从人文主义和人道主义两个角度解释，比如，美国《哲学百科全书》（1972 年版）中对 humanism 的解释是："人道主义是 14 世纪后半期的哲学和文学运动，发源于意大利，并且扩展到欧洲其他国家，成为近代文化的组成要素。人道主义也指任何承认人的价值或尊严，以人为万物的尺度，或以某种方式把人性及其范围、利益作为内容的哲学。"《新大英百科全书》（1974 年第 15 版）中对 humanism 的解释是："一种把人和人的价值置于首位的观念，常被视为文艺复兴的主题。"《韦氏大学词典》（1993 年第 10 版）中关于该词的第三义说："一种以人的利益或价值为中心的学说、态度或生活方式；

尤指这样一种哲学,它通常否认超自然主义,强调个人尊严和价值,以及人的通过理性达到自我实现的潜能。”

中国出版的《哲学大辞典》中,对人道主义的解释是这样的:“关于人的本质、使命、地位、价值和个性发展等的思潮和理论。它在历史上不是抽象的,有其具体的阶级和社会内容。”[①]这本辞典还指出,从文艺复兴时期开始,人道主义作为以人为中心的思想,代表着新兴资产阶级的要求,18 世纪法国的启蒙运动思想家把人道主义概括为“天赋人权”和“自由、平等、博爱”,这一口号被确立为资产阶级革命的指导思想和行动纲领。马克思主义真正批判和继承了资产阶级的人道主义,并改造和发展了它的合理内容,马克思主义人道主义是人道主义发展的最高形式和最高阶段。资产阶级的人道主义和马克思主义人道主义构成了各自意识形态的重要内容。现代的各种人道主义形式都主张褒扬人的价值、捍卫人的尊严、提高人的地位,以现代眼光研究人的状况、特点、前途和利益。笔者认为对人道主义的这一解释是比较准确和全面的,它对人道主义的基本内容和发展形式都进行了概括,从这种理解出发,还可以得出一个结论,近现代的人道主义理论本质上又是社会批判理论。

在汉语中,对 humanism 的翻译并不统一,根据译者的各自理解,有译为人道主义的,有译为人文主义的,还有译为人本主义、人性主义、唯人论的,其中前两种译法较为常见。译为人文主义多出于对文艺复兴人文传统的强调,亦与汉语中慈善、救助意义上的人道主义(humanitarianism)区别开来。与英语不同,从内涵来看,在汉语语境中人道主义有两种意义,分别对应 humanism 和 humanitarianism,在哲学领域,主要是在 humanism 意义上使用人道主义的;从外延来看,人道主义(humanism)在汉语语境中有广义和狭义两种用法,广义上的人道主义与人文主义通用,以拉丁文词源和英文释义为基本依据,本书中人道主义就是基于这一理解而使用的,狭义的人道主义特指文艺复兴的思想主题。本书在引用相关文献时,对汉译本中将 humanism 译为人文主义的,以英文含义为基本参照,不再另加说明。

---

① 金炳华等:《哲学大辞典(修订本)》,上海辞书出版社 2001 年版,第 1161 页。

汉语中人道主义、人文主义和人本主义三个词在使用上存在细微的差异，一般情况下三者可以通用，但是在翻译过程中，译者多根据各自的理解和需要进行取舍。董乐山在阿伦·布洛克的《西方人文主义传统》一书的译序中指出，由于文化传统的差别、语言的隔阂以及翻译上的困难和局限，对 humanism 一词的内涵、译名和汉语理解都存在种种差异，“然而正如其他一些抽象名词一样，一旦译成了汉语以后，人们对它们的理解往往绝对化了，或者根据中国的特殊文化背景，衍生了与原意有所出入甚至背离的含义。人道主义原来本是人文主义在一定历史条件下产生的新内涵，也就是为了强调人文主义这个新含义时所采用的译法，凡是了解人文主义的发展的人是不难理解的。但是人道主义一词一经在汉语中确立，它就具有了独立存在的涵义”①。这种观点具有一定的代表性。在汉语中，人文主义的含义最为宽泛，它是直接从 15 世纪的拉丁文 studia humanitatis 即人文学一词中派生的，这种涉及语言、文学、艺术、教育、伦理、宗教、哲学等人文领域的世俗文化，把人和人的价值置于首位，是与基督教神学相对立的新思潮。此后，人文主义一词逐渐发展为强调人文精神的内涵，在思想、文化和教育意义上表达人性的价值和尊严。人道主义是在人文主义的基础上发展而来的现代词汇，一般被理解为一种意识形态，以人的价值和尊严为核心，反对各种扭曲人、压迫人的异化现象。人本主义多在哲学意义上使用，作为一个专有名词与科学主义思潮相区别，二者分别代表着现代西方哲学的两大基本倾向。

我们还可以从个体与类的关系角度来区分人道主义与人文主义，美国学者欧文·白璧德指出，“一个总的来说对人类富有同情心、对未来的进步具有信心，也情愿为进步这种伟大事业做贡献的人，不应被称作人文主义者，而应当是人道主义者，他所奉持的信条也即是人道主义”②。“相对于人道主义者而言，人文主义者感兴

① 阿伦·布洛克：《西方人文主义传统》，董乐山译，三联书店 1997 年版，《译序》第 1 ~ 2 页。

② 美国《人文》杂志社、三联书店编辑部：《人文主义：全盘反思》，三联书店 2003 年版，第 5 页。

趣的是个体的完善，而非使人类全体都得到提高这类空想。”[①]他的分析与汉语理解十分贴近，这有助于我们加深对汉语语境中的人道主义的理解。人文主义一词包含着使人的素质人文化的教育与训练的内容，它更关心如何对个体的人进行完善和提升，强调个人的自主、独立和选择，而人道主义则具有同情和博爱之意，并在此基础上反对一切扭曲、压抑人性的现实和制度。相比而言，人道主义倾向于以人类的普遍利益和价值为出发点，具有社会批判性，也正因如此，把人类利益偷换成一部分人的利益就衍生出反人道、反人性的伪人道主义，被理解为一种意识形态就成为一切人道主义的共性。理论的反人道主义本质上并不一定反人道，它或是批判人道主义旗帜下的反人道行径，或是批判人道主义的意识形态化引发的问题，客观上实现了对人道主义的理论修正和补充。

现当代对人道主义问题的讨论更加深入和充分，海德格尔的观点具有独到之处。在《关于人道主义的书信》中，他对各种人道主义的形而上学前提进行了批判，并以他对存在的规定为基础，把人视为存在的守护者，从理论上变革了人道主义的前提。

海德格尔对各种人道主义的共性和差异进行了总结，“但如果人们一般地把人道主义理解为这样一种努力，即努力使人向其人性开放并且在人性中找到其尊严，那么，按照对人之‘自由’和‘本性’的不同看法，人道主义也就各各不同了。同样地，实现人道主义的途径也就各不相同了”[②]。基本原则的一致性和具体实现道路的不同构成了人道主义的多种形态，海德格尔认为这种广义人道主义的前提存在着缺陷，它们都是建立在形而上学的基础之上的，“人道主义的这些种类有多么不同，它们在下面这一点上却是一致的，即：homo humanus[人道的人]的 humanitas[人性、人道]都是从一种已经固定了的对自然、历史、世界、世界根据的解释的角度被规定的，也就是说，是从一种已经固定了的对存在者整体的解释的角度被规定的”[③]。海德格尔认为任何一种人道主义都是形而上学的，这种人道主义的理解都有一个不言自明的前提，“第一个人道

① 美国《人文》杂志社、三联书店编辑部：《人文主义：全盘反思》，三联书店 2003 年版，第 5～6 页。

② 海德格尔：《路标》，孙周兴译，商务印书馆 2000 年版，第 376 页。

③ 海德格尔：《路标》，孙周兴译，商务印书馆 2000 年版，第 376 页。

主义,即罗马的人道主义,以及此后直到当代出现的一切种类的人道主义,都把人的最普遍的'本质'假定为不言自明的。人被看作animal rationale[理性的动物]"①。理性是人所特有的能力,被夸大到至上的高度就把它异化了,成为统治人的力量。海德格尔对这种人道主义的形而上学前提持批判的态度,他认为传统人道主义是从人的先验本质出发,理性不能概括和揭示人的真正本质,只有把人的本质提高到存在的高度,才能理解人的本真尊严。

海德格尔首先在存在论的基础上提出了人的本质规定:"人的'本质'(Wesen),就基于他的绽出之生存中。"②这种理解并不彻底否定以往人道主义的前提,而是对其加以提升、丰富,"人的'实体'乃是绽出之生存"这个命题不外乎是说:"人在其本己本质中向着存在而在场的方式,就是绽出地内立于存在之真理中。这一对人之本质的规定并没有宣布人道主义把人解释为animal rationale[理性的动物]、'人格'、精神—灵魂—肉体的生物的做法是错误的,也没有摈弃这些做法。毋宁说,唯一的想法倒是:对人之本质的最高的人道主义规定尚未经验到人的本真尊严。……这种思想反对人道主义,是因为人道主义把人之人道放得不够高。"③海德格尔的反人道主义本质上是对人道主义理论的批判和发展,这是以对人的全新理解为前提的,人是存在之真理的守护者,"人是存在之澄明"④,超拔于万物之上,此在之尊严、意义以及由此而产生的责任、使命构成了人的丰富本质,超越了理性这一规定,从而使人道主义的理论基础达到了新的高度和层次。海德格尔的这一理解无疑是深刻的,他超越了柏拉图的理性主义的形而上学基础,在生存论意义上确立了人道主义理论新的阿基米德点。

二、人道主义思想的历史演变

自古希腊以来,人道主义传统不断发展变化,历经各个时代的洗礼,呈现出具有鲜明的特定历史内涵的不同形态。

最早的人道主义思想萌芽于古希腊,哲学家们努力从希腊的

① 海德格尔:《路标》,孙周兴译,商务印书馆2000年版,第377页。
② 海德格尔:《路标》,孙周兴译,商务印书馆2000年版,第381页。
③ 海德格尔:《路标》,孙周兴译,商务印书馆2000年版,第388页。
④ 海德格尔:《路标》,孙周兴译,商务印书馆2000年版,第381页。

教化(paideia)传统里提炼出了理性这一人性的核心。苏格拉底把哲学从天上拉回人间,从自然哲学家对外存世界的关注转向对人自身的关注,提出"认识你自己",这是人在哲学意义上的第一次自我审视。柏拉图和亚里士多德沿着苏格拉底开创的路线前行,将理性作为人的最本质特征,主张理性是最高的善,从而开创了形而上学之先河。虽然他们都以追求更美好的人类生活为目标,但是这种理性和善不是以人而是以神为中心的,不断接近神,像神一样的生活是古希腊先哲的期望,以教育的方式培养和训练人则是追求神性、塑造人性的具体途径。可以看出,希腊这种身心训练的教化以实现人性的善为目的,人道的两种含义已经初步得到了确认,这是希腊留给后世人道主义的宝贵遗产。古希腊虽然确立了人道主义思想的基本内核,却没有完成人的真正独立,这个时期的人性是对神性的模仿,处于人道主义思想的萌芽阶段。

第一个人道主义形态出现在罗马,罗马时代确立了以人为中心的生活世界,从希腊继承而来的全面教化被突出和加强为具有鲜明罗马特色的制度化的人文训练。海德格尔对此做出了充分的论证:"在罗马共和国时代,人性或人道首次在其名称下得到了明确的深思和追求。homo humanus[人道的人]对立于 humo barbarus[野蛮的人]。这里,所谓人道的人就是罗马人;罗马人靠着对从希腊人那里接受来的 παιδετά[教化]的'蚕食',提高和改良了罗马的 virtus[道德]。"[①]西塞罗把希腊的 παιδετά[教化]译为 humanitas[人性,人道],人道的概念第一次被自觉地确认了。经过西塞罗和格利乌斯等人的阐释,罗马人道主义的内涵从个体的教化扩展到普遍的善行,这种人性的教化内容包含着优良德行方面的教化和训练,"homo romanus[罗马人]的真正的 romanitas[罗马特性]就在于这样一种 humanitas[人性、人道]中。在罗马,我们碰到了第一个人道主义。所以,人道主义本质上始终是一种特殊的罗马现象,这种现象产生于罗马人与晚期希腊教化的相遇"[②]。罗马时代的人道主义不仅首次提出了人性的概念,而且明确了人性的两个基本内涵,即对个体进行身心全面训练的教化和普遍的善行,历史

① 海德格尔:《路标》,孙周兴译,商务印书馆 2000 年版,第 375 页。
② 海德格尔:《路标》,孙周兴译,商务印书馆 2000 年版,第 375 页。

上第一个自觉形态的人道主义生成了。

古希腊罗马的人道主义具有强烈的贵族气质,它所确立的人性特质是基于参与公共事务的公民的需要。理想的人的模式是积极参与社会政治生活的公民和演说家,是把广大的底层民众、奴隶和异族排除在外的,能够受到这种良好教育和训练的人在那个时代是非常有限的。

基督教的兴起使古希腊罗马的人道主义思想以教义为载体得以传承。基督教伦理以善为最高目的,以信仰为基本途径,通过道德教化塑造人的灵魂,人性的标志由古希腊罗马时代的理性转变为对上帝的信仰。人道的两个基本内涵——教化和善行,在基督教中得到了统一,博爱与同情的内涵被突出强调了。我们可以把基督教理解为广义上的人道主义,其宗教思想的确与古希腊罗马的人道主义具有内在的理论联系。一方面基督教伦理通过道德教化来塑造人性,另一方面修道院学校承担了大部分的教育职能,修士们学习和使用拉丁文,并抄写和保存古代文献。海德格尔也在广义上把基督教理解为强调人性及人的尊严的人道主义:“在上述宽泛的意义上,基督教亦是一种人道主义,因为按其教义来看,一切都是为了灵魂得救(salus aeterna),而且人类的历史就是在救赎史的框架内显现出来的。”[1]基督教思想是古希腊罗马的人道主义的改进与发展,是古典人道主义传统的承前启后者,杜丽燕在《爱的福音:中世纪基督教人道主义》一书中,称基督教人道主义为福音人道主义,认为它产生的文化背景是希腊化,希腊的语言、文化和哲学经过罗马的传递,构成基督教文化的基本材料,“整个基督教文化就是上帝名义下的希腊文化”,“基督教是希腊哲学在信仰形式下的延续”。[2] 耶稣和保罗是这种福音人道主义的奠基者,斐洛和柏罗丁确立了这种人道主义的哲学基础,奥古斯丁使之达到巅峰,托马斯·阿奎那是福音人道主义的终结者。基督教的教义中,以博爱为核心的道德伦理在教徒范围内的普遍确立,包含着有限的平等观念,在一定程度上缩小了不同社会阶层之间的差距,宗教的门槛大大低于古希腊罗马时代的教化门槛,人性的实现和完

① 海德格尔:《路标》,孙周兴译,商务印书馆2000年版,第376页。

② 杜丽燕:《爱的福音:中世纪基督教人道主义》,华夏出版社2005年版,第4页。

善不再是少数贵族才能企及的，以基督教为载体的这种潜在的教育和训练加速了人性的实现进程，这就扩大了受教育的范围和对象，并为大学的兴起准备了条件，也为文艺复兴运动做出了铺垫，"在公元12—13世纪，从修道院学校逐渐派生出大学教育，正是大学教育培养出一大批非神职学者，他们是后来的文艺复兴时期人道主义的先驱"①。

基督教的人道主义把上帝视为这场运动的主要代表人物之一，但是基督教的人道主义最大的缺陷在于它以神性取代了人性，在全知全能的上帝面前，人成为了副本，隐忍谦卑的基督教徒成为理想的人的模式，这一悖论宣告了人道主义的终结，也为文艺复兴的人道主义出场埋下了伏笔。

14—16世纪的文艺复兴时期的人道主义是伴随着资本主义生产方式的发展和城市的出现且承担着启蒙的历史使命而出现的，这一时期的人道主义被称为人文主义是最恰当的，在金炳华等编著的《哲学大辞典》中，称人文主义是资产阶级人道主义的最初形式。它以复兴古希腊罗马的古典文化为缘起，作为一种社会思潮在欧洲蓬勃兴起，表达了资本主义产生时期市民阶级的思想要求。

各种版本的人道主义定义都以文艺复兴时期的主题为基本内核，狭义的人道主义特指文艺复兴时期的人文主义运动。例如，《西方哲学英汉对照辞典》中对 humanism（人文主义）的解释分为文艺复兴时代和20世纪早期美国的人文主义运动两个层次。文艺复兴的早期，人文学的研究受到了"新发现的希腊和罗马的古典文献的刺激。这些教师找到了一种人类理想模型，这包含了人与自然之间的统一，对人类理解力量的自信及享受生活的快乐的能力。他们力图在自己的教育中发展与这种模型相符的人的个性。……人文主义最初的含义是对一种想望人性的追求。由于人们相信这种人类理想已在中世纪失落，因而，这样的教育纲领就成为一场其目的在于解放思想的运动，成为文艺复兴文化中最为普及的内容。在另一意义上，人文主义也是20世纪早期发生在美国

① 杜丽燕：《爱的福音：中世纪基督教人道主义》，华夏出版社2005年版，第11～12页。

的一场思想运动。它是一种通过肯定一系列人的根本价值来强调人类尊严的态度”①。我们从中可以看出，文艺复兴时期的人文主义与古希腊罗马教化传统的内在联系，在此基础上发展出对宗教和神学的批判。

古代人道主义提出的人性原则是人类自我意识的最初萌芽，更多地具有理想主义色彩，这种最初的人性假设无法在更加广泛的范围内实现。到了文艺复兴时期，作为建设性方案的人道主义理论第一次具有了社会批判功能，在反对神性对人性的否定的基础上，人道主义理论第一次以整个人类的利益为前提，普遍的人性原则确立起来了。人文主义者以培养与挖掘人的创造能力和潜在能力为目标，非常重视教育在人性生成中的重要作用，人文主义运动的先驱们就是教育培育出来的精英。他们以古典文化对抗中世纪的基督教文化，倡导以人性取代神性，用人道反对神道，把人从宗教神学和封建文化的禁锢中解放出来。他们高举人性的旗帜，建立以人为中心的新世界观，反对禁欲主义和来世观念，注重现实生活，追求自由平等，提倡个性解放，这样就形成了丰富的人道主义理论。古希腊罗马和基督教的人道主义都是有神论的人道主义，那里的人性之中包含着神性，作为典型的人道主义形态，文艺复兴时期的人性与神性相分离并对立起来，获得了独立的存在。

文艺复兴时期的人道主义主要从正面讴歌人性，对神学和封建制度的批判是不彻底的，它更倾向于对人性的建设和肯定，对世俗世界的热爱和赞美，追求人的个性解放和自由平等，但是其历史意义是深远的，“文艺复兴时期人文主义按其性质来说是属于个人主义的……它只以受过教育的阶级为对象，这是人数有限的城市或贵族精英……因此，作为历史力量，它有明显的软弱性……但是，它所代表的思想，它对人的经验的价值和中心地位——用今天流行的拉丁文原文来说，即人的尊严——的坚持，力量是太大了，它们一旦被恢复和重新提出，就无法加以永远的压制。尽管在十六世纪末要认识到这一点是困难的，但是未来站在它们一边”②。平等是人文主义最本质的内涵，人文主义运动将基督教内部有条

① 尼古拉斯·布宁、余纪元：《西方哲学英汉对照辞典》，人民出版社2001年版，第449页。

② 阿伦·布洛克：《西方人文主义传统》，董乐山译，三联书店1997年版，第67页。

件的平等推广到所有人,人性的塑造具有了更加普遍的可能性,这表达了新兴资产阶级的政治理想,"在塑造人类个体的优秀品质和高尚情操时,它不仅没有宗教的差别,而且是平等的:它不仅对任何出身良好或高贵的人是这样,而且假定人都可以培育出人类的优秀品质:善良、仁慈、友好、公正、勇敢、智慧"[①]。把贵族理想推及每个人,这是文艺复兴时期人文主义的一个重要功绩。

17—18 世纪启蒙运动的人道主义是资产阶级革命的先声,代表着新兴资产阶级的理论主张。启蒙思想家们把文艺复兴人道主义的理论加以完善和发展,提出了"天赋人权"观,形成了以自由、平等、博爱为核心的人道主义理论体系,并将其升华到资产阶级政治纲领的高度。文艺复兴时期的人文主义者以教师、作家、艺术家、科学家等为主,而启蒙运动的主要代表人物则是法国、英国和德国的哲学家们。尽管他们在观点上各不相同,但是他们有一个共同的理想:"创建一个主张人道、教育与宗教分离、世界主义和自由的纲领,不受国家或教会专断干涉的威胁,并有权提出质疑和批评的世界。"[②]德国古典哲学将启蒙运动的人道主义向着抽象化、思辨性的方向发展了,深刻的哲学论证为启蒙运动的人道主义提供了更加坚实的理论基础。德语首创了人道主义一词,德国人把源自古希腊罗马的人道传统理解为 bildung(自我修养),教育是培养人的个性的基本途径,德国的教育制度因此得到了迅速的发展,为古典哲学提供了丰厚的土壤。以康德、谢林、费希特、黑格尔、费尔巴哈等人为代表的古典哲学产生了丰富的理论成果,"人是目的"、人本主义理论、人的本质与异化、社会历史理论以及辩证法思想等构成了人道主义理论宝贵的思想材料。

启蒙运动的人道主义者相信人的理性是支配世界的力量,正是基于对理性的极度信任,启蒙运动才展开了对宗教的怀疑和批判,并且以人为中心建立起系统的社会政治理论。启蒙运动的先驱们倡导科学,信仰理性,同时也关注人的感性体验,主张政教分离,追求民主自由,对科技发展和社会革命充满了乐观情绪,这个

---

① 大卫·戈伊科奇、约翰·卢克、蒂姆·马迪根:《人道主义问题》,杜丽燕等译,东方出版社 1997 年版,第 103 页。

② 阿伦·布洛克:《西方人文主义传统》,董乐山译,三联书店 1997 年版,第 70 页。

时期的人道主义一方面仍然以个体的自由和解放为目标,"十八世纪启蒙运动把一切都押在这样的一个信念上:如果每个个人的能量得到解放,它们的成就是无可限量的"①。另一方面,这些哲学家所宣传的批判思想为资产阶级革命提供了重要的理论依据,"激进派领袖利用了启蒙运动的词句和思想,把它们变成了口号:'公民'、'社会契约'、'普遍意愿'、'人权',和最最有力的,'自由、平等、博爱'②"。启蒙运动的这些基本原则奠定了现代社会民主制度的基石,宣告了新的历史时代的到来。通过资产阶级政治革命,启蒙运动的人道主义原则得到普遍的确立和一定程度的实现。

19 世纪之后的人道主义理论呈现出多样化的表现形态,工业革命实现了启蒙运动关于科技进步的理想,理性的力量得到了前所未有的扩张和膨胀,社会进步为人类的生存和发展提供了更加丰富的物质条件与精神成果,"自由、平等、博爱"的启蒙理想得到了一定程度的实现。在人道主义理想向前推进的同时,资本主义制度和技术理性统治导致的人的异化,使人道主义的价值目标面临着新的挑战和威胁,新的社会批判主题初露端倪。

费尔巴哈的人本学、叔本华和尼采的意志主义、柏格森的生命哲学、弗洛伊德主义等人本主义理论从非理性角度批判了理性主义的过度泛滥,空想社会主义人道主义、马克思主义人道主义则从社会制度的层面对现实展开批判。

19 世纪中期,马克思主义人道主义理论产生,在其创始人马克思那里,以人的自由和全面发展理论为核心,共产主义理论从正面描绘了未来社会人道主义理想,异化理论从反面批判资本主义制度对人的扭曲和压迫。马克思主义把人道主义理论建立在唯物史观基础之上,社会历史维度取代了抽象人性论的道德基础,由此确立了人道主义的实践特征。

现代性在 20 世纪作为创造者和毁灭者的双重力量给整个人类以巨大的震撼,技术理性已经膨胀成为一种独立的统治力量凌驾于人类之上,而且无所不在。在技术理性的干预之下,物质财富

① 阿伦·布洛克:《西方人文主义传统》,董乐山译,三联书店 1997 年版,第 134 ~ 136页。

② 阿伦·布洛克:《西方人文主义传统》,董乐山译,三联书店 1997 年版,第 124 页。

的积累伴随着两种制度的斗争，两次世界大战造成人类历史上空前的灾难，人与人、人与自然之间的矛盾愈发尖锐，虚无主义情绪盛行，“无家可归状态变成一种世界命运”①，人道主义理想与现实之间的巨大分裂引发了对人道主义问题的空前关注。现代性的后果引起了人道主义者的深思，20世纪的人道主义理论更加鲜明地表现为社会批判的特征，关于人道主义的争论空前激烈。20世纪的人道主义主要形态有：马克思主义的人道主义、存在主义的人道主义、解放神学的人道主义、美国的人文主义运动等，法国的反人道主义理论是一种特殊的人道主义形态。20世纪马克思主义人道主义主要包括西方马克思主义人道主义和东欧的社会主义人道主义两种形态。反理性主义、强调个体存在的意义与价值、人与人、人与社会、人与自然、人与政治制度、人与技术理性等矛盾关系都被充分地讨论，各种异化现象的消除成为人道生成的基本前提。

马克思主义人道主义在20世纪初以西方马克思主义人道主义为主要代表，从早期西方马克思主义者卢卡奇、葛兰西、科尔施和布洛赫等人开始，以马克思的早期思想为基础，立足当代现实，批判资本主义制度并探索社会主义革命的方式和可能性。以法兰克福学派为代表的西方马克思主义者，确立了社会批判的基本理论倾向，从意识形态、技术理性、大众文化、性格结构与心理机制等方面对现代社会各种异化现象进行批判。东欧的马克思主义是在苏联模式为主导的社会主义背景下展开的，其特殊性在于承担了对资本主义现实和社会主义实践进行批判的双重使命，东欧人道主义理论的主要代表是南斯拉夫实践派、匈牙利布达佩斯学派以及波兰和捷克斯洛伐克的人道主义理论。

萨特明确提出存在主义是一种人道主义，他的存在主义是一种人类个体的哲学，是彻底的人道主义。爱德华·萨义德指出，今天美国的人文主义要考虑它在其极端的新教模式中给予压抑或者故意忽视了的东西。狭隘的民族主义、宗教激情和由同一性导致的排外主义，这是当代美国人文主义批判的主题。

人道主义的发展历史表明，人道主义理论的产生基于对人性生成的理解，教育始终是塑造人性的基本渠道。从文艺复兴开始，

① 海德格尔：《路标》，孙周兴译，商务印书馆2000年版，第400页。

人道主义随着资本主义的产生和发展逐渐演进为具有社会批判特征的理论，自由、平等、博爱是人道主义的基本价值内核，以之为尺度，针对特定的社会现实对人的压迫和异化，衍生出人道主义理论在近现代的多种形态。人道主义作为资本主义精神的价值内核，是自由、平等、博爱的逻辑延伸，经过近代主体性哲学的洗礼和锤炼，人道主义已经从抽象的论证和理想的设定，发展为越来越具体的目标和现实的运动。

三、人道主义的价值诉求

纵观人道主义思想的发展历史，其以完整的人的生成为目标，其核心精神既具有历史继承性，又兼有鲜明的时代特征。各个时期的人道主义的理论主要围绕以下主题展开讨论：人性的本质、人与世界的关系（人与自然、人与社会、人与自我）、个体与类的矛盾、人的存在方式（科学、宗教、语言、实践、道德、伦理）等。根据上述内容，可以从中把握到人道主义理论具有如下基本特征：

第一，从人道主义的思想内涵来看，基于对人的丰富性和完整性的描述，各个时期的人道主义都以塑造本时代的人性理想为目标。因此，人道主义本质上是一个历史概念，标志着人类的自我认识过程。人道主义形态的历史更替过程，本质上是对人的形象的描绘过程，每一阶段都增添了一笔色彩，并且修正着前期的偏差，人的形象因此越来越丰满充实。

古希腊罗马时期的人性理想是少数贵族才有可能通过教化实现的；中世纪的基督教徒通过信仰实现人性的完善，在宗教范围内确立了有限的平等；文艺复兴时期将人性塑造的可能性推及每个普通人，第一次确立了人性的普遍原则；启蒙运动的人道主义强调理性的力量，19 世纪以来的人本主义思潮从意志、情感、本能等方面补充了人性的非理性内涵；马克思主义人道主义理论把人的自由和全面的发展作为基本内核，实现这一理想的基本途径就是推翻资本主义制度并建立社会主义和共产主义制度；存在主义的人道主义批判现代社会对个体造成的挤压和戕害；后现代的反人道主义理论则力图反抗启蒙的消极影响。

第二，从人道主义的理论核心来看，人道主义的发展历史表明，个体的人和整个人类这两个方面是人道主义理论的双重焦点。

在不同的历史时期,人道主义理论各自有所侧重,纵观整个人道主义发展史,总体上表现为从个体的人的完善逐渐发展到对人类整体利益的强调,二者之间的关系是对立统一的,当二者之间发生冲突时,就是各种人道主义理论彼此争论最多的时候。古希腊罗马的人道主义处于萌芽阶段,虽然提出了人性的基本内涵,但是其所要培养和塑造的人主要指的是参与政治活动和公共管理的少数贵族精英个体,并不涵盖广大的民众、奴隶和异族。基督教人道主义的重要意义在于它在信仰的前提下提出了有限的平等观念,从而扩大了人性可能被塑造的范围,它可以视为群体意识的最初形态,并且它为文艺复兴人道主义提出普遍的人性原则准备了理论过渡的条件。文艺复兴人道主义以“自由、平等、博爱”确立了普遍的人性原则,人道主义在理论层面上已经触及到了整个人类。独立的个体意识的普遍确立是资本主义的最重要成果,但是资本主义实践却不断揭示出人性平等的有限性,人剥削人的残酷现实证明了人道主义是资产阶级的特权,对最广大的无产阶级而言是遥不可及的。马克思的人道主义深刻揭示了资本主义理想与现实的冲突,明确提出了整个人类解放的最高理想,这是人道主义在全人类的高度上自觉的理论表达,在此基础上马克思批判了资本主义制度造成的群体和个体的普遍异化。20 世纪后的人道主义面对的主要时代问题是对现代性的反思和批判,为不同政治制度背景下造成的对人性的戕害提供了人道主义批判的现实主题。沙夫的人道主义思想的重要价值就在于它将人类个体问题视为马克思主义人道主义的一个理论支点,批判现代社会两种制度下人类个体的不幸和遭遇,在理论上将人类个体与整体的关系进行了梳理,丰富和发展了马克思主义人道主义。可以说,在多大程度上将人道主义理想在更普遍的人类个体层面上实现是衡量人道主义发展程度的基本尺度。

第三,从人道主义的时代要求来看,人道主义具有建设性和社会批判的双重使命。人道主义的建设性体现在各个时期对人性理想的规定和具体实践方式的探索上,这是人道主义理论自古希腊罗马时代产生以来不变的主题。人性内涵的确立与人性的养成,是各个时期人道主义者为之努力的目标。思想家们立足于本时代探讨人性的标准,教育则是人性塑造的基本途径,人类个体进入社会，成为独立自觉的主体是以受教育为最基本方式的。在人类创造的所有组织机构中，唯有宗教和大学的寿命最长，大学与宗教都是人类永恒价值追求的形式，具有强烈的时代超越性和历史绵延性；宗教与大学都以教育为基本方式来践行自己的人类使命，宗教在传道，大学在育人，都强调人的精神养成。古希腊的教育传统奠定了人性养成的基本方式，宗教在大学产生之前发挥了重要的教育职能，现代社会教育的普及为更大范围的人提供了人性提升的渠道。

人道主义理论的社会批判功能是伴随着近代资本主义的产生和发展而逐渐显现的，它所指向的通常是造成一定范围的人的利益、尊严和价值被异化的制度与现实。文艺复兴和启蒙运动的人道主义批判的主题是基督教神学和封建专制制度，进入到现代社会以后，资本主义制度创造了前所未有的物质文明的同时，其自身的局限性和现代性的负面影响就成为19世纪以来的人道主义理论批判的主题，社会主义实践同样引发了对其自身的反思和批判，这是社会主义人道主义的重要理论内容。从理论层面上看，人道主义的批判功能源自其自身的特征："人文学科和人文主义从本质上需要修正、反思、新生。一旦它们收缩起来，因循守旧，它们就不再是真正的它们所是，变成了崇拜和压抑的手段。"[①]从这个意义上说，人道主义理论在近现代呈现出来的多样化发展，正是其自身生命力的表现，古代社会人性生成所关注的重点是教化的内容与实现问题，近现代以来，教育的普及使人道主义批判的焦点更多地指向现实问题，自由、平等、博爱的基本原则成为衡量人道实现的重要尺度。

第四，从人道主义的基本前提来看，人性本身是复杂的、矛盾的、有限的，我们总是在与现实的对比过程中描绘人性的理想目标，人性之中的弱点反衬出自我完善的方向。只有以承认现实人性的复杂和有限为前提，才能为人性的培养提供可能。"一方面是人类经验的令人丧气的普遍情况，另一方面却又是人类在自信心、承受力、高尚、爱情、智慧、同情、勇气方面能够达到非凡的高度，这

① 爱德华·W.萨义德：《人文主义与民主批评》，朱生坚译，新星出版社2006年版，第38页。

两者的对比一直是人文主义传统的核心。如果仅仅强调一般男女能够达到尊严、善良和伟大的潜在能力，而忽视我们大多数人是有分裂人格的，很少人能够达到本来能够达到的程度，那么这样一种人文主义就是浅薄的，说不通的。"[①]人道主义的意义在于它承认人性塑造的现实性与可能性，人类整体与个体都能够不断自我提升，趋近于人性的更高目标。这种自我肯定、自我塑造、自我完善是人类对存在意义的自我确认。

建立在博爱宽容基础之上的多元主义与以绝对的同一性为前提的一元立场表现出了两种不同的人道主义倾向。正视人性之弱点，让我们学会包容与同情；即便是在深沟之中，也有人在仰望星空，人性之美善就是引领我们提升的星光。人道主义理论只有在这两个维度上展开，才能够在现实与理想之间保持必要的张力。海德格尔将人道主义提升到本体论的高度，对人道之定位可谓高矣，但是他在二战期间对纳粹行径的认同却对其人道理论给予了最大的反证，过分地苛求人性之至美至善理想将会导致对现实人性弱点的排斥，这应该引起我们的警醒和反思。

通过对人道主义历史形态和发展脉络的梳理，笔者将人道主义的基本特征概括为上述四个方面，在此基础上，可以归结出人道主义的基本价值诉求：人道主义以人性的生成和完善为目的，各个时期的人道主义者都努力描绘特定时期的人性内涵。对人性内涵及其实现方式的理解各有侧重，导致了人道主义理论的激烈争论和形态更替。古希腊罗马所确立的人道主义基本内涵至今仍然不曾动摇过，此后的人道主义理论都是沿着这一基本方向探寻各自的实现道路的。从文艺复兴开始，伴随着资本主义的兴起，人道主义开启了以自由平等为核心的普遍化时代，人性的生成在人类全体的范围内得到了确认。文艺复兴之后出现的人道主义理论形态，表达了在人道主义实现过程中遭遇到的种种坎坷，对于人道主义理论基本价值诉求的认同并没有太多的异议，至多是对于人性内涵的进一步补充，争论多集中于现实层面的非人道的批判，正是这种持续不断的人道主义运动，构成了社会发展过程的自我调整

① 阿伦·布洛克：《西方人文主义传统》，董乐山译，三联书店 1997 年版，第 164 ~ 165页。

与自我修正，人性的完善和普遍实现始终是最基本的衡量尺度。

从这一人道主义原点出发，可以清楚地辨识出人道主义理论具有建设性和批判性的双重特征。萨义德对人道主义的本质做出了令人信服的说明："人文主义的本质，就是把人类历史理解为不断的自我理解和自我实现的过程。"①在特定历史阶段对于人性内涵的自我理解作为人道主义的应然层面，是衡量人的发展所能够达到的现实状况的主观尺度，据此阻碍人生存和发展的时代问题就成为人道主义批判所指向的目标。只要人类的历史在继续发展，人道主义的理论形态就会不断演进，并且随时承担着为人的生存和发展辩护的使命。萨特与萨义德的理解有异曲同工之处，萨特把人生理解为自我设计与自我实现的过程，二者分别从人类整体和个体的角度阐释了人道主义的建设性本质。

人道主义理论源于人对自身有限性的超越渴望。社会的进步为人的发展提供更多可能的同时，也造成了新的人道困境。人道主义理想的实现过程充满坎坷艰辛，社会发展也经常表现出目的与手段的不一致性，种种异化现象就是这些矛盾的反映。维柯在《新科学》的开头指出：由于人类心智的不确定性，只要它陷入了无知的境地，人就把自己当成了万物的尺度。人道主义的困境源自人的有限性和主观性，人是一种有限的存在，作为一种主观性的设定，人道主义理论总是存在着这样或者那样的局限性，"所以，关于人文主义的认识，总有某些东西从根本上说是不完善的、不充分的、暂时的、有争议的、有疑问的，它们从未逃脱维柯的视野，我也曾说过，它们使整个人文主义理念有一种不幸的缺陷，这种缺陷乃是人文主义的基本要素，无法去除。……必须承认人文主义认识和实践中的主观因素，并且以某种方式将其考虑在内，因为试图由此发展出中立、精确的科学是徒劳无益的"②。这些局限性和主观性在不同时代表现为不同的异化现象，它们是各个时代人道主义批判的主题，也同时提供了人道主义理论发展的空间，这表明了人道主义的批判本质。

① 爱德华·W.萨义德：《人文主义与民主批评》，朱生坚译，新星出版社2006年版，第31页。

② 爱德华·W.萨义德：《人文主义与民主批评》，朱生坚译，新星出版社2006年版，第14页。

必要的挑战使人道主义理论经受考验和锤炼,只要它所确立的基本原则昭示了人性的完善和发展方向,就能够经得起各种考验,就会在争论中不断前行,所以人道主义理论必然表现为一个发展过程,“认识人文主义,就是把它理解成民主的,对所有阶级和背景的人开放的,并且是一个永无止境的揭露、发现、自我批评和解放的进程。我甚至要说,人文主义就是批评,针对大学(它当然不是那些吹毛求疵、目光狭隘、自视为精英组织的人文主义所占有的位置)内外的各种事件的态势,并且,它以其民主的、世俗的、开放的特性,凝聚它的力量和适用性”①。

人道主义理论的批判性是其生命力和活力的鲜明印证,从这个意义上说,人道主义理论是革命性的,反思是它恒久不变的鲜活课题,“人文主义是努力运用一个人的语言才能,以便理解、重新解释、掌握我们历史上的语言文字成果,乃至其他语言和其他历史上的成果。以我对于它在今天的适用性的理解,人文主义不是一种用来巩固和确认‘我们’一直知道和感受到的东西的方式,而毋宁是一种质问、颠覆和重新塑形的途径,针对那些作为商品化的、包装了的、未经争辩的、不加辨别地予以合法化的确定的事实呈现给我们的那么多东西,包括在‘经典作品’的大红标题下聚集起来的那些名著中所包含的东西”②。人道主义精神的生命力就在于它的反思性和批判性,“在一定程度上,人文主义是对习见(*idees recues*)的反抗,它反对任何形式的陈词滥调和不经思索的语言”③。这种充满活力的批判精神是人类的超越性的本质的理论表征,人道主义思想的发展反映了人类自我认识和自我批判的精神历程。

四、20 世纪的人道主义争论

沙夫的社会主义人道主义是在 20 世纪复杂的社会历史条件下产生的,20 世纪的人道主义思想呈现出多样化的理论形态,沙夫

---

① 爱德华·W.萨义德:《人文主义与民主批评》,朱生坚译,新星出版社 2006 年版,第 26 页。

② 爱德华·W.萨义德:《人文主义与民主批评》,朱生坚译,新星出版社 2006 年版,第 33 页。

③ 爱德华·W.萨义德:《人文主义与民主批评》,朱生坚译,新星出版社 2006 年版,第 50 页。

称“我们的时代是各种人道主义相互对垒的时代”，这是由20世纪特殊的时代特征决定的。“20世纪是一个十分独特的时代。人类精神在20世纪一方面达到了空前的觉醒状态，另一方面则遭遇了深刻的危机。在某种意义上，就人类文化精神和历史意识在20世纪的处境而言，20世纪是文化焦虑和文化危机的时代。20世纪的历史复杂性在于，人类不仅遇到了严重的经济危机和政治冲突，而且同时遭遇到前现代的和现代的文化精神的冲突与碰撞，遇到了文化价值观念的冲突与困惑。”①在这种背景下，众多的思想家从不同角度对技术的异化所引发的文化危机和文化困境进行深刻的反思，这标志着现代历史精神的自觉的文化批判。20世纪各种人道主义理论因此纷纷登场，它们之间也展开了激烈的争论。

存在主义思潮是20世纪影响最为深远的西方人本主义流派，萨特和海德格尔都论述了他们对人道主义的理解，他们的人道主义观点都非常具有代表性，他们关于人道主义的争论也引人瞩目。萨特公开宣称存在主义是一种人道主义，他认为存在两种不同的人道主义，存在主义的人道主义才是真正的人道主义。“人道主义有两种完全不同的意义。人们可以把人道主义理解为一种学说，主张人本身就是目的而且是最高价值……存在主义从来不作这样的判断，一个存在主义者永远不会把人当做目的，因为人仍旧在形成中……但是人道主义还有另一个意义，其基本内容是这样的：人始终处在自身之外，人靠把自己投出并消失在自身之外而使人存在；另一方面，人是靠追求超越的目的才得以存在……这种构成人的超越性（不是如上帝是超越的那样理解，而是作为超越自己理解）和主观性（指人不是关闭在自身以内而是永远处在人的宇宙里）的关系——这就是我们叫做的存在主义的人道主义。”②萨特认为第一种人道主义是荒谬的，不能从个人的角度根据某些人的最出色行为肯定人的价值，不容许一个人对全人类进行估价，这就是承认人有一个先验本质，这是传统人道主义决定论的思维方式。存在主义的人道主义把人看作一个生成和自我超越的过程，表面

① 衣俊卿：《人道主义批判理论——东欧新马克思主义述评》，中国人民大学出版社2005年版，第239页。

② 让-保罗·萨特：《存在主义是一种人道主义》，周煦良、汤永宽译，上海译文出版社2005年版，第30~31页。

上看这与马克思哲学有一定的相似之处。萨特否定了传统哲学中抽象的、永恒的人性，但是他用存在先于本质这种哲学上的颠倒，并不能完成文化的重建，因此海德格尔批评他没有达到马克思的历史维度。萨特把海德格尔视为自己的同路人，激起了海德格尔的批评，因此写了《关于人道主义的书信》。萨特与海德格尔的思想有本质的区别，“萨特将海德格尔的生存概念转换成了存在概念，而且对生存本身作了肯定性的描述。从海德格尔的视角看，这恰恰是站在传统哲学的立场上。值得注意的是，在海德格尔的这篇文献中，他在批评萨特时，马克思成为他的一个理论中介，这成为国内学者从海德格尔来解读马克思的一个重要理论依据”①。萨特的人道主义本质上并没有超出传统哲学的框架，只是从不同角度捍卫人的尊严与价值，但是他更加强调人的自我超越性，突出人的主体性，把人理解为处在生成过程之中的存在，这一理解方式对人道主义理论非常具有启发性。关于海德格尔的人道主义思想本书已经进行了分析，此处不再赘述。沙夫的人道主义思想与马克思的人道主义思想同样都是建立在唯物史观的基础上，这种历史维度的人道主义把人置于现实的社会历史条件下考察，人道主义目标的实现也必须从特定的社会历史条件出发，在这一点上，萨特的人道主义视野是有局限性的。但是我们可以从萨特、海德格尔的人道主义思想中发现与沙夫的人道主义相同的人本主义倾向，而且他们都是20世纪人道主义运动中的不同代表。

沙夫与阿尔都塞的人道主义与反人道主义争论是马克思主义内部的人本主义与科学主义之争。20世纪60年代，沙夫的《马克思主义与人类个体》和阿尔都塞的《保卫马克思》几乎同时问世，两部著作都是关于马克思主义与人道主义的关系的研究，但是结论却完全相反，这引起了学术界的广泛关注。沙夫为了回应阿尔都塞的观点，于1978年出版了《结构主义与马克思主义》一书，系统地批判了以阿尔都塞为代表的结构主义的马克思主义。阿尔都塞运用结构主义的“症候阅读法”解读马克思，认为马克思思想的发展存在认识论上的断裂，他把马克思思想的发展过程划分为几个

① 薛葵、仰海峰:《先验人性的颠覆与人道主义新释——读萨特〈存在主义是一种人道主义〉》，载《理论学刊》2002年第3期。

不同阶段，从而把青年马克思的思想视为不成熟的，这与人本主义的马克思主义的观点截然相反。阿尔都塞把人的哲学看作是虚构出来的神话，认为人道主义本质上是一种意识形态，在这种意义上，马克思的理论是反人道主义的。阿尔都塞的这一结论招致了多方的批评，沙夫的批判也是切中要害的。沙夫指出，结构主义把客观结构作为分析的起点，对历史主义而言，阻塞了理解历史的途径；对人道主义而言，阻塞了理解人的途径。"其结果是，我们面对着一个作为结构的、没有历史的社会，一个作为客观结构之间联系的没有人的社会关系。当然，这是一幅简单化了的图像，但它说明了阿尔都塞观点的本质特征。"①实际上，阿尔都塞所谓反人道主义的本意，是主张必须走出社会主义人道主义，以便进行真正的科学思考。我们还可以从其他学者那里找到对阿尔都塞的批判，比如英国当代马克思主义学者肖恩·塞耶斯，他把马克思主义人道主义理解为一种历史主义形式，"马克思主义涉及一种黑格尔历史主义的人性考察。它反对引导人们去寻找普遍人性的根源，但并不否定人性的存在，这与质疑甚至否定人性之说的'反人道主义'立场不同。事实上，马克思主义的人性观是对人类需求与人类能力的一种历史与社会的考察，是人道主义的一种历史主义形式"②。这一理解与海德格尔对马克思历史维度的认可有相似之处。同时，这种历史主义方法又容易招致歪曲，"历史主义方法常常被描述成一种否定人性观念的'反人道主义'形式"③。罗蒂和阿尔都塞是这方面的典型，他们的观点是站不住脚的，问题并不在于是否具有一种普遍的内在本质，而在于那种本质到底是什么。排除人道主义的观点通过对形式和结构的夸大，抹杀了人性中的存在着的相对稳定的内容，从而得出了错误的结论。总的来说，沙夫的社会主义人道主义对马克思主义的理解更加符合马克思的本意，西方马克思主义中的人本主义倾向同科学主义相比有明显的优势，

① 亚当·沙夫：《结构主义与马克思主义》，袁晖、李绍明译，山东大学出版社2009年版，第114页。

② 肖恩·塞耶斯：《马克思主义与人性》，冯颜利译，东方出版社2008年版，第4页。

③ 肖恩·塞耶斯：《马克思主义与人性》，冯颜利译，东方出版社2008年版，第193页。

沙夫和其他东欧新马克思主义者在社会主义阵营里同西方马克思主义的人本主义形成了一致的原则和立场。

关于后现代的反人道主义也是一个值得关注的问题。法国后现代主义思想家,如巴塔耶、福柯、德勒兹和德里达也分别向人道主义提出各自的挑战。后现代向启蒙运动时期的人道主义挑战,它的前提是建立在理性的基础上的,这一理解是从康德开始的,康德发现了伦理学在理性范围内运作的局限性,伦理学或善行形式的人道主义和美学或身心全面训练形式的人道主义,仅仅是在理性的范围内有所前进。此后,尼采、海德格尔和德里达都步康德的后尘,加深了对人道主义的严厉谴责。后现代的思想家们的反人道主义是建立在反理性、反启蒙的基础上的,反人道主义是由人道主义发展而来的。他们反对的是人道主义变成了一种话语霸权和种族优越感。从最深层的本质上来看,无论是阿尔都塞的结构主义的马克思主义还是后现代的理论家们,他们的反人道主义的本意是反对人道主义的叙事结构和它所依附的形而上学前提,反对的是形式而不是否定人道主义对人的关注,可以说,他们反人道主义但决不反人道,可以跳出一切传统的框架思考,但是这种思考要以传统框架为对照,因为理论上的解构再彻底,也不可能把历史连根拔除,人道主义理论和反人道主义理论是同一根链条上的不同环节。“仅就欧洲思想而言,它所引出的哲学的反人道主义并不是导致反人道的实践。因此,在欧洲思想中,哲学反人道主义的产生及其与欧洲人道主义的理论对立,主要是——至少在目前是——作为对人道主义的理论的挑战与检验。如果人道主义是站得住脚的,那么它当经得起检验,如果它站不住脚,那么哲学的反人道主义就可能是新的启蒙,应当在它的不同观点之间进行选择。”①这一概括是非常深刻的,反人道主义对人道主义的挑战和检验是推动人道主义发展和完善的一种理论必然。

理论上打着人道主义的旗号,在现实中却是真正的反人道主义与反人道,这种极端情况同样值得关注。沙夫指出了一种内容上的反人道主义,“爱人并不排除恨人,而且爱人的前提就是要仇

① 廖申白、杨清荣:《欧洲思想中的人道主义与反人道主义》,见凯蒂·索珀著:《人道主义与反人道主义》,廖申白、杨清荣译,华夏出版社1999年版,《序言》第3页。

恨那些在客观上以恨人为行事准则的人。纳粹分子就是一个典型的例子。因此,同表面现象相反,在这样的情况下,那些否认斗争的必要性,因而也否认仇恨敌人必要性的人,他们的所作所为并不是人道主义的,而是典型的反人道主义。因为正当千百万无辜者遭受着阶级压迫、民族压迫和种族压迫之苦的时候,却有人借口待人以爱,不准触动那些为所欲为的暴君和压迫者。当然,任何一个通情达理的人都不会这样做;但是,这种故意制造思想混乱,使敌对阶级在进攻中丧失士气,从而维护少数人私利的明显意图,其基本思想就是反人道主义的思想"①。这种本质上反人道的反人道主义理论,却往往打着人道主义的旗号,他们的特征是能够识别出来的,那就是他们总是把一部分人的利益置于其他人之上,为了这些的人利益,把其他人当作工具和手段。

关于人道主义与反人道主义的争论留给我们很多的思考,无论理论上多么激进的变革方式,都没有否定过人道主义对人的关注,还是海德格尔的概括最为深刻,他认为反人道主义理论无非是批评人道主义把人之人道放得还不够高。

第二节　马克思主义是彻底的人道主义

马克思主义与人道主义之间有着密切的理论联系,人道主义是马克思主义的一个重要理论来源,费尔巴哈的人本主义直接影响了马克思从唯心主义向唯物主义立场的转变。西方的人道主义传统对马克思的思想也产生了很大的影响。对此,弗洛姆有过明确的这样的评价:"西方具有人道主义的传统,马克思主义的社会主义就是这个传统的产物。"②具体来看,"他(马克思)的哲学来源于西方人道主义的哲学传统,这个传统从斯宾诺莎开始,通过十八世纪法国和德国的启蒙运动哲学家,一直延续至歌德和黑格尔,这

① Adam Schaff, *Marxism and the Human Individual*, New York: McGraw - Hill, 1970, p. 174.

② 复旦大学哲学系现代西方哲学研究室编译:《西方学者论〈1844 年经济学—哲学手稿〉》,复旦大学出版社 1983 年版,第 18 页。

个传统的本质就是对人的关怀，对人的潜在才能得到实现的关怀”①。当然，马克思的人道主义不但继承了西方的人道主义传统，而且超越了资产阶级人道主义的局限性，建立在唯物史观基础上，把人置于社会历史环境中加以考察，并且以经济政治领域的彻底变革为手段，以实现人的自由和全面发展为最终目的。

20世纪30年代马克思早期著作陆续公开发表，马克思主义的人本主义思想进入了人们的视野，理论界掀起一股重读马克思的热潮，促使西方马克思主义和东欧马克思主义在20世纪迅速发展，并产生了广泛的影响。沙夫敏锐地感受到了这一理论动向，并且积极地参与其中，与各种流行思潮积极展开对话，正是在这一过程中，通过对存在主义的理论批判，沙夫对马克思早期著作中的人本主义思想进行了深入的研究，并且逐渐形成了对马克思思想中的三个主要组成部分——哲学、政治经济学和科学社会主义之间关系的整体理解，进而形成了他自己的社会主义人道主义理论体系，得出马克思主义是彻底的人道主义这一结论。沙夫的人道主义理论体系以人类个体概念为核心，以批判异化为主题，以两种制度的斗争为主线，以生态社会主义和新社会主义构想为蓝图，在风云激荡的20世纪书写出了马克思主义人道主义的新篇章。

一、20世纪马克思主义人道主义的新发现

沙夫通过对人的问题和人类个体问题的深入研究与系统论述，厘清了青年马克思与成年马克思之间的理论联系，形成了对马克思思想体系的整体理解，得出了马克思主义是彻底的人道主义的基本结论。

1927年《〈黑格尔法哲学批判〉导言》面世，1932年马克思的《1844年经济学哲学手稿》（以下简称《手稿》）出版，马克思和恩格斯合著的《德意志意识形态》首次用德文原文公开发表，但是在第二次世界大战爆发之前这些著作却没有引起很大的反响。正因如此，“过去的几代人关于马克思的知识和马克思主义的理解有多么大的欠缺。由于不知道这些著作以及马克思的许多次要著作，考

① 复旦大学哲学系现代西方哲学研究室编译：《西方学者论〈1844年经济学—哲学手稿〉》，复旦大学出版社1983年版，第15页。

茨基、罗莎·卢森堡、普列汉诺夫、葛兰西和列宁只能学到不完全的马克思主义知识,最伟大的天才也很难克服这一不利条件。其中包括马克思主义思想的起源,在这一思想后来的发展过程中放射出新的光芒"[①]。最早注意到马克思早期这些著作的是当时马克思主义阵营内的修正主义者,他们试图把《手稿》作为反对以斯大林为代表的正统马克思主义的武器,结果却使马克思主义的影响扩大了,推动了马克思主义思想体系的完善和发展。

20 世纪上半叶马克思这些早期著作掀起的一股人本主义的马克思主义热潮,沙夫称之为马克思主义原有思想的新发现。从 20 世纪二三十年代开始的最初几年,马克思的这些早期著作的面世并没有引起太大的反响,沙夫认为主要有以下几点原因:一是时间太短,人们还不能很快理解它们的重要性以及有关的黑格尔派背景;二是已经形成的传统马克思主义观点阻碍了它们的传播;三是斯大林时代的官方马克思主义与人道主义格格不入。二战以后,人的生存问题突出地摆在时代面前,引起人们对马克思的人道主义思想的关注,进而对马克思的思想产生了新的认识和理解。

沙夫指出,关于人的哲学问题,总是在原有的价值体消失和解体的社会转型时期特别地引人关注,在这种特殊时期,个人受到巨大的冲击,强烈地感觉到一种孤独感并开始反思个人与他人、社会之间的关系,反思自己的地位与命运,从而形成了人的哲学问题的"爆发"。沙夫引用了马丁·布伯关于人的哲学发展规律的观点:"在人类的精神史上,可以区分为人的有家可归时期和无家可归时期。在前一个时期,他居住在世界上就像居住在家里一样;在后一个时期,他居住在世界中就像居住在旷野里那样,有时甚至没有用来搭建帐篷的四根柱子。在前一个时期里,人类学思想只是关于宇宙思想的一部分;而在后一个时期,人类学思想变得既深刻,同时又具有独立性。"[②]青年马克思所处的时代和沙夫所处的时代都是人类精神的无家可归时期,19 世纪资本主义制度确立初期深刻的社会矛盾激起了思想领域对人的生存状况的反思和批判,促使

① Adam Schaff, *Marxism and the Human Individual*, New York: McGraw - Hill, 1970, pp. 2 - 3.

② Adam Schaff, *Marxism and the Human Individual*, New York: McGraw - Hill, 1970, p. 12.

马克思提出了人道主义理论;20 世纪初期现代性的膨胀加剧了整个社会的异化,使人类再次面临严峻的生存困境,马克思的人道主义理论引起了人们的强烈共鸣,这是马克思主义人道主义在 20 世纪兴起的现实背景,存在主义理论的盛行也是因为它从不同的角度反映了人类生存面临的现实困境。这种现实状况总会引起广泛的理论关注,与马克思同时代的克尔凯郭尔、费尔巴哈、布鲁诺·鲍威尔、施蒂纳等人分别从各自的角度对 19 世纪人的问题进行反思,同样,20 世纪以来,伴随着以西方马克思主义和东欧新马克思主义为代表的马克思主义人道主义的兴起,海德格尔、萨特、马丁·布伯等人都从各自的立场回应了这一时代问题。

来自马克思主义理论内部的争论,以及马克思主义与存在主义、结构主义、基督教哲学之间的论战,客观上推动了马克思主义人道主义理论的丰富和发展,正是马克思早期人道主义著作的公开发表和 20 世纪特殊的社会状况,促使人们对马克思的思想体系和马克思主义的理论框架进行重新审视,并逐渐形成了以人道主义为核心的马克思主义理论定位,这不仅是来自马克思主义理论内部的人道主义结论,而且是在各种不同的哲学派别之间都能达到的广泛的共识。沙夫把这一马克思旧内容的新发现过程进行了概括,“在大多数情况下,‘发现’可简要归结为,把马克思看作一个经济学家、政治家和社会学家的传统图景,越来越被修订为(甚至某种程度上被取代为)这样一幅图画,一个人道主义者,个体问题的研究者,个体幸福的拥护者”①。从 20 世纪初期开始,对马克思主义的理解变得越来越丰富和完整,青年马克思与成年马克思之间的关系,马克思主义哲学、政治经济学和社会主义理论之间的关系都在争论中变得更加清晰了,这同时也是对马克思主义人道主义的本质特征的揭示过程。

二、人道主义是马克思思想的核心内容

沙夫始终是一位活跃的哲学家和政治家,在资本主义和社会主义两大阵营的尖锐斗争过程中,在以斯大林主义为代表的正统

① Adam Schaff, *Marxism and the Human Individual*, New York: McGraw - Hill, 1970, p.1.

马克思主义和西方马克思主义以及东欧新马克思主义的内部争论过程中，沙夫以开放的姿态积极与各种声音进行对话和交锋，他与苏联正统的马克思主义、西方马克思主义、存在主义、结构主义、基督教哲学、生态学社会主义、西方马克思学等都曾经进行过严肃的理论探讨，经过充分的分析研究之后，他才得出马克思主义是人道主义的基本结论。

仅在《马克思主义与人类个体》一书中，沙夫就曾经分析过那个时代的众多知名学者的观点，比如法国马克思学家马科斯米里安·吕贝尔提出要恢复马克思的本来面目；法国学者让·伊波利特对黑格尔分裂意识辩证法的评价；法国马克思主义人道主义的主要代表人物之一罗格·加罗蒂对存在主义兴起原因的分析；犹太教哲学家马丁·布伯对于人类精神史发展规律的论述；存在主义哲学家海德格尔谈论当代人的问题面临的危机；萨特、梅洛·庞蒂对马克思主义的理解；亨德利克·德·曼对马克思《1844 年经济学哲学手稿》的评价；兰德舒特和梅耶[①]、马尔库塞与亨德利克·德·曼的观点类似；基督教哲学家埃里希·希尔对马克思的人道主义思想在整个体系中的地位的分析；苏联学者 L. N. 帕基特诺夫的官方马克思主义论调；美国马克思学学者丹尼尔·贝尔对青年马克思的人道主义思想的重视；以及埃里希·弗洛姆、罗伯特·图克尔、库斯塔·阿克斯劳斯、皮埃尔·比果这些观点不同的学者都完全同意马克思主义思想的统一性等。笔者列举沙夫对这些学者观点的引用，是想说明沙夫对马克思主义人道主义的指认，是在充分研究那个时代的各种理论成果的基础上做出的，沙夫宽广的学术视野，严谨细致的文本研究，客观深入的逻辑分析，构成了他人道主义理论研究的扎实基础。

关于青年马克思与成年马克思之间的一致性问题，沙夫赞同亨德利克·德·曼、兰德舒特和梅耶、埃里希·希尔的观点，他们都对青年马克思的人道主义思想给予充分肯定，并且强调这种人道主义理论是理解他的政治经济学、历史唯物主义和共产主义理论的前提。沙夫指出，这些学者都强调青年马克思的著作对于真正了解马克思后来著作的本质和倾向的意义，这一思想不仅正确

① 马克思《1844 年经济学哲学手稿》最早的出版者。——作者注

而且特别重要。亨德利克·德·曼在20世纪30年代初评价马克思早期著作的新发现时指出：

> 应该认识到这一点是至关重要要的：在《手稿》以及更大范围的1843年至1846年之间的著作中，马克思表露出的基本观点和价值判断成为他所有后期著作（包括学术著作）的基础，并赋予它们真正的意义。不管人们对它们所表述的知识结构和它们在历史唯物主义中的逻辑地位有何看法，这些价值判断和基本观点都流露出这样一些动机，这些动机是马克思主义唯物主义的出发点，也是它的目的和意义。如果马克思主义被理解为一种活生生的力量，而不是被封闭在教条或体系中；如果它一开始就没有与马克思的个性割裂开，也不把它的变革历史与持续变化的世界和因此而产生的各种问题割裂开，**那么1844年的马克思与1867年的马克思同样属于马克思主义，正如1890年的恩格斯也同样属于马克思主义**。①

兰德舒特和梅耶同样认为了解马克思的经济学的关键在于认识他的人本学：

> 马克思40年代的这些著作中一步步地打开了由历史规定的整个视野，确立了人类的根基（没有这个根基），他对经济关系的阐述就只是高明的经济学家的杰作而已。谁要是没有掌握这些早期著作中的智力成果的内在模式（它贯穿于马克思的**全部**著作），他就远远不能了解马克思。这些著作对于评价马克思思想的内在发展是至关重要的。②

甚至基督教哲学家埃里希·希尔也充分地肯定了马克思早期著作的价值，并且从消除异化的角度理解马克思的思想发展过程：

> 青年马克思是我们时代的一个发现。几年前关于马克思或者反对马克思的各种讨论都关注他后来的著作，首先是关于《资本论》的，这些讨论是围绕社会学、经济学以及政治

---

① Adam Schaff, *Marxism and the Human Individual*, New York: McGraw - Hill, 1970, pp. 17 - 18.

② Adam Schaff, *Marxism and the Human Individual*, New York: McGraw - Hill, 1970, pp. 18 - 19.

学进行的，现在讨论的中心是马克思的“真正的人道主义”，这意味着什么？当马克思在他思想形成时期超越了狭隘的哲学争论，首先关注到社会现实时，他发现人是无家可归的，成了“自己的陌生人”。他为这样的人而忧虑，这种关切驱使着他为“回归人自身”而努力。这不能与他的问题分开，即是否能够以及如何超越“自我异化”，**使人从中获得自由和“解放**”。在这种人回归自身的探索过程中，马克思的思想越来越系统地成为一种非常合乎逻辑的理论。1932 年，当他在 1843 年至 1845 年住在巴黎期间撰写的许多以前不为人知的手稿（即被称为“巴黎经济学哲学手稿”）出版时，我们才知道这才是马克思主义体系的最初形态。①

不管这些学者的思想倾向和政治立场如何，西方马克思主义流派、西方研究马克思的学者、存在主义者甚至是基督教哲学家都能够在这一点上形成广泛的共识，即青年马克思的人道主义思想是马克思整个思想体系的核心，是理解他的政治经济学和共产主义理论的关键。只有苏联正统的马克思主义者在这个问题上持不同观点，这是由于他们的教条主义理解和政治实践已经偏离了马克思的初衷，承认马克思的人道主义本质就意味着要在一定意义上否定以斯大林主义为代表的正统的马克思主义，这是他们不能接受的。

沙夫深入地研究和分析了那个时代关于马克思思想体系的种种理解之后，明确地阐述了他对青年马克思与成年马克思之间关系的认识，并且将人道主义理解为马克思主义的本质。沙夫从以下几个方面论证了人道主义是马克思主义的理论核心：

首先，马克思的著作是一个有机联系的整体，马克思的思想发展具有内在的统一性，必须历史地加以考察。尽管在术语的使用上并不绝对一致，所关注的问题也在变化，但是从整体上看，马克思的思想发展有一条清晰的内在线索——对人的问题的关注——贯穿他整个思想历程，这是他全部思想体系的核心。“在我看来，只有一种合理的理解：（马克思思想的）最初时期与后来时期相同

① Adam Schaff, *Marxism and the Human Individual*, New York: McGraw - Hill, 1970, p. 20.

的基因就是它们之间的根本联系，为了解决最初时期提出的那些问题，马克思奉献了毕生的精力。实际上，这些根本问题持续不断地构成了这个体系坐标轴——尽管对这个体系的不同部分或阶段进行单独分析时，它们并不是完全分开的。如果是这样，如我所确信的，我们的观点具有重大启蒙价值，因为，这一必要的方式能够更容易地正确理解马克思成熟时期的思想；只有以他青年时期的思想（即他的哲学人类学思想）启蒙时，他成熟时期的思想才能彰显出它的全部丰富性和它的本质意义。我坚信，这不仅对他的整个理论，而且对与其思想和意识形态基础有千丝万缕的联系的社会主义实践极其重要。"①从沙夫的论述中，我们可以清楚地看到，他不仅认同并借鉴了上述学者的观点，而且特别指出了这一理解对社会主义实践的重要性，这是他超越当时的理论研究，站在特定的社会主义现实背景下得出的结论，表明了沙夫构建社会主义人道主义理论的现实需要。

其次，从批判种种异化现象入手，马克思确立了他的人道主义立场。马克思的人道主义思想的产生有其深刻的社会根源，马克思所处的那个时代，旧的价值体系正在坍塌，社会转型时期的种种问题撼动了整个社会原有的秩序，处于这种状态下的个人面临前所未有的矛盾和冲突。在《莱茵报》当编辑期间，马克思接触到大量的现实问题，促使马克思走向批判异化的道路。因此，马克思与许多思想家一样，要回答那个时代提出的问题，就必然把个体与自然、社会的关系问题作为他的哲学思考的首要问题。在这个过程中，马克思用那个时期流行的哲学术语来分析社会现实，首先进入马克思视野的哲学概念就是异化，这是那个时代的主要问题，以赤裸裸的、极为残酷的方式在资本主义发展过程中呈现出来。"马克思在分析各种类型的异化（宗教的，政治的，意识形态的，经济的）和它们的层次时，他并不满足于这种学术沉思，他最为关心的是找到一条出路，克服异化。结果，他确立了所谓现实人道主义的立场，但是我更愿意称之为战斗的人道主义。正是在这期间，马克思明确了社会问题领域里的中心议题，并用毕生的精力去思考和探

---

① Adam Schaff, *Marxism and the Human Individual*, New York: McGraw - Hill, 1970, pp. 24 - 25.

索。这些问题成为马克思的各种理论的出发点，这一出发点的内在逻辑力量的发展，促使他在理论上走向历史唯物主义，在政治上走向共产主义。"①这段话清楚地说明了异化与人道主义之间的因果联系，并且把人道主义视为推动马克思思想发展的内在逻辑力量。

再次，以人道主义为基础，才能理解马克思主义理论体系各部分之间的关系。在19世纪资本主义社会的历史背景下，马克思从哲学的人道主义诉求出发，以经济学为分析异化现象产生根源的现实基础，以政治学的社会主义和共产主义理论为消除异化的解决方案，建立起一个完整丰富的思想体系。从人道主义角度去理解马克思的全部思想，就能够清晰地把握马克思一生的思想历程。"尽管马克思终生献身于经济学，但是经济学本身却不是目的，马克思过去是，以后仍然是一位哲学家和社会学家，因为人的问题是他关注的核心问题。只有在这个意义上他对经济学的关注才是可以理解的。"②沙夫指出，沿着马克思的思想发展轨迹，就可以描绘出其中的逻辑顺序。假设异化是社会矛盾产生的主要问题，我们的工作就是消除它。进一步研究时，我们不仅发现了异化形式的多样性，而且发现了它们之间特定的层次关系，就像一个有复杂关系的阶梯，经济异化位于基础部分。经济异化的核心是生产资料的私人占有方式，它决定了劳动分配的特定形式，也决定了劳动过程本身及其产品(商品)的异化。私有制是剥削制度、阶级划分和政治制度产生的根源。

从这一人本主义的思想过程中可以得出三个基本结论：

其一，共产主义是一场推翻建立在经济异化基础上的社会现实运动。显然，如果我们的目标是为人类个性的发展和人的幸福创造最好的条件，经济异化和私有制是实现这一目标的主要障碍，那么共产主义就是从某种人本学理论和某种幸福理论中得出的结论。

其二，必须致力于政治经济学的研究。要想消除异化，消灭私

① Adam Schaff, *Marxism and the Human Individual*, New York: McGraw - Hill, 1970, pp. 25 - 26.

② Adam Schaff, *Marxism and the Human Individual*, New York: McGraw - Hill, 1970, p. 26.

有制,就必须了解和掌握它们的内在机制和外在表现。但是,经济学研究本身不是目的,“解决经济问题和解决政治问题的努力与他们如此紧密地联系着,都只是实现中心目标——**人的解放**的手段”①。从这一过程中,可以清楚地看到马克思主义人道主义意义,就能够从青年马克思的人道主义角度去理解马克思后来的著作。

同时,沙夫强调不能过分夸大青年马克思的著作,其中还有一些不够确切的表达,还有那个时代哲学的某些术语和思辨痕迹,仅有它们并不能完整客观地评价马克思。当然,也不能低估它们的价值。可以把青年马克思的著作看作解释和阐明他的成熟时期思想的人道主义线索。“正是在这个意义上,青年马克思的人类学可以视为理解他的经济学的钥匙,同样是理解他的成熟著作的钥匙。这一观点被属于不同学术派别和倾向的马克思思想重要研究者们所普遍认同。”②沙夫引用了美国马克思学学者丹尼尔·贝尔的观点加以佐证:

> 人为什么一无所有的问题促使马克思转向经济学。一个人的名字被如此密不可分地与“惨淡的科学”联系起来,马克思从未真正对经济学感兴趣。他晚年与恩格斯的通信中充满了对这一学科的鄙视,翔实的剖析过程妨碍了他继续开展其他研究,这一事实使他感到愤愤不平。但他仍然继续研究,因为对他而言,经济学是哲学的实践方面——它能揭示异化的秘密,还因为他已经发现了政治经济范畴中异化的物质表达:经济剥削的过程。③

其三,把关注的焦点从个体问题转向了群众的社会运动。为了消除经济异化及其后果,必须消灭资本主义私有制以及建立在它基础上的政治制度,这是实现人的解放和个人幸福的条件,因而经济学、社会学和政治学紧密相连,只有通过无产阶级的革命斗争才能实现这一目标,所以,马克思从人的问题出发,逐渐转向经济

---

① Adam Schaff, *Marxism and the Human Individual*, New York: McGraw – Hill, 1970, p.27.

② Adam Schaff, *Marxism and the Human Individual*, New York: McGraw – Hill, 1970, p.28.

③ Adam Schaff, *Marxism and the Human Individual*, New York: McGraw – Hill, 1970, p.29.

学研究，并越来越关注政治问题和阶级斗争问题，这实际上为实现他的初衷在寻求一条现实的道路，并将他的人道主义思想推向深入。虽然涉及人的问题的直接言论越来越少，“但是个体问题仍然占有主要地位，**它们都赋予马克思主义的社会主义以深刻的内容，**当然，是在社会主义被正确理解和诠释的前提下。无论是在理论上还是在实践上，这一点都至关重要”①。

经过充分的对比和分析，沙夫令人信服地得出了人道主义是马克思思想核心的结论，并以人道主义为中心线索，将马克思主义哲学、政治经济学和科学社会主义有机地统一起来，这种理解是准确的、深刻的，即使今天看来，沙夫近五十年前提出的见解对我们仍然具有启发性。

沙夫对马克思思想及马克思主义人道主义的理解与西方马克思主义中的人本主义思潮以及东欧其他马克思主义者的理解是一致的。南斯拉夫实践派哲学家马尔科维奇不仅认为马克思主义具有人道主义性质，而且指出这样一种人道主义的马克思主义既有认识论维度，又有人本学和本体论维度，“马克思主义者对所有问题的解决方式都是人道主义的，一切问题都依据人的前景加以解决。事实上，人道主义问题部分是本体论的，部分是认识论的，部分是价值（价值论）的”②。马尔科维奇强调马克思本人的人道主义的倾向更加突出，把马克思主义理解为一种彻底的人道主义，是为了在当代历史条件下发展马克思主义的批判意识，对当代世界进行深刻的人道主义批判。马尔科维奇的观点具有一定的代表性，这是东欧新马克思主义者的共识，与西方马克思主义众多思想家的人本主义形成了一种理论呼应。

我国的许多学者也持相似的观点，从人道主义和人本学的角度理解马克思本人的思想与马克思主义。张奎良教授认为“历史唯物主义的研究起点是人”③，唯物史观具有丰富的人学意蕴；“对

---

① Adam Schaff, *Marxism and the Human Individual*, New York: McGraw - Hill, 1970, p.32.

② 转引自衣俊卿：《人道主义批判理论——东欧新马克思主义述评》，中国人民大学出版社2005年版，第107页。

③ 张奎良：《马克思的哲学思想及其当代意义》，黑龙江教育出版社2001年版，第108页。

人的全面正确的认识和理解是贯穿马克思一生各时期哲学研究的中心线索”[①],马克思哲学体现了以人为本的发展轨迹。衣俊卿教授认为,“以实践哲学为特征的人本主义哲学构想和以人的发展为尺度的人道主义批判理论的确构成马克思思想的核心……这不仅是马克思青年时的理论追求,而且是贯穿他毕生理论探索的价值取向”[②]。两位学者的理解与沙夫的思想是一致的。此外,高清海的“类哲学”、丛大川的“实践人道主义”等也都把人道主义(人本主义)理解为马克思和马克思主义的本质特征。笔者非常认同这种观点,随着我国马克思主义哲学研究的不断发展,对人的问题越来越重视,科学发展观提出以人为本的核心理念,标志着这种认识的深化。

三、马克思主义人道主义的理论形态评析

沙夫已经充分论证了马克思的思想是以人道主义为核心内容,以马克思为创始人的马克思主义在本质上应当是也必然是一种人道主义。沙夫的人道主义思想包含着两个层面的内容:一是论证马克思主义的创始人马克思本人思想的人道主义性质,二是阐述当代马克思主义即20世纪的社会主义本质上是一种人道主义。这两个方面既具有内容上的一致性,又各自在面对的问题和表现形式上随着历史的发展而有所不同。沙夫所代表的东欧马克思主义,呈现的是一种社会主义人道主义,与沙夫同时代的资本主义阵营中的马克思主义者,即西方马克思主义也从当代资本主义现实出发,阐述了一种西方马克思主义人道主义。在马克思主义发展历史上,马克思的人道主义、西方马克思主义人道主义和东欧的社会主义人道主义这三种人道主义理论形态各具特色,代表着马克思主义面临的不同现实背景和特定的批判主题。

马克思的人道主义是在19世纪的资本主义社会背景下产生的。19世纪的马克思主义以马克思本人的思想为代表,其中最主要的人本主义文献是《1844年经济学哲学手稿》、《关于费尔巴哈

① 张奎良:《马克思的哲学思想及其当代意义》,黑龙江教育出版社2001年版,第344页。

② 衣俊卿:《人道主义批判理论——东欧新马克思主义述评》,中国人民大学出版社2005年版,第47页。

的提纲》和《德意志意识形态》，前两部著作中马克思提出异化理论和共产主义及人的解放思想，《德意志意识形态》虽然是马克思和恩格斯合著的，但是却更多地体现了马克思的思想。虽然同为马克思主义的创始人，除了以唯物史观为共同的思想基础和以批判资本主义实现共产主义为共同的历史使命之外，马克思和恩格斯之间还是存在某些理论差别的。同恩格斯相比，马克思的人本主义倾向更为突出。因此，马克思的人道主义是马克思主义发展历史中的第一个人道主义理论形态。

马克思关于人道主义问题的提出具有深刻的现实背景。资本主义的生产方式大大提高了劳动效率，创造出了更多的社会财富，但是也带来了新的社会问题，生产力和技术的进步不但没有给人的生存与发展创造出更加充分的条件，反而使人陷入更加严重的分裂状态，社会矛盾激化，人受到他所创造出来的产品和社会关系的统治与奴役，异化现象不断加剧。解决资本主义社会矛盾和消除异化是马克思关注的焦点，从这一现实出发，马克思把实现人的自由和解放，为人的全面发展创造条件作为自己的使命，以现实的人为研究的出发点、最终目的和根本意义，首先在哲学上确立了自己的人道主义立场，确立了终生为之奋斗的方向。接下来他就要为实现这一目标寻找具体道路，他要为那个时代把脉和诊断，要深入分析问题的症结所在，找出异化现象产生的根源。从解剖资本主义社会结构入手，马克思转向经济学研究，通过对商品生产过程的剖析，他发现了生产剩余价值的秘密，揭示了经济异化的根源在于资本主义私有制。解决资本主义社会的根本矛盾就必须彻底推翻剥削制度，经济学的研究结果与哲学上的人道主义目标和政治学上的共产主义理想实现了统一，马克思主义理论研究与共产主义实践活动实现了统一。

从人道主义角度解读马克思的思想历程，就能够找到一条清晰的逻辑线索，把他青年、成年到晚年时期的整个一生的研究贯穿起来，从而把握他的哲学、政治经济学和科学社会主义之间的内在联系，理解他的理论探索与政治实践之间的统一性，把他作为哲学家、经济学家、社会学家和政治家的多重身份统一起来。马克思本人的人道主义既坚持了人道主义的基本原则，又反映了鲜明的时代主题。它以 19 世纪的资本主义现实为批判对象，提供了详尽的矛盾分析材料,并给出了具体的解决方案。一百多年以来,马克思主义从理想到现实的发展历程充分证明了以人道主义为核心的马克思思想的深度和厚度,反思社会主义理论和实践上遭遇到的种种挫折,这些都促使我们回归到他的人道主义根本立场。面对当代社会人类的生存困境,马克思的人道主义原则仍然是我们批判现实的基本理论参照,也是我们寻找出路的基本坐标。

在20世纪资本主义与社会主义两种社会制度对立的大背景下,马克思主义经历了复杂的分化,衣俊卿等人把20世纪的马克思主义概括为四种主要类型:社会主义国家的正统马克思主义;西方人本主义马克思主义;西方科学主义马克思主义;东欧新马克思主义。[①] 其中西方人本主义马克思主义和东欧新马克思主义具有鲜明的人道主义特征,是马克思主义人道主义在20世纪的主要形态。

现代西方哲学被划分为人本主义和科学主义两大思潮,受到现代西方哲学的深刻影响,西方马克思主义也表现为人本主义和科学主义两种倾向,其中西方人本主义马克思主义是西方马克思主义的主流,笔者将其指认为西方马克思主义人道主义。它在理论上与以斯大林主义为代表的正统马克思主义相对立,以马克思的人道主义思想为依据,对当代资本主义社会的异化现象展开了全方位的批判。这一流派的代表人物众多,影响深远,成果卓著,主要包括20世纪二三十年代早期西方马克思主义代表卢卡奇、科尔施、葛兰西和布洛赫等人;发端于20世纪30年代,在20世纪60年代达到高峰的,以霍克海默、阿多诺、马尔库塞、弗洛姆、哈贝马斯等人为代表的法兰克福学派;列斐伏尔的日常生活批判理论;萨特的存在主义的马克思主义;赖希的弗洛伊德主义的马克思主义;等等。在青年马克思的人本主义著作面世之前,卢卡奇就出版了《历史与阶级意识》,在这本著作中,他首次提出了“马克思的人道主义”这一概念,因此,弗洛姆称“卢卡奇是第一个恢复马克思的人本主义的人”[②]。

---

① 衣俊卿、丁立群、李小娟等:《20世纪的新马克思主义》,中央编译出版社2001年版,第21页。

② 复旦大学哲学系现代西方哲学研究室编译:《西方学者论〈1844年经济学—哲学手稿〉》,复旦大学出版社1983年版,第79页。

20世纪的突出问题表现为资本主义与社会主义之间的政治斗争、异化的普遍加剧和新的异化形式出现，以及由资本主义矛盾激化导致的两次世界大战，种种极端的社会冲突造成了人类新的生存困境，对资本主义现实的批判和对社会主义实践的反思都促使这些西方马克思主义者走向了人道主义。20世纪30年代，青年马克思著作的问世为他们提供了回应时代问题所需的全新的思想材料，从20世纪早期卢卡奇等人参与政治实践的需要，到20世纪中期法兰克福学派批判发达资本主义社会矛盾的需要，人道主义都是他们最为有力的思想武器。西方马克思主义人道主义围绕20世纪的现实问题，充分阐发了马克思的异化理论和实践哲学构想，以不同的表达方式建构起了以人的历史存在为核心的人道主义理论和丰富的社会批判理论。从内容来看，卢卡奇的主客体统一的辩证法、葛兰西的实践一元论、布洛赫的希望哲学、萨特的自由理论等比较侧重人道主义理论建设；卢卡奇的物化理论、葛兰西的文化霸权理论、马尔库塞的"单向度的人"理论、赖希和弗洛姆的性格理论、列斐伏尔的日常生活批判理论等则突出了社会批判特征，这些思想家提出的解决当代社会问题的方案以扬弃异化、实现人的自由和全面发展为核心，致力于推动当代社会的民主化和人道化进程，他们与东欧的马克思主义者相互呼应，从不同角度丰富和发展了马克思的人道主义思想。

东欧的新马克思主义与西方马克思主义都是马克思主义在20世纪的新发展，都是对以苏联模式为代表的正统马克思主义的一种理论反叛。西方马克思主义人道主义是从资本主义世界内部开展批判活动的，而东欧马克思主义人道主义则是从社会主义理论和实践角度进行人道主义理论探索的，因此也可以称之为社会主义人道主义。东欧马克思主义者一方面要批判资本主义制度，另一方面又要对社会主义理论和实践中遇到的问题进行反思，面对这双重使命，东欧的社会主义人道主义道路走得更加坎坷和艰难。他们致力于重建人道主义的马克思主义和人道的民主的社会主义，以独特的方式阐发了马克思主义人道主义立场。异化理论、实践哲学、激进民主、人道主义与人道化、具体的辩证法等内容构成了社会主义人道主义的主题。南斯拉夫实践派学者以实践哲学和异化理论见长，他们强调社会主义的实质与核心是人道主义，并且把自治视为实现社会主义人道主义的重要形式;匈牙利的布达佩斯学派发展了激进哲学、人类需要理论,主张实现日常生活的人道化;波兰以科拉科夫斯基的意识形态批判和沙夫的社会主义人道主义设想为代表;捷克斯洛伐克的科西克提出了具体的辩证法理论。

衣俊卿教授从总体上将东欧的社会主义人道主义的共同理论立场和价值取向概括为人道主义的批判理论,强调这一本质精神是与青年马克思的实践哲学批判精神相吻合的。在分析东欧社会主义人道主义理论框架时,他提出了一种理解思路,"作为一种真正的哲学理论或历史理论,它的内在构架应当有三个基本的维度或层面:第一,这一理论的基础部分是它的人本学或本体论维度,其核心是一种世界图景或理想的人之形象;第二,以这一世界图景或人之形象同世界现状或人类历史困境的反差与冲突为基础,建立起一种历史和社会批判理论;第三,摆脱人类历史困境以实现理想的人之形象的社会改造纲领"①。这三个维度分别从基本原则、现实批判和解决方案的角度概括了一种思想体系的内在构成,一般而言,某种理论的基本原则是稳定的核心要素,是划分其基本立场的主要依据;现实批判则具有明确的时代指向或问题指向,反映了特定理论的历史背景;而在前两个方面的基础上提出的解决方案则往往带有思想家鲜明的个性特征,通常具有多元性和差异性。衣俊卿教授指出,东欧的社会主义人道主义从总体上表现为以人(实践)为本的本体论;以异化理论为基础的社会批判理论以及以人道的和民主的社会主义为主要内涵的社会改革纲领或设想。

根据这种理解,我们可以对马克思主义人道主义的三种理论形态进行比较,可以明显地看出,马克思的人道主义、西方马克思主义的人道主义和东欧的社会主义人道主义都以人的问题为核心,把人的自由、解放、全面发展作为出发点和最终目的,在根本原则上高度一致和契合;由于时代和背景不同,三者的批判指向明显地从各自的现实出发,具有鲜明的时代感和现实性;马克思主义的三种人道主义理论所提出的解决问题的方案不尽相同,而且在西

① 衣俊卿:《人道主义批判理论——东欧新马克思主义述评》,中国人民大学出版社2005年版,第228页。

方马克思主义和东欧马克思主义内部不同的代表人物提出的人道主义方案也存在较大的差异。这种状况很正常,反映了一种理论从深层到表层的逻辑运动规律,其基本原则的统一性是决定理论性质的因素,而现实指向和解决方案的差异性则表现了理论发展的历史变迁和演进规律。所以,通过梳理三者之间的关系,可以为我们提供一个多维度的历史坐标,从而更加清楚地认识沙夫所代表的社会主义人道主义理论在马克思主义发展中的地位和意义。

人道主义是以人的本质、使命、地位、价值和个性发展等内容为核心的思潮与理论。人道主义思想从古希腊罗马的教育观念发展而来,文艺复兴以后,人道主义作为一种社会思潮承担着资产阶级启蒙的历史使命,并且开始具有社会批判的功能。18 世纪启蒙运动思想家提出了“天赋人权”和“自由、平等、博爱”的理论主张,把人道主义提升为资产阶级革命的指导思想和政治纲领。马克思主义人道主义在对资产阶级人道主义进行批判和继承的基础上,改造和发展了它的合理内容,将人道主义发展到了新的历史阶段。现代的各种人道主义形式都主张褒扬人的价值、捍卫人的尊严、提高人的地位,近现代以来,人道主义理论本质上既是意识形态,又是社会批判理论。

人道主义理论有四个基本特征,从思想内涵来看,人道主义以塑造各自时代的人性理想为目标,标志着人类的自我认识过程;从理论核心来看,个体的人和整个人类是人道主义理论的双重焦点;从时代要求来看,人道主义具有建设和批判的双重使命;从基本前提来看,人性是复杂的、矛盾的、有限的,人道主义应当在现实性和包容性的前提下塑造与提升人性。20 世纪的各种人道主义思潮之间的对话和争论反映了人类文化精神遭遇到的困境与危机,理论上的各种反人道主义主要反对的是人道主义的形而上学前提,反对从先验人性本质出发,反对理性主义,质疑传统人道主义的理论逻辑并不等于否定人道主义的价值诉求,反人道主义思潮本质上是对人道主义的理论挑战与检验,客观上实现了对人道主义理论的修正和补充。

在 19 世纪资本主义背景下,马克思以人的自由、解放和全面发展为核心,以异化批判为切入点,通过政治经济学研究揭示了资本主义社会基本矛盾,提出实现共产主义的社会理想,形成了完整丰富的马克思主义理论体系，超越了资产阶级人道主义的局限性，把人道主义发展到了一个新的历史高度。青年马克思确立的人道主义目标，贯穿于马克思思想发展的整个过程，是马克思思想的核心内容。马克思主义人道主义主要有三种理论形态，19 世纪马克思的人道主义理论、20 世纪西方马克思主义人道主义理论和东欧的社会主义人道主义理论。三者都以人的问题为核心，把人的自由、解放、全面发展作为出发点和最终目的，在根本原则上高度一致和契合；由于时代和背景不同，三者的批判指向明显地从各自的现实出发，具有鲜明的时代感和现实性；他们所提出的实践策略各不相同，西方马克思主义和东欧的社会主义人道主义的解决方案缺乏现实基础，反映了他们的人道主义理论的局限性。

第二章　社会主义人道主义的理论建构

人道主义的目的就是把最大限度地扩大个体自由，作为实现人的个性最充分发展的手段。　　——亚当·沙夫

自从青年马克思的著作在20世纪30年代公开出版以后，在西方马克思主义流派和东欧新马克思主义者中掀起了一股重新理解马克思和马克思主义的热潮。在第二次世界大战前后复杂的国际政治形势背景下，世界范围内的两种社会制度的斗争以及社会主义国家内部"斯大林化"与"非斯大林化"的斗争交织在一起，在理论上和实践上都为重新解读马克思主义提供了可能。从20世纪60年代起，沙夫通过《人的哲学》和《马克思主义与人类个体》两部著作，完成了从正统的马克思主义者向人本主义的马克思主义者的重大转变。除了青年马克思著作的问世和国际政治形势的影响之外，萨特的存在主义思潮的流行是促使沙夫思考人的问题的直接理论原因。沙夫通过批判萨特的存在主义，明确提出马克思主义要关注和研究人的问题。从青年马克思的著作入手，沙夫以人类个体问题为核心，建构起社会主义人道主义的理论体系。

第一节　存在主义与人的问题的提出

沙夫思想发展的一个重要的转折点就是20世纪60年代他由正统的马克思主义者转向社会主义人道主义者。发生这一转变的历史背景，是1956年以后现代西方哲学思潮涌入波兰，尤其是存在主义盛行一时，萨特、加缪和波伏娃等人的作品相继在波兰翻译

出版，在知识分子和青年人中产生了较大的反响。沙夫针对这一现象完成了《人的哲学》一书，从此开始关注和研究人道主义问题，并且逐渐形成了系统的社会主义人道主义理论。沙夫充分肯定了萨特关于个人问题的重要性，他虽然不同意其观点，但是主张马克思主义必须讨论和回答萨特提出的问题。正是由于萨特的影响，沙夫在20世纪60年代连续完成了两部重要的人道主义著作，《人的哲学》和《马克思主义与人类个体》，系统地阐述了社会主义人道主义的理论体系。

一、对萨特存在主义的理论批判

沙夫的哲学思想在20世纪60年代发生了重要转折，由认识论和语言哲学的研究转向人道主义，促成这一转折的重要因素就是存在主义思想传入波兰，沙夫通过对萨特存在主义思想的批判，开始了马克思主义人道主义理论的恢复和重建。沙夫对萨特存在主义的基本立场持否定态度，但是却充分肯定了萨特提出的关于人的问题的重要性，是马克思主义必须回答的。

沙夫首先分析了存在主义在波兰盛行的原因，他指出，马克思主义理论从一开始就把有关个人的地位和作用问题作为自己理论的生长点，青年马克思的全部异化问题的命题就是关于这方面的，但是在马克思主义的继续发展过程中却逐渐忽视了这方面的研究，以至于当存在主义从唯心主义立场提出这类问题时，马克思主义面对这一理论空白却错误地以为这是与自己格格不入的。

存在主义在波兰兴起，有马克思主义理论内部的原因："为什么发生这种事情，为什么众多的马克思主义者最初忽视后来又远离这些问题呢？主要是因为马克思主义与革命的工人运动相结合，迫切要求聚焦社会发展规律，聚焦社会主义过渡和社会主义建设的规律，聚焦与人民群众当前斗争有关的问题。马克思主义对这些实践的政治问题的关注，把与个体及其特殊问题相关的这类问题挤到了一边，成了将来要考虑的事情。后来，当无产阶级胜利后，当关注人的问题的条件客观上更加有利时，施加了更大阻力的其他障碍又干扰了对人的问题的关注。马克思主义的敌对派别抓住了这些问题，把它们变成了反对工人阶级革命运动的意识形态武器。”①马克思主义的理论出发点就是为了实现人的自由、解放和全面发展。在马克思主义发展过程中，政治革命和社会建设的具体问题的冲击，使马克思主义逐渐远离了人的问题，在哲学理论上就出现了空白点，因此存在主义在波兰的流行，在很大程度上是马克思主义者亲手制造的，是我们思想旷工的后果，而萨特正确地指出了这一点。

存在主义在波兰兴起还有复杂的社会因素：“发生在新旧社会体制更替期间的道德和政治危机以及社会动荡，与存在主义者的思想方式之间，有着明显的关联。这样的时期，一方面使得人们对社会发展的规律产生兴趣，进而开展研究；另一方面也促使他们关注个体及其命运。事实上，有关个体的问题始终伴随着我们每个人——例如死亡和生命的意义。但是目前这种问题被生命本身以最为紧迫的方式提了出来。”②沙夫指出，第二次世界大战后的历史创伤为存在主义的兴起提供了土壤，波兰社会主义实践过程中产生的道德、政治危机，同样为存在主义的盛行提供了社会条件。

对于存在主义的盛行，马克思主义的对策是非常明确的：“从上述所有内容中只能得出一个结论，我们必须尽快在这一舞台上占据自己的位置，我们必须通过对这些被忽视问题的研究，来填补这一空白。”③这就要求我们必须深入地分析存在主义的哪些问题是具有现实意义的，哪些是值得从马克思主义立场去进行研究的。

对待个人概念的不同回答是存在主义与马克思主义之间的根本分歧，二者之间的一切其他观点的分歧都围绕这个焦点聚集起来。人的问题、人道主义问题也是每个存在主义流派的中心问题。存在主义理论与马克思主义理论对立的实质可以进一步表述为如下问题，在分析人的时候，应该从完全可以自由选择行动的并由此而创造我们称之为社会生活的个体入手，还是应该从创造个体并决定其行动方式的社会入手。

“但是存在主义的一切派别——克尔凯郭尔和萨特之间其实

---

① Adam Schaff, *A Philosophy of Man*, London: Lawrence & Wishart, 1963, pp. 15–16.

② Adam Schaff, *A Philosophy of Man*, London: Lawrence & Wishart, 1963, pp. 16–17.

③ Adam Schaff, *A Philosophy of Man*, London: Lawrence & Wishart, 1963, p. 18.

有着很大的不同——都具有共同点，不仅因为他们关注的中心问题是个体的命运和体验，而且也是——确切地说，主要是——因为他们将个体概念视为与世隔绝的、孤独的、悲剧性的，与周遭世界的异己力量进行着无意义的斗争。"[①]存在主义以孤独的个体为前提，脱离社会和历史看待个人的命运与际遇，这样的个体面对强大的非理性的周遭世界，只能体验到痛苦和绝望。正是自由和绝望之间这一不可调和的内在矛盾，使萨特后来走向了马克思主义。强调存在先于本质的萨特是哲学传统的继承者，但是试图用存在主义来补充马克思主义的萨特却是反传统的，这两个萨特之间存在着无法克服的裂痕，"在尊重传统的存在主义的萨特与敬重马克思主义哲学的萨特之间存在着矛盾。要克服这种矛盾，只有抛弃目前他的思想中两种相互对立的立场中的一种。这种矛盾集中地表现在他的个体概念上"[②]。存在主义的萨特的孤独的个人是建立在主观主义基础上的，而马克思主义是建立在唯物史观基础上的，萨特的补充愿望是不可能实现的。

沙夫引用马克思《关于费尔巴哈的提纲》中关于人的本质的论述，通过马克思对费尔巴哈关于个人理论的批判，即脱离历史和社会孤立地、自然地考察个体的人，指出了自然主义和存在主义在理解个体问题上犯了同样的错误。"这种以社会的，因而是历史的方式考察人的精神生活及其产物，乃是马克思主义毋庸置疑的和具有重大意义的理论贡献，它使得这一问题既摆脱了自然主义的局限性，又摆脱了存在主义在研究人类问题中的主观主义。"[③]沙夫的这种理解是非常深刻的，他明确地指出了存在主义与马克思主义之间的本质区别。沙夫进一步指出，"正是在青年马克思的思想中，我们可以找到对存在主义的个体问题观点的明确而又坚决的驳斥。马克思对这些问题的阐述，已经在《关于费尔巴哈的提纲》中得到了论证，又在他此后的理论活动中得到了发展，这些思想构成了对存在主义的理论基础——主观主义、非社会的和非历史的个体概念的驳斥"[④]。沙夫认为萨特将马克思主义与存在主义结合

① Adam Schaff, *A Philosophy of Man*, London: Lawrence & Wishart,1963, p.24.
② Adam Schaff, *A Philosophy of Man*, London: Lawrence & Wishart,1963, p.26.
③ Adam Schaff, *A Philosophy of Man*, London: Lawrence & Wishart,1963, p.27.
④ Adam Schaff, *A Philosophy of Man*, London: Lawrence & Wishart,1963, p.28.

在一起的想法是不可能实现的，因为存在主义具有自由的个人无法进入马克思主义，而且萨特试图以经济不足的论点来解释社会发展的全部动力，他所理解的这种马克思主义本质上是一种社会达尔文主义，与马克思的剩余价值理论和唯物史观理论毫无共同之处。

对萨特的存在主义的批判仅仅停留于此是不够的，沙夫进一步揭示了存在主义内在矛盾的实质："我已经指出，存在主义的真正内在矛盾就在于，假定独立创造自己命运的个体的'独立性'（在其最深刻含义上，是'存在'先于'本质'）与'绝望哲学'的全部内容之间的矛盾。"[①]存在主义在这方面的矛盾与宗教内在的矛盾相似，犹太教和基督教的造物主以自己的模样创造了人，给人认识善恶的能力，教徒们依照教义行事却永远无法摆脱被惩罚的命运。存在主义也是如此，"他们创造自己的貌似独立的**个体**，目的是使他孤独。他们把无助和绝望降于这些头戴'独立性'的虚幻王冠、成为恶意命运的玩偶的悲惨傀儡。因为很显然，把个体与社会割裂开来，不仅不能给个体以任何的独立性，而且正相反，会剥夺他的一切真正的独立性。……'绝望哲学'是内外矛盾的人道主义，实质上是**非道德的**道德学、非人化的人道主义"[②]。沙夫分析至此，断言存在主义无法兑现人道主义的诺言，这根源于孤独的个体的哲学出发点，"我们注意到，甚至无神论的存在主义，在个体的责任与命运问题上比我们的第一印象更加接近宗教的立场。这就是人的问题脱离社会和历史的分析所要付出的代价"[③]。可见，沙夫对萨特存在主义的批判是非常严厉的，直接挑战萨特的人道主义宣言，质疑存在主义的人道主义性质。

经过上述分析之后，沙夫给出了对存在主义的基本评价，"如果用存在主义的独特的理论和方法来'补充'马克思主义，那么萨特的这种提议就是非常可疑的，因为火是不能用水来补充的。相反，如果是在马克思主义方法基础上，更加详尽地考察曾经被它所忽视而又被存在主义一直垄断着的个体的问题，那么这是一个重

① Adam Schaff, *A Philosophy of Man*, London: Lawrence & Wishart, 1963, p.29.
② Adam Schaff, *A Philosophy of Man*, London: Lawrence & Wishart, 1963, p.30.
③ Adam Schaff, *A Philosophy of Man*, London: Lawrence & Wishart, 1963, p.29.

要的提议”[1]。这就是说,存在主义与马克思主义之间不存在补充或者融合的可能,但是马克思主义非常有必要深入研究存在主义提出的人的问题。

存在主义理论中最有吸引力的内容可以归结为责任问题和生活意义问题。由于脱离了社会和历史,存在主义将个体的责任问题抽象了,但是萨特意识到责任问题是由生活情势的冲突性提出来的,这就触及到了“个体受到社会现实的制约”。最终萨特仍然以个人的自由选择作为解决方案,没有突破主观主义的局限。沙夫在这里强调萨特关于生活情势的冲突性的意义,是因为他注意到其中涉及个人与社会之间的关系,从中可以走向马克思主义立场,得出更加深刻的结论。

沙夫批评正统的马克思主义理论片面强调社会历史规律的决定作用,从而造成了存在主义对个人自由问题的介入,“因此,必须记住:存在主义的关于个人及其自由(这是不可分割地联系在一起的问题)的主观唯意志论的理论,是作为决定论难于解释人的**自由的**反应而出现的。其次,必须记住:在这个问题的争论中,战场上并没有我们,可是却有存在主义。因此不在场的人就要失败,甚至当胜利者是一个孱弱无能的人时”[2]。马克思主义需要克服决定论倾向,通过研究和回答人的问题,来战胜存在主义的主观唯意志论。

从马克思主义立场对人的问题做出回答,不仅仅要求哲学理论向前发展,还需要社会科学领域诸多理论的发展,包括社会学、心理学以及伦理学从各自的角度进行分析和探讨,因为与人的现实生活的复杂性相比,理论并不能提供适用于各种情形的解决方案。世俗的伦理学和宗教以简单化的方式确立绝对标准,新实证主义则采取取消问题的方式来回避问题,这就是存在主义成功地提出问题并产生了如此巨大影响的原因。马克思主义以往对待异己思想,往往不经分析地贴上标签或者保持沉默,这其实是鸵鸟式的回避,具有虚无主义的倾向,从而丧失了批判的有效性。沙夫指出批判存在主义的三个基本条件,即了解他们的观点、找到现实问

---

① Adam Schaff, *A Philosophy of Man*, London: Lawrence & Wishart, 1963, p. 31.

② 亚当·沙夫:《人的哲学》,林波、徐懋庸、段薇杰等译,三联书店 1963 年版,第 24 页。

题、提出新的解决方案。

马克思主义应该在斗争中不断向前发展，研究每个时代出现的新情况和新问题，“马克思主义理论从前提说来是‘公开的’，也就是说，在出现了新的事实和发现的情况下，它必须修改自己的个别论点，不断地、创造性地发展理论。马克思主义永远准备着——至少其前提是如此——吸收新的事实、新的发现和新的理论思想的成就，加以总结并——如果需要——根据这些总结来改变自己的一向通行的论点”①。研究存在主义不仅仅是现实的需要，也是马克思主义自身发展的必然要求，“存在主义和马克思主义结合的失败并不能改变之前所强调的这一事实，由萨特的存在主义所提出的一些问题的重要性。……马克思主义不能与存在主义成为一体，但是可能而且应该把存在主义战胜，应以自己的立场来研究这些构成存在主义具有生命力的部分的问题”②。批判存在主义的现实课题带来的是马克思主义理论自身的超越和重建，沙夫在这里清楚地表明了马克思主义人道主义出场的必然性。

笔者认为，萨特存在主义的出发点虽然脱离了社会和历史的孤独的个体，但是他对现代社会中个体生存的异化现实给予了丰富而又生动的描述，现代性和工业化的后果之一就是战争这一极端异化的表现形式，第二次世界大战给人们造成的心理创伤通过存在主义灰暗的情绪展现得淋漓尽致。从反映时代状况的角度来说，萨特的存在主义无疑具有重要的理论价值。沙夫在这里并没有从异化理论的层面分析存在主义的理论意义，这是因为马克思的《1844 年经济学哲学手稿》和早期西方马克思主义思想家的人本主义还没有对沙夫的思想产生真正的影响，沙夫仍然是从正统的马克思主义立场出发来批判萨特的。

二、人的问题是马克思主义的理论原点

存在主义提出了人的问题，这是伴随人类历史的古老课题，人的命运、生活的意义、人与宇宙的关系等都是哲学的研究对象。萨特的问题虽然并不新鲜，但是他在恰当的历史时机提出人的问题，

---

① 亚当·沙夫:《人的哲学》，林波、徐懋庸、段薇杰等译，三联书店 1963 年版，第 31 页。

② Adam Schaff, *A Philosophy of Man*, London: Lawrence & Wishart, 1963, p.45.

并且引起了广泛的共鸣。马克思主义必须关注存在主义提出的人的问题，这是时代的要求，也是马克思主义理论发展的需要，所以，应该“站在马克思主义的立场上研究人的哲学的问题，严肃地和深刻地、以最有效的和最能激起读者思考的方式去进行研究”①。

马克思主义的人的哲学是由时代的要求提出来的，它所关注的人的生存、死亡、幸福、痛苦和责任等现实问题是始终存在的，这些问题是具体的、历史的，并且受特定的社会条件制约的，而且在每个时代总是有新内容。每个时代都要对这些问题的新内容做出回答，让人们懂得值得为之进行斗争。“我们不可能消灭死亡，但是我们知道生活是可以成为人的生活，我们也知道应如何使它成为人的生活。我们不可能消灭世界上的一切痛苦，但是我们知道要通过什么途径来消灭群众的因而也是最严重的痛苦。我们不可能保证每一个人的幸福，但是我们知道创造实现全人类幸福的最优越的条件的方法。表面上看来，这是一种朴素的想像，但是这种想像是激动人心的，它的名称就是社会主义的人道主义。”②马克思主义的人的哲学在现代的表现形态就是社会主义人道主义，其根本目标是让人生活得更加美好，消除产生普遍痛苦的根源，尽可能地创造实现人类幸福的社会条件。表面上看来，这些目标并不高，但是因其建立在社会现实的基础上，具有实现的可能性和可操作性。沙夫进一步指出了人的哲学研究的核心问题，“关于人的哲学研究的核心问题，是在个体与整个社会的关系中以及他与社会中其他个体之间界定个体角色的本质。围绕这一核心包含着许多问题，这些问题关注着与外在世界联系着的个体的命运、个体的社会责任与道德责任”③。显然，沙夫把个人与社会以及个体之间的相互关系的本质作为人的哲学的中心，这是在批判萨特存在主义哲学前提下，强调从马克思主义立场重新理解人的哲学，而其他关于生活意义、责任等问题则体现了对萨特提出的问题的接受和认可。

---

① 亚当·沙夫：《人的哲学》，林波、徐懋庸、段薇杰等译，三联书店 1963 年版，第 100 页。

② 亚当·沙夫：《人的哲学》，林波、徐懋庸、段薇杰译，三联书店 1963 年版，第 99 页。

③ Adam Schaff, *A Philosophy of Man*, London: Lawrence & Wishart, 1963, pp. 82–83.

明确了马克思主义人的哲学的基本内容之后，沙夫对其哲学基础展开了分析，马克思主义人的哲学或者社会主义人道主义是建立在马克思确立的辩证唯物主义和历史唯物主义基础上的，“因此，马克思主义创立了一种唯物主义的人的哲学的前提，这一前提在马克思主义关于异化问题和社会主义人道主义的研究中得到了发展。但是，历史唯物主义是这一哲学的前提而不是这一哲学本身。今天，人的哲学的进一步发展已经成为马克思主义的迫切需要”①。从这段论述中，我们可以清楚地看到沙夫对青年马克思思想的理解，在他看来，青年马克思虽然研究了异化问题和人道主义问题，虽然提出了历史唯物主义原则，但是这些还只是为马克思主义的人的哲学准备了必要的理论前提，还不能称之为人的哲学，在马克思所处的那个时代，人的问题还没有像今天这样迫切地被提出来。

受到存在主义的启发，以历史唯物主义为理论前提，沙夫确立了人的哲学的出发点，“人的哲学可以从以下两个相反的原则开始：(1)人的存在是某些外在于人的超人概念或计划的实现。(2)人的存在是人自身创造出来的——人是自身的产物，独立自主的人应该是所有关于人的学说的出发点”②。前一个原则是宗教的理解方式，后者是马克思主义与存在主义共同的出发点，马克思主义进一步超越存在主义的地方在于，它从人与自然、人与社会的客观物质关系出发研究人的存在，而不是从主观精神出发。我们研究的是现实的人生，而不是应然层面的人生。把人在现实世界中的活动作为观察人的出发点，就意味着站在唯物主义的经验的立场上，肯定存在主义关于人的问题的价值，进而以马克思主义的社会历史视野进行研究。沙夫沿着这一思路论述了马克思主义关于人的哲学的基本主张。

沙夫指出，关于哲学如何看待人的问题，新实证主义和存在主义代表着两种截然不同的态度，对于这个问题的争论可以一直追溯到古希腊时期伊奥尼亚学派和苏格拉底学派。存在主义是从实践出发，从现实的人的关怀和需要出发的，这无疑也是沙夫的出发

① Adam Schaff, *A Philosophy of Man*, London: Lawrence & Wishart, 1963, p. 84.

② Adam Schaff, *A Philosophy of Man*, London: Lawrence & Wishart, 1963, p. 84.

点，因此自然可以得出如下结论，“这些问题本身确实在人类实践中有着最为稳固的根基，也许对人来说，没有比那些对真正生活的关注更加现实的问题了。从这一点出发，这类问题毫无疑问都是哲学的真正问题”①。

新实证主义的出发点则是科学性质，它要求严谨的推理和逻辑，当然会把人的问题排除在科学之外。但是，沙夫指出，建立绝对真理是思辨哲学的形而上学企图，它无法证明其自身的合理性。“只要人们有生死，有苦难，失去他们的亲人，那么，关于人生的意义的问题就会产生——在这种情况下，有关生命的价值及为什么不应该允许人任意结束苦难，必然要被回答。”②死亡和痛苦促使人们去追问生活的意义，这类问题不属于经验科学的领域，不存在普遍适用的手段，应该由具有人本倾向的哲学家来回答，“因此，关心生活的意义问题的哲学家应当只限于提出一定的解决方案的选择，他要明白这个主题不允许作出单一的、使人非接受不可的结论”③。沙夫批评宗教通过设立至上者而给出一个普遍有效的答案，这是简单化的非科学的态度。“对一个特定的个体而言，人生是否有价值取决于他的现状和人生前景——在这里，个体所关注的问题具有最终的意义。”④将生活的意义具体到个体的微观层面上，社会主义人道主义的根本目标就是为了实现个体的幸福，沙夫明确表达了以个体为核心的人道主义倾向。

沙夫指出，回答生活意义这类问题时，特定的世界观决定了他提出的方式的价值和新意：“与少数几个有着明显差异的本体论和认识论哲学相类似，马克思主义理论走向了被称为‘社会幸福主义’(social hedonism)之路——这种观点认为人类生活的目的就是实现最广泛的人民群众的最大幸福，只有在这一基础上个体幸福的目的才能得以实现。但是考虑到实现这一目标的社会条件，马克思主义者承认社会主义人道主义是他们的最高原则。社会主义

---

① Adam Schaff, *A Philosophy of Man*, London: Lawrence & Wishart, 1963, pp. 50 – 51.

② Adam Schaff, *A Philosophy of Man*, London: Lawrence & Wishart, 1963, p. 53.

③ 亚当·沙夫：《人的哲学》，林波、徐懋庸、段薇杰等译，三联书店 1963 年版，第 58 ~ 59 页。

④ Adam Schaff, *A Philosophy of Man*, London: Lawrence & Wishart, 1963, p. 59.

人道主义的确是‘社会幸福主义’的一种类型。但是作为一个具体化的概念，社会主义人道主义同马克思主义的所有其他原则如此紧密地联系着，认可它就意味着承认马克思主义的整体体系。”①社会主义人道主义是建立在马克思主义理论观点基础上的，这些主要理论观点包括：个人是社会的产物以及对人的处境及其形成的理解；根据唯物史观的社会发展理论而确立的个人与社会的关系；理想受社会条件制约。正是以这些哲学理论为支撑，社会主义人道主义才能对生活意义这一古老的问题提出新的解决方案，为实现个人幸福创造现实条件。

站在马克思主义立场上，对生活意义问题的理解具有了全新的内容，“社会主义人道主义者相信，只有通过实现全社会的幸福，才能实现个人幸福。因为只有在社会层面拥有个人发展的更广阔空间和满足人类需求的更大可能性，才能创造出实现个人愿望的必要基础”②。为了实现普遍的善和对亲人的爱，需要通过斗争去改造社会关系，消灭剥削和压迫，在人与社会条件的相互作用过程中，实现人的幸福。“他的社会主义的理想是和人道主义密切联系着的，作为理想，社会主义是人道主义的彻底表现，同时也是人道主义理想的物质性实现。”③社会主义人道主义不但要求明确表明其观点，而且要求为实现这些观点而斗争，“因为社会主义人道主义不但要宣扬这种理想，而且要号召人们通过斗争使之在生活中得以实现，并使其他人相信必须亲身参与这一斗争”④。社会主义人道主义是从马克思主义中必然产生的，并且构成了马克思主义的基础，“所以，要知道谁是不是马克思主义者，很重要的一点是要看他如何解决像生活的意义这样重要的问题。事实上，**只有**马克思主义者，才能成为一种最高形式的人道主义即**社会主义的**人道主义的捍卫者”⑤。通过对生活意义问题的讨论，马克思主义确立了自己的基本立场，与其他类型的人道主义区别开来，并因此可以

---

① Adam Schaff, *A Philosophy of Man*, London: Lawrence & Wishart, 1963, p. 60.

② Adam Schaff, *A Philosophy of Man*, London: Lawrence & Wishart, 1963, p. 61.

③ Adam Schaff, *A Philosophy of Man*, London: Lawrence & Wishart, 1963, p. 61.

④ Adam Schaff, *A Philosophy of Man*, London: Lawrence & Wishart, 1963, p. 62.

⑤ 亚当·沙夫：《人的哲学》，林波、徐懋庸、段薇杰等译，三联书店 1963 年版，第 65 页。

得出结论:社会主义人道主义是战斗的人道主义。

三、个体自由与历史的必然性

为了巩固社会主义人道主义的理论基础,沙夫就存在主义与马克思主义之间的区别展开了进一步的论证。与自由意志有关的争论集中在两个重要问题上:一是如何理解个人的行为准则,二是个人能否以及在什么程度上创造他的命运。对于上述问题的回答始终存在着决定论和自由论两种不同的立场。在讨论之前,首先应该明确个人的概念,它并不是不言自明的,正是对于个人的不同理解,沙夫找到了马克思主义与存在主义之间分歧的根源。萨特所理解的个人是一个自动的、完全自由的、自己安排自己命运的产物,因此他是孤独的,注定是自由的,这必然使他生活在经常的苦恼之中。萨特对自由的理解是以"存在先于本质"为前提的,"因为如果存在确是先于本质,人就永远不能参照一个已知的或特定的人性来解释自己的行动,换言之,决定论是没有的——人是自由的,人**就是**自由。另一方面,如果上帝不存在,也就没有人能够提供价值或者命令,使我们的行为成为合法化。这一来,我不论在过去或者未来,都不是处在一个有价值照耀的光明世界里,都找不到任何为自己辩解或者推卸责任的办法。我们只是孤零零一个人,无法自解。当我说人是被逼得自由的,我的意思就是这样。人的确是被逼如此的,因为人并没有创造自己,然而仍旧自由自在,并且从他被投进这个世界的那一刻起,就要对自己的一切行为负责"①。这种非理性主义的理解方式,经不起社会学、社会心理学、人类学或其他人文科学提供的理论事实的考察,是站不住脚的。马克思主义与存在主义的人的孤独论正好相反,"个体的人从生到死都是和其他人极密切地联系着的——他根本上是社会的存在,他存在的每一方面都受社会的制约,甚至在他最私人的经验中"②。实际上,反对存在主义的人的孤独论,关键不在于反对许多哲学家所探讨的那个孤独概念,而是反对在某种情况下把社会强加于人的制约撇在一边。"我们很容易指出社会对于人的心理、人的观点

---

① 让-保罗·萨特:《存在主义是一种人道主义》,周煦良、汤永宽译,上海译文出版社 2005 年版,第 12~13 页。

② Adam Schaff, *A Philosophy of Man*, London: Lawrence & Wishart, 1963, p. 64.

的决定性影响，以及因此对人的价值观、人的决策方式和人的行动选择的决定性的影响。但是问题的本质在于更深刻的方面，在于发现以下事实，人无论何时、无论何处总是社会的产物，在某种意义上，人是社会关系的反映。”①众所周知，青年马克思关于人的本质是社会关系的总和的思想，已成为现在的马克思主义者的经典，类似观点还有洛克的“白板说”，唯物主义观点相信人的观点、态度、风俗和道德感情等都是在社会教育的影响下后天形成的，只有这样才能解释处于不同时代或者处于同一时代不同社会背景下的人们之间的差异甚至矛盾。

人受社会关系的制约，这是人的不自由的一面，构成人的所有精神因素都深深地打上了社会的烙印，“语言、信仰、知识、风俗习惯、道德感情、欣赏品味、政治信念、个性特征等——所有的内容都来自给定的社会关系，因为所有这些都和人与人之间的相互关系的一定形式关联着。从出生开始，人就发现他处于一个既定的社会体系之中，这个体系是他不能选择的。他生活在这个社会环境中并依赖于它，这个社会环境塑造了他，使他成为他所是的样子”②。正因如此，马克思主义才说人的本质是社会关系的总和。

仅仅强调社会关系的制约并不是真正的马克思主义，不然就无法与决定论区别开来。人一方面是社会的产物，另一方面又是社会的创造者，“然而，人的处境的辩证法在这里起作用了。个体的人既是产品，同时也是生产者，他是终点，同时又是出发点。正是这个辩证法中出现了理解个体的角色和问题的所有困难。可一旦人们掌握了这种辩证法，存在主义的主观主义的观念就轰然倒塌了”③。沙夫对人与社会历史之间的辩证关系的表述非常精练，由此使马克思主义既与决定论区别开来，又与主观主义的孤独论区别开来。存在主义把作为历史创造者的个人视为绝对的出发点，在这个基础上建立起存在主义理论的整个体系：自由、注定要选择、孤独和苦闷。事实上，这个表面上拥有自由意志的个人，在一切细微行动中都是作为一个社会的人出现的，他永远不是孤立

① Adam Schaff, *A Philosophy of Man*, London: Lawrence & Wishart, 1963, p. 65.

② Adam Schaff, *A Philosophy of Man*, London: Lawrence & Wishart, 1963, pp. 65 - 66.

③ Adam Schaff, *A Philosophy of Man*, London: Lawrence & Wishart, 1963, p. 66.

的，甚至他的孤寂的思考也是由社会形成并受社会控制的，他是一个在决定上和选择上都由社会限定的人。存在主义自由观正是建立在片面的个人与社会关系基础上的。

沙夫接下来讨论了人的自由的一面，他首先从自由的含义入手进行分析。“我们应该区分‘自由’这个词的三种含义：(1)一个人的行动意志不受任何人或任何事物的决定，那么他是自由的。(2)一个人的行动不受任何社会生活或历史发展的客观必然性的制约，那么他是自由的。(3)一个人能够在几种不同的行动方式中选择其一，那么他是自由的。”①沙夫指出，人们一般在前两种意义上谈论自由，而他认为真正的问题实际上是和第三种意义相联系的。第一种自由不受任何事物决定的，假设存在着没有原因的现象，实际上否认了事物之间的联系，这样的假设只能是一种神秘主义，它对于生活经验或者科学经验都没有价值。第二种意义上的自由的前提是不存在人的活动和历史发展以外的必然性，它构成制约人的绝对力量，个人在它面前不得不屈从，从而失去了自由。虽然这个前提经不起推敲，但是其中包含了一个有重要价值的问题，即个人能否创造自己的命运，能在多大程度上摆脱必然性的束缚获得自由。这就涉及历史发展规律的客观性问题，研究历史的人文科学，从具有唯物主义倾向的经济史到汤因比的历史观，都承认社会发展规律的客观性，一般而言，这种立场只主张对历史进程的结果有信心，而不是关于人的行动的自由。那种把历史必然性狭隘地理解为脱离人的活动、与人的行动无关的神秘主义观点，与主张历史规律的客观性的思想毫无共同之处。“马克思主义的决定论并非把历史必然性理解为一种外在的、独立于社会之上而起作用的力量，而是把它理解为通过人的活动而起作用的力量。人创造了自己的历史，但是他们活动于其中的历史环境和这些环境产生的必然性，影响着人们的决定和行动。这里没有任何东西能脱离人，没有任何东西能独立于人的活动之外。关于历史运动的方式和规律，没有任何神秘的东西。例如，仅仅是生产方式的变化引起了一定的必然结果——随之而来的是引起相应的愿望和活

① Adam Schaff, *A Philosophy of Man*, London: Lawrence & Wishart, 1963, pp. 68 – 69.

动。”[①]强调历史发展规律的客观性并不意味着人的行为和选择就只能单一地服从规律，事实上人们在现实中存在多种多样的行为方式，有的遵循了历史发展趋势，有的则违背了历史发展规律，有的则在斗争的对立面中选择一方的立场，有的则保持中立。“历史发展的客观规律和社会进程的必然性的存在，既没有排除人的创造性活动，也不能取消人的自由。这些规律只是决定了人们从事活动和表达自由的社会基础。当然，人的活动受到各种社会因素的制约，自由并不意味着拥有任意左右社会进程的可能性。在这种意义上并不存在‘绝对的’自由，这种绝对自由只能是一种思辨的幻想。”[②]前两种自由都设定了不受任何限制这样苛刻的条件，结果只能使绝对的自由成为不可能实现的理论假设。从第二种自由的含义中，沙夫引申出自由与历史发展必然性之间的关系，通过深入的分析，关于自由的正确理解已经呼之欲出了。

自由的第三种解释表面上看要求并不高，但是它更加具有现实性和可能性，这种意义上的自由是有条件的、相对的、有节制的，它包含着对必然的认识和尊重这一前提，正确地解决了自由与必然的关系，“还有‘自由’的第三种含义，在这种意义上，既没有否定一般决定论，也没有否定社会发展的客观规律的作用。自由仅仅被理解为在同样的处境下从各种不同的行动方式中做出选择的可能性”[③]。以两个阵营的斗争为例，一个自由的人可以从自己的立场选择其一，或是选择中立，在诸多复杂因素中，他通过权衡和取舍后决定自己的立场，“当然，我的决定最终必然受到各种因素的限定，否则我根本不可能做出任何决定。而且社会发展的客观规律在现实中的作用确实影响我的决定——因为我试图推测斗争可能导致的结局，以及随之引发的相关的各种行动，如果社会事件不受规律的支配，那么基于我的决定基础上的有关或然发生事件的任何预测都是不可能的。但是这些都无法限制我的自由，恰恰相反，我能够做出决定，仅仅因为的确**存在着**某些制约我决定的因素，仅仅因为**存在着**某些客观规律，这些客观规律以某种方式制约

① Adam Schaff, *A Philosophy of Man*, London: Lawrence & Wishart, 1963, p. 71.
② Adam Schaff, *A Philosophy of Man*, London: Lawrence & Wishart, 1963, p. 72.
③ Adam Schaff, *A Philosophy of Man*, London: Lawrence & Wishart, 1963, p. 73.

着事件的走向,使我能够对这些事件的不同动向以及不同的行动将会导致的结果做出一些预判"[1]。我的自由正是通过既定条件下的选择体现出来的,"由此可见,当我能够选择做什么,并且这种选择是由我决定的时候,我是自由的。当我做出选择时,我作为一个个体——作为一个真实的、活生生的个体,作为一个由'社会关系的总和'所限定的社会条件下的社会成员而存在,而不是作为某些存在主义者的抽象物而存在。所以,在决定论的基础上和框架内,我是自由的"[2]。从表面上看,这是一种最有限的、最低限度的自由观,但是它比那种不受任何限制的绝对自由观具有更丰富的内容。"抛弃空想的自由概念并不会导致抛弃自由,相反,只会使你采取现实的态度去理解自由,这种理解能够变成一种为了这个理想而斗争的激励力量。因为,除了选择不被他者控制的可能性以外,同时存在着选择不被自我控制的可能性——不被自己的怯懦、投机、自私自利控制的可能性。除非我自己放弃它,否则谁也不能剥夺我的这种自由。还存在这样一种可能性,不管发生什么可能的事情,都能够保持这种内在的自由。……这样一种自由观,挫败和驳斥了所有悲观哲学家的那些有关人的'孤独'、'注定要选择'、'生活在恐惧中'的噱头。我们的这种自由观,虽然是谦虚的,却是一种强有力的、影响深远的观点,它相信人的力量,相信人的社会本质。"[3]关于自由的讨论到这里阐释清楚了,随之而来的是与之相关的责任问题。

做出自由的选择之后,人就应该对自己的选择负责任,在这个问题上,沙夫肯定了萨特的贡献,认为存在主义的重大的理论贡献在于揭示了产生道德冲突情况的极端重要性。应该重视和研究道德冲突情况,面对危机,在命令他的道德冲动和约束他的道德冲动的冲突中,人面临两难的选择,说教和绝对的道德原则就变得无效了。沙夫把这个问题与政治背景联系起来,"如果马克思主义真的影响了政治,那么政治和寻求真理之间就不可能有任何冲突。当然,冲突有时发生在这两者之间,一方面是坏的、错误的政策,包括

① Adam Schaff, *A Philosophy of Man*, London: Lawrence & Wishart, 1963, p. 73.

② Adam Schaff, *A Philosophy of Man*, London: Lawrence & Wishart, 1963, pp. 73 – 74.

③ Adam Schaff, *A Philosophy of Man*, London: Lawrence & Wishart, 1963, p. 74.

执行这种政策的组织纪律,另一方面是真理。但是正确的、为社会进步而斗争的政治,是以真理和寻求真理的渴望为前提的”①。沙夫指出,一个有创造性的人发现了真理时,应当承担起一种道德责任,坚持真理,即使这个真理还没有得到公众的承认。他还以科学和艺术为例,强调坚持真理的崇高意义。

沙夫关于个人自由与历史必然性的辩证关系的论述,深刻地反映了马克思主义的基本立场,关于自由及其条件的分析同样是令人信服的。当沙夫围绕自由选择和道德责任展开论述时,他对1956年波兹南事件前后波兰的社会政治现实进行了批判,指责波兰当时的政策有问题,强调坚持真理是承担道德责任的体现,这实际上表达了他面对波兰政治问题的态度,一方面是对现实的反思和批判,一方面是对马克思主义真理的执着追求,这种理论与现实的断裂造成的内心挣扎几乎伴随着沙夫的后半生。政坛上的沉浮与学术上的多产相互映衬,体现了沙夫作为一个真正的马克思主义者的严肃思考和执着探索。

第二节　人类个体是马克思主义人道主义的核心问题

沙夫的思想从20世纪60年代开始发生了重要的转变,他由正统的马克思主义者转向了人本主义的马克思主义者。对斯大林所理解的马克思主义模式的反思和批判是这一转变的现实需要,对马克思早期著作的研究和对马克思思想体系的重新理解是实现这一转变的理论依据,以萨特为代表的存在主义思潮的兴起则是促成这一转变的直接诱因。1962年出版的《人的哲学》和1965年出版的《马克思主义与人类个体》两部著作,是沙夫完成这一重大转变的标志,这是沙夫最有影响力的两部著作,构成他的社会主义人道主义理论体系的核心内容。萨特的存在主义思想引起了沙夫对个体问题的高度关注,在《人的哲学》中他一方面批判萨特存在主义的方法和结论,另一方面又明确提出必须重视个体问题,应该从马克思主义立场对个体问题加以研究。随后出版的《马克思主义

① Adam Schaff, *A Philosophy of Man*, London: Lawrence & Wishart, 1963, p. 80.

与人类个体》深化和发展了他对个体问题的研究,形成了独具特色的人道主义理论形态,可以说,沙夫在东欧马克思主义者中,阐述社会主义人道主义思想最为明确和系统,而对人类个体概念的研究则是其中最主要的理论成果,因此,沙夫的人道主义思想不仅在现代西方哲学中产生了巨大的影响,也确立了沙夫在马克思主义中的理论地位。

一、人类个体是马克思人道主义的出发点和最终目的

受到萨特存在主义思想的影响,沙夫从20世纪60年代开始由一个正统的马克思主义者转向人道主义的马克思主义者。通过《人的哲学》一书,沙夫对萨特的存在主义思想进行了批判,同时也提出马克思主义应该重视人的问题。随后在《马克思主义与人类个体》一书中,沙夫开始以人类个体概念为核心构建社会主义人道主义理论体系。

社会主义人道主义是马克思主义人道主义理论在20世纪的自觉表达,来自马克思主义理论发展和社会主义实践的双重需要,促使沙夫思考社会主义条件下人的问题的理论定位,他从社会主义的基本价值取向入手,指出人及其关系是所有社会主义流派的核心,这里的人不是抽象的、一般的人,而是具体的人类个体。从起源上看,"社会主义思想的兴起总是源于对非人现实的批判,是受压迫者反抗人剥削人的制度,是对人与人关系的控诉"①。从这个意义上说,每一种社会主义都是一种幸福理论,致力于实现人的自由、解放和幸福。沙夫把马克思主义视为社会主义思想史发展的组成部分,随着技术的不断进步,为人的发展提供了更多的机会和可能,也为社会主义理论提供了更加丰富的新形式,所以,马克思的科学社会主义超越了以往其他类型的社会主义。理论向前发展的同时,社会主义确立的出发点仍然保持不变,这就是人类个体和他的问题。在1844年的一篇论战文章中,马克思指出:

> **社会**革命之所以采取了**整体**的观点,是因为社会革命……是人对非人生活的抗议;是因为它从**单个现实的个人的**

① Adam Schaff, *Marxism and the Human Individual*, New York: McGraw - Hill, 1970, p.49.

观点出发;是因为那个脱离了个人就引起个人反抗的**共同体**,是人的**真正的**共同体,是**人**的本质。①

个人处于社会之中,社会性是人的本质,但是在一定意义上个人仍然是独立的,自主的。"无论以下讨论的问题如何——是阶级斗争还是支配历史的法则——现实的、具体的个人是历史的真正创造者,这是所有分析的基础;因为他是苦难的真正对象,是行动的真正对象。这是马克思从未怀疑过的,无论是他青年时期还是成熟时期。"②通过对费尔巴哈的人本学的继承和超越,马克思彻底批判了黑格尔的唯心主义哲学,从青年时期就把活生生的人类个体当作理论研究的出发点,这个人类个体是现实的、具体的、历史的、处于一定社会关系中的,从事实际活动的有生命的个人。关于这一点,在《德意志意识形态》中,马克思有两段著名的论述:

我们开始要谈的前提不是任意提出的,不是教条,而是一些只有在想象中才能撇开的现实前提。这是一些现实的个人,是他们的活动和他们的物质生活条件,包括他们已有的和由他们自己的活动创造出来的物质生活条件。因此,这些前提可以用纯粹经验的方法来确认。

全部人类历史的第一个前提无疑是有生命的个人的存在。③

德国哲学从天国降到人间;和它完全相反,这里我们是从人间升到天国。这就是说,我们不是从人们所说的、所设想的、所想象的东西出发,也不是从口头说的、思考出来的、设想出来的、想象出来的人出发,去理解有血有肉的人。我们的出发点是从事实际活动的人,而且从他们的现实生活过程中还可以描绘出这一生活过程在意识形态上的反射和反响的发展。……不是意识决定生活,而是生活决定意识。前一种考察方法从意识出发,把意识看作是有生命的个人。后一种符合现实生活的考察方法则从现实的、有生命的个人本身出发,把意识仅仅看作是他们的意识④。

① 《马克思恩格斯全集》第3卷,人民出版社2002年版,第394~395页。

② Adam Schaff, *Marxism and the Human Individual*, New York: McGraw - Hill, 1970, p.50.

③ 《马克思恩格斯选集》第1卷,人民出版社1995年版,第66~67页。

④ 《马克思恩格斯选集》第1卷,人民出版社1995年版,第73页。

从中可以看出,马克思明确地提出了"全部人类历史的第一个前提无疑是有生命的个人的存在","我们的出发点是从事实际活动的人"。沙夫指出,青年马克思的人道主义著作直至20世纪30年代左右才公开问世,导致马克思主义在人的问题上出现了缺失,根本没有个体问题的位置。甚至像卢卡奇这样的西方马克思主义人道主义者都存在这种错误认识,在《历史与阶级意识》中,他认为不能从个体的角度去理解全部历史进程,认为马克思主义中没有人类个体概念的位置。青年马克思著作的面世,让我们看到了大量关于人类个体问题的论述,所以,沙夫从马克思的文本开始,深入研究了人类个体概念的内涵,把它视为马克思人道主义的出发点。

沙夫沿着青年马克思思想发展的历程,通过大量的文献分析,论证了作为马克思人道主义出发点的人类个体概念的三个基本要素。

第一,马克思的人类个体概念首先把个体的人理解为一种自然的、生物的人。这种理解明显受到费尔巴哈的人本学思想影响,也是马克思超越黑格尔唯心主义,确立唯物主义立场的转折点。

在青年马克思的思想发展过程中,费尔巴哈是马克思超越黑格尔唯心主义,转向唯物主义和人道主义的重要中介,费尔巴哈的人本学理论使人类学由"上帝中心论"转向了"人类中心论",他的哲学在唯物主义发展历史上扮演了一个重要的角色。他的人本学是从人类个体出发的,他眼中的个体的人是作为自然的一部分,作为生物物种中的一个样本出现的,这也是马克思唯物主义人类个体概念的第一个要素。在《1844年经济学哲学手稿》中,马克思对人的理解还带有明显的费尔巴哈痕迹。

人直接地是**自然存在物**。人作为自然存在物,而且作为有生命的自然存在物,一方面具有**自然力**、**生命力**,是**能动的**自然存在物;这些力量作为天赋和才能、作为**欲望**存在于人身上;另一方面,人作为自然的、肉体的、感性的、对象性的存在物,同动植物一样,是**受动的**、受制约的和受限制的存在物,就是说,他的欲望的**对象**是作为不依赖于他的**对象**而存在于他之外的;但是,这些对象是他的**需要**的**对象**;是表现和确证他的本质力量所不可缺少的、重要的**对象**。说人是**肉体的**、有自然力的、有生命的、现实的、感性的、对象性的存在物,这就等于说,人有**现实的**、**感性的对象**作为自己本质的即自己生命表现的对象;或者说,人只有凭借现实的、感性的对象才能**表现**自己的生命。说一个东西**是**对象性的、自然的、感性的,又说,在这个东西自身之外有对象、自然界、感觉,或者说,它自身对于第三者来说是对象、自然界、感觉,这都是同一个意思……

非对象性的存在物是**非存在物**。①

上述引文中的术语和基本观点都深受费尔巴哈的影响,马克思在他那时看到了比黑格尔的抽象精神更加真实具体的活生生的人。但是马克思并不满足于这种理解,继续考察自然的人的生存背景与种种关系。

第二,马克思把人类个体理解为社会的人,作为社会群体中的成员,个体的人是处于一定社会关系中、参与社会实践活动,并且在社会中生成的。

受到费尔巴哈的启发,马克思开始关注现实的人的存在状况,所以,他很快就超越了费尔巴哈的自然主义,从社会和历史层面去理解人类个体。在批判费尔巴哈的过程中,马克思找到了他的人的概念的起点。《1844 年经济学哲学手稿》完成之后的两年,在《德意志意识形态》中,"已经包含了从自然主义人的概念批判到他的社会方面创建的完整发展过程"②。

诚然,费尔巴哈比"纯粹的"唯物主义者有很大的优点:他承认人也是"感性对象"。但是,他把人只看作是"感性对象",而不是"感性活动",因为他在这里也仍然停留在理论的领域内,没有从人们现有的社会联系,从那些使人们成为现在这种样子的周围生活条件来观察人们——这一点且不说,他还从来没有看到现实存在着的、活动的人,而是停留于抽象的"人",并且仅仅限于在感情范围内承认"现实的、单个的、肉体的人",也就是说,除了爱与友情,而且是观念化了

① 《马克思恩格斯全集》第 3 卷,人民出版社 2002 年版,第 324 ~ 325 页。

② Adam Schaff, *Marxism and the Human Individual*, New York: McGraw - Hill, 1970, p. 57.

的爱与友情以外，他不知道"人与人之间"还有什么其他的"人的关系"。他没有批判现在的爱的关系。可见，他从来没有把感性世界理解为构成这一世界的个人的全部活生生的感性**活动**，因而比方说，当他看到的是大批患瘰疬病的、积劳成疾的和患肺痨的穷苦人而不是健康人的时候，他便不得不求助于"最高的直观"和观念上的"类的平等化"，这就是说，正是在共产主义的唯物主义者看到改造工业和社会结构的必要性和条件的地方，他却重新陷入唯心主义。

当费尔巴哈是一个唯物主义者的时候，历史在他的视野之外；当他去探讨历史的时候，他不是一个唯物主义者。在他那里，唯物主义和历史是彼此完全脱离的。这一点从上面所说的看来已经非常明显了。①

笔者认为，这段话中提到了三种唯物主义："纯粹的"唯物主义把人理解为单纯的物质存在，没有看到人的感性、精神方面；费尔巴哈的唯物主义把人的自然存在与感性特征统一起来，有限地丰富了人的形象；马克思的唯物主义把人置于社会历史背景下，把人的自然性与社会性统一起来，真正做到了将唯物主义原则贯彻到底。马克思的这段论述清楚地表明了他对费尔巴哈的肯定、批判和超越，现实的、具体的、从事社会活动的个人成为马克思关注的焦点，特别是那些处于苦难之中的被异化了的个人引起了马克思深刻的同情，其中有马克思从自然主义的唯物主义走向历史唯物主义的线索，也有对异化现象和社会现实问题的关切。

沙夫还特别指出，这段话还为《关于费尔巴哈的提纲》中的观点提供了完美的注解，因为其中的观点太过简练，不容易理解。人既是生物进化的产物，又是社会历史发展的产物，从社会历史的角度来看，人是达到某种历史发展阶段的社会成员，是在社会分工、文化等背景下处于某一地位的阶级成员，由此就逐步确立了历史唯物主义的视野。个人是社会的一部分，存在于具体的人类关系中，特别是在生产领域，并且由这些条件所创造。"这是马克思最早在《〈黑格尔法哲学批判〉导言》中看到的，在《1844 年经济学哲学手稿》中更加清晰地

① 《马克思恩格斯选集》第 1 卷，人民出版社 1995 年版，第 77 ~ 78 页。

表述出来。他说,人既是社会的产物又是它的创造者,因此,他是社会的个体。”①

> 个体是**社会存在物**。因此,他的生命表现,即使不采取**共同的**、同他人一起完成的生命表现这种直接形式,也**是社会生活**的表现和确证。人的个体生活和类生活不是**各不相同的**,尽管个体生活的存在方式是——必然是——类生活的较为**特殊的**或者较为**普遍的**方式,而类生活是较为**特殊的**或者较为**普遍的**个体生活……
>
> 因此,人是一个**特殊**的个体,并且正是他的特殊性使他成为一个个体,成为一个现实的、**单个的**社会存在物,同样,他也是**总体**,观念的总体,被思考和被感知的社会的自为的主体存在。②

后来,在《〈政治经济学批判〉序言》中,马克思从另一个角度表达了这一观点,他指出,生产分析的出发点总是个体的生产。他仍然强调人总是社会的个体。马克思在《关于费尔巴哈的提纲》第六段中说道,“人的本质不是单个人所固有的抽象物,在其现实性上,它是一切社会关系的总和”③。需要注意的是,当马克思提出人的本质是社会关系的总和时,并不意味着社会性就一定以群体为前提,马克思的出发点是具有社会性的人类个体。

沙夫在论证人类个体概念的社会性内涵时,特别强调马克思运用了从抽象上升到具体的分析方法。马克思直观的出发点是现实的人类个体,从这一具体上升到抽象比较容易,因为这是个概括和简化的定义过程。困难的是如何从抽象上升到具体,这一思维中的具体是对整体的合乎逻辑的丰富理解。人的本质是社会关系的总和,是具体个体在思维中的重建,它意味着个体从具体形式上看是特定的社会关系和社会条件的产物,通过说明个体与群体和社会的关系,可以详细地阐明个体概念的内涵。

第三,马克思把人类个体的生成和发展过程理解为通过劳动和实践活动自我创造的过程。

---

① Adam Schaff, *Marxism and the Human Individual*, New York: McGraw - Hill, 1970, p. 60.

② 《马克思恩格斯全集》第 3 卷,人民出版社 2002 年版,第 302 页。

③ 《马克思恩格斯选集》第 1 卷,人民出版社 1995 年版,第 60 页。

与黑格尔和英国的经济学家们不同，马克思通过劳动和实践活动为个体的生成确立了现实的物质基础，“马克思的出发点是一个不仅能思考和推理的个体，而且是有意识地和理性地**行动**的个体”[①]。这是个有意识的自为的过程，人类在劳动和实践过程中实现了改造自然、改造社会和改造自身，“人类劳动将目标变成了现实，从而变成了**人类**的现实，那是人类劳动的结果。在目标变成现实的过程中——自然和社会——人类改造了他自身存在的条件，因此作为一个物种的他，自身也被改造了。以这种方式，人类**创造**的过程，从人的角度来看，就是**自我创造**的过程。正是以这种方式——通过劳动——智人诞生了，通过劳动他不断地改变着并且改造着自身”[②]。这就是发生学意义上的人的生成过程。

> 关于环境和教育起改变作用的唯物主义学说忘记了：环境是由人来改变的，而教育者本人一定是受教育的。因此，这种学说一定把社会分成两部分，其中一部分凌驾于社会之上。
>
> 环境的改变和人的活动或自我改变的一致，只能被看作是并合理地理解为**革命的实践**。[③]

这就引出了人的自我创造观念中最为深刻的内在思想：在改造他的现存条件的过程中，人也改变了自身，创造了自身。这一理解具有深刻的思想价值，“正是在涉及自我创造的内容时，实践（praxis）范畴的意义变得明确了”[④]。马克思把人类活动解释为实践，这一自由自觉的活动为人类的生成和发展提供了广阔的空间。

“人类个体是自然的一部分，是客体；人类个体是社会的一部分——他的态度、观念和价值观被理解为社会关系的产物；最后，人类个体是自我创造的、作为历史创造者的人的实践活动的结

① Adam Schaff, *Marxism and the Human Individual*, New York: McGraw – Hill, 1970, p. 70.

② Adam Schaff, *Marxism and the Human Individual*, New York: McGraw – Hill, 1970, p. 70.

③ 《马克思恩格斯选集》第1卷，人民出版社1995年版，第55页。

④ Adam Schaff, *Marxism and the Human Individual*, New York: McGraw – Hill, 1970, p. 72.

果——这些就是马克思主义人类个体概念的基础。”[①]人类个体概念的这三个要素，并不包含这一概念的全部要素，也不是为了给人类个体概念下一个准确的定义，它的意义在于以全新的方式解决了人类个体的本体论地位问题。

二、马克思著作中人类个体概念的多维透视

人类个体概念是马克思理论研究的出发点，围绕这一人道主义理论的核心问题，马克思从多个方面展开了分析探讨。在马克思的著作中，与人类个体有关的概念数量众多，主要包括：人的本质、类本质、类存在物、现实的人、真正的人、总体的人、全面的人、完整的人、个性、个体性等。尽管马克思后来放弃了这些术语，但是我们可以透过它们理解马克思思想的形成和发展过程，把握他对人的问题的研究脉络。“即使我们拒绝表达它们的形式或者所主张的解决方案，但它们仍然丰富了我们关于个体问题的视野。”[②]对沙夫而言，厘清这些概念与人类个体概念之间的关系，才能更加充分地论证马克思的人道主义理论。沙夫除了是一位哲学家和政治家外，还是一位语义学家，他有两部这方面的专著，《语义学引论》和《语言与认知》，他在语义学领域的研究受到西方语言哲学界的重视，这是他的思想中很有特色的一个方面。沙夫对社会主义人道主义的理论构建过程中，以人类个体概念为核心，通过语义学的研究方式整合了马克思的人道主义思想。

第一，具体个体中包含着人类本质。

马克思的理论与实践活动始终是从个体出发，又以个体为最终目的。马克思理论研究的出发点是在方法论意义上从抽象上升到具体的人类个体，这一具体的个体应当包含着对人类本质的一般抽象，研究他的现实活动，关注他的存在状况，为他的生存和发展提供更加充分的条件，是马克思思想贯穿始终的主题。作为研究对象的人类个体并不是特指某个特定时空里的具体的个人，而是代表着一定历史发展阶段人类生存面临的具有共性的社会问

① Adam Schaff, *Marxism and the Human Individual*, New York: McGraw - Hill, 1970, p.73.

② Adam Schaff, *Marxism and the Human Individual*, New York: McGraw - Hill, 1970, p.74.

题,在一定范围内通过一类人的遭遇典型地呈现出来。所以马克思选取的作为研究对象的人类个体,是以资本主义社会的劳动工人为原型,通过对他在资本主义生产过程中的实践活动、社会关系和生存状况的考察,呈现他在资本主义生产关系中的经济地位、社会地位和政治地位,进而反映整个资本主义社会的基本矛盾。马克思之所以选取劳动工人作为具体的研究对象,是因为这样的人类个体是解开资本主义社会秘密的钥匙。这一具有代表性的具体的人类个体,反映了现实层面一个个鲜活的人类个体之间特定的理论关联,包含着共性层面的个体本质,即人的本质或者说是人类的本质。在青年马克思的著作中,涉及这一具体个体的普遍性问题的范畴主要有:人的本质、类本质和类存在物。

人类个体概念是沙夫解读马克思的人道主义思想的切入点,但是沙夫在《马克思主义与人类个体》一书中明确指出,对人或者人类个体的研究最终很难得到一个精确的定义,"更为复杂的是,哲学人类学问题,或者说人的哲学问题,决不会轻易得出精确的和严密的思想。这只是因为它经常处理的是那些有某种提法却没有答案的问题,或者可能因为这种哲学的答案与其说接近于科学和严谨的理性,不如说更接近于诗。长期以来这些难以捉摸的问题,只有那些宣扬非科学思想的派别(各种以宗教为基础的派别),或是宣扬暧昧思想的派别(各种存在主义派别)当作原则性问题去研究。这绝不是偶然的,相反,这正是物以类聚。这就根本模糊了哲学与文学的界线,对一些人来说是好事,但是这样做的害处是文学不美,哲学不科学"①。沙夫的人道主义研究尽管以人类个体概念为核心展开,他在这里却清楚地表明他从一开始就没有打算得出科学严谨的结论,对青年马克思使用的大量不确切的、模糊的关于人的术语,他以一种开放性的姿态,把关注的重点放在把握马克思思想发展的脉络上,放在马克思思想的整体性和一致性上,放在马克思一生为之奋斗的目标上。既然不以精确的定义为研究的原则,那么研究人类个体概念以及其他关于人的概念的意义就不在于语言学,而在于为了实现人的自由、解放和幸福。所以,真正的人道主义理论一定与现实密切相关,在某种

① Adam Schaff, *Marxism and the Human Individual*, New York: McGraw - Hill, 1970, p.45.

意义上可以说就是改造现实的根本纲领，马克思思想的人道主义本质就清晰地呈现出来了。

讨论人类个体概念包含的三个主要层次含义时，沙夫就强调这不是为了给人类个体下定义；研究"人的本质"时，沙夫指出这就涉及人的定义了，但是为了避免这个定义的形而上学负担，所以重点关注与人类个体概念相关的内容。"在我看来，对青年马克思而言，关于'人的本质'问题的众多含义之中，**这个**特定的含义尤其重要，因为它能够更好地洞悉马克思的个体概念。"①

马克思对人的本质的理解首先是有意识的生命活动。在《1844 年经济学哲学手稿》中，他侧重从人与动物的区别来描述人的本质。

> 动物和自己的生命活动是直接同一的。动物不把自己同自己的生命活动区别开来。它就是**自己的生命活动**。人则使自己的生命活动本身变成自己意志的和自己意识的对象。他具有有意识的生命活动。这不是人与之直接融为一体的那种规定性。有意识的生命活动把人同动物的生命活动直接区别开来。②

两年后，在《关于费尔巴哈的提纲》第六条中，马克思提出了那个著名的论断，"人的本质不是单个人所固有的抽象物，在其现实性上，它是一切社会关系的总和"③。从社会性来确认人的本质是历史唯物主义的立场，正是在这里，马克思彻底超越了费尔巴哈，批判了他把人的本质归结为宗教的局限性。但是，关于这一论断有很多不同理解，张奎良教授认为，"人的本性的全部含义决不是现实的社会关系所能完全概括得了的。……马克思所说的人的本质是一切社会关系的总和，这并不是给人性范畴直接下定义，它仅仅是指出了人性存在的现实基础和研究人性时所应遵循的方法论原则"④。人是主体，社会关系是客体，二者之间不能画等号；特定

---

① Adam Schaff, *Marxism and the Human Individual*, New York: McGraw - Hill, 1970, p. 75.

② 《马克思恩格斯全集》第 1 卷，人民出版社 1995 年版，第 46 页。

③ 《马克思恩格斯选集》第 1 卷，人民出版社 1995 年版，第 56 页。

④ 张奎良：《马克思的哲学思想及其当代意义》，黑龙江教育出版社 2001 年版，第 35 页。

历史阶段的生产关系的总和构成那个社会的经济基础，社会关系的总和构成社会的经济结构、政治结构、文化结构等，而不是构成人的本质。马克思的这一论断有特定的前提和语境，其是针对费尔巴哈从人的自然本性理解人的本质，马克思只是为了强调研究人的本质的范围和方向。笔者非常认同张奎良教授的观点，并且从中发现了他与沙夫在人的问题上有相似的评价，他们都认为得出与人有关的精确定义是十分困难的，这也是许多研究人的问题的学者的共识。我们姑且把各种争论放在一边，只强调马克思提出人的本质的社会性视角是对以往哲学的超越，这与我们关注的人类个体问题相关。

接下来，在《德意志意识形态》中，马克思从生产过程中看到了"人的本质"，社会关系中的最基本的关系就是人们在生产劳动中结成的生产关系。

> 可以根据意识、宗教或随便别的什么来区别人和动物。一当人开始**生产**自己的生活资料的时候，这一步是由他们的肉体组织所决定的，人本身就开始把自己和动物区别开来。人们生产自己的生活资料，同时间接地生产着自己的物质生活本身。①

马克思对人的本质认识又深化了，把意识作为人的本质，这种说法并不新鲜，以往的哲学家们大多从意识和思想的角度来定义人。当马克思以生产劳动作为人的本质时，意义就不同了。生产劳动，或者是实践活动，标志着人类的存在方式，开启了马克思的社会历史视野，而且生产劳动直接与人的语言和意识的产生有关，这就从人类的起源意义上把握人的本质，并通过劳动将人的语言、意识、思想观念、宗教等特征统一起来。生产劳动本身就是一个有意识的活动过程，这就从现实的存在方式或者具体行为上与动物区别开来。沙夫在这个问题上特别指出，生产具有人类劳动的特征，但劳动不是人类的唯一特征，只是人的本质中的一个必要但不充分的条件。

对人的本质的考察随着马克思研究的深入而继续向前推进，在《资本论》第一卷对边沁的批判中，马克思谈到研究人的本质的

① 《马克思恩格斯选集》第1卷，人民出版社1995年版，第67页。

两种方式：

> 效用原则并不是边沁的发明。他不过把爱尔维修和十八世纪其他法国人的才气横溢的言论枯燥无味地重复一下而已。假如我们想知道什么东西对狗有用，我们就必须探究狗的本性。这种本性本身是不能从"效用原则"中虚构出来的。如果我们想把这一原则运用到人身上来，想根据效用原则来评价人的一切行为、运动和关系等等，**就首先要研究人的一般本性，然后要研究在每个时代历史地发生了变化的人的本性**。①

马克思用"一般"和"历史地发生变化"来描述人的本性，可以理解为人的本质中既有共时态的内容，也有历时态的内容。弗洛姆曾经对相关内容做出过分析：

> 马克思反对两种立场：人的本质是个从历史之初就存在的东西的非历史立场；人的本质只是社会条件的反映，没有任何内在性质的相对主义的立场。虽然超越了非历史主义和相对主义立场，但是他从未达到他自己的人的本质理论的完满发展，因为他让自己向各种不同的和对立的理解敞开。②

笔者认为，弗洛姆的这一理解非常深刻，马克思的确不是在语言学意义上探讨人的本质，他虽然以不同的方式表达了对人的本质的理解，但是他关注的重点在于如何实现人的自由和发展，并围绕这一主题抽取与之相关的人的本质的规定性加以分析。

与人的本质相关的其他概念，比如类本质、类存在物都是马克思曾经使用过的，然后很快就放弃了的那个时代的流行的哲学术语。类本质是马克思从费尔巴哈那里继承的，但是马克思对类本质的理解与费尔巴哈不同。费尔巴哈只看到了人在生物物种意义上具有共同本质，只从自然属性的角度理解类本质，费尔巴哈指出"个体是有限的，类是无限的"，他意识到人的本质是通过不同的个体表现出来的整个物种的一系列典型特征。马克思受到启发，他认为一方面要从个体身上寻找人类的共同本质，另一方面要从社会性的角度概括人的本质特征，从而超越了费尔巴哈的局限性。

① 《马克思恩格斯全集》第23卷，人民出版社1972年版，第669页，注释63。

② Adam Schaff, *Marxism and the Human Individual*, New York: McGraw – Hill, 1970, p. 88.

> 通过实践创造**对象世界，改造**无机界，人证明自己是有意识的类存在物，就是说是这样一种存在物，它把类看作自己的本质，或者说把自身看作类存在物。①

青年马克思曾经用“类本质”、“类存在物”来标识个体，把人看作种群的存在、社会的存在、有意识的存在、实践的存在。沙夫强调，马克思的“类存在物”不同于那种物种成员之一的理解方式，而是强调人是他的特性的自我反映的结果和他自己物种活动的结果，就是说一个存在符合人的标准，具有人的本质。这就使马克思作为出发点的人类个体实现了从抽象上升到具体，在思维中重现了包含着抽象的丰富的具体。类本质和类存在物是马克思使用的过渡术语，在《1844 年经济学哲学手稿》中大量出现，此后马克思基本上放弃了这些概念，马克思还为此自嘲过。我们的分析只是为了帮助研究马克思思想中的人道主义内容。“我已经花了这么多篇幅在这个问题上，只是为了表明青年马克思的词汇里并不看重准确性和语义的精准。还记得几年以后，他自己嘲笑这类习气并拒绝了这一术语，这应该引起充分的重视，在解读类似文本时要当心——或者不管怎样在马克思主义名下作为建设一个单纯理论的基础使用之前要三思。当然它们包含的许多内容促进和解释了马克思主义人道主义——这数量很大，但是不必在没有它们的地方努力去‘发现’它们。”②

第二，人类个体存在的现实状态与理想状态对照。

研究人的本质是为了给人的生存和发展确立阿基米德点，通过描绘人的形象，以人的本质为参照，努力使人类的个体在现实基础上全面占有自己的本质，具有更加丰富完善的人性，成为符合人类理想的人。这实际上是给人的存在提供了一个指向未来的衡量尺度，将现实的人与理想的人相互对照，而人道主义就是要寻求一条从现实通向理想的具体道路。马克思的人道主义将人类个体作为研究的出发点，这个人类个体是具体的——由抽象上升而来的具体，同时也是现实的——处于一定的社会关系之中，受社会历史条件制约。在马克思的著作中，除了在实然层面被异化了的现实

---

① 《马克思恩格斯全集》第 3 卷，人民出版社 2002 年版，第 273 页。

② Adam Schaff, *Marxism and the Human Individual*, New York: McGraw – Hill, 1970, p. 83.

的人、具体的人，还有在应然层面克服了异化的理想的人，马克思用“真正的人”、“总体的人”、“全面的人”、“完整的人”等概念来表达。“在当代，具体的人类个体生活在一个扭曲他们和限制他们发展的异化的世界中，这是现实的个体，**现实地存在**于我们周围的世界中。但是在此之上，还有**理想**的人，他的**理想类型**，正如我们今天描述的，符合他的潜能发展的要求（人的‘本性’、‘本质’），不再受到限制和扭曲，这是在理想意义上的**真正**的人，与在现实条件意义上的现实的人相区别。”①马克思在《〈黑格尔法哲学批判〉导言》中把现实的人理解为处于现代国家制度中的人，在《论犹太人问题》中，描述了处于市民社会中的与政治国家中的现实的个人之间的分裂状态。

> 完成了的政治国家，按其本质来说，是人的同自己物质生活**相对立**的**类生活**。这种利己生活的一切前提继续存在于国家范围**以外**，存在于**市民社会**之中，然而是作为市民社会的特性存在的。在政治国家真正形成的地方，人不仅在思想中，在意识中，而且在**现实**中，在**生活**中，都过着双重的生活——天国的生活和尘世的生活。前一种是**政治共同体**中的生活，在这个共同体中，人把自己看作**社会存在物**……人在其**最直接的**现实中，在市民社会中，是尘世存在物。在这里，即在人把自己并把别人看作是现实的个人的地方，人是一种**不真实的**现象。相反，在国家中，即在人被看作是类存在物的地方，人是想像的主权中虚构的成员；在这里，他被剥夺了自己现实的个人生活，却充满了非现实的普遍性。②

对现实的人的描述与异化问题密切相关，在马克思著作中现实的个人是资本主义社会中异化了的个人，相对而言，理想的人是真正的人的形象，用马克思写给卢格的话表达就是努力“使人成为人”，从而对抗这非人的世界，真正的人的重要意义就在于对现实的人的彻底超越。

“真正的人”这一范畴可以进一步用“总体的人”、“全面的人”、“完整的人”来解释，真正的人与现实的人相对应，而“总体的

① Adam Schaff, *Marxism and the Human Individual*, New York: McGraw - Hill, 1970, p. 89.

② 《马克思恩格斯全集》第3卷，人民出版社2002年版，第172～173页。

人”、“全面的人”、“完整的人”则与异化的人、片面的人相对应。在《德意志意识形态》中，马克思有一段文字涉及片面的人与全面的人之间的对比，他论证了固定化分工造成人的片面化发展，同时也描绘了共产主义社会消除固定化分工以后人的全面发展的真正实现。

> 只要分工还不是出于自愿，而是自然形成的，那么人本身的活动对人来说就成为一种异己的、同他对立的力量，这种力量压迫着人，而不是人驾驭着这种力量。原来，当分工一出现之后，任何人都有自己一定的特殊的活动范围，这个范围是强加于他的，他不能超出这个范围：他是一个猎人、渔夫或牧人，或者是一个批判的批判者，只要他不想失去生活资料，他就始终应该是这样的人。而在共产主义社会里，任何人都没有特殊的活动范围，而是都可以在任何部门内发展，社会调节着整个生产，因而使我有可能随自己的兴趣今天干这事，明天干那事，上午打猎，下午捕鱼，傍晚从事畜牧，晚饭后从事批判，这样就不会使我老是一个猎人、渔夫、牧人或批判者。①

这段带有浪漫色彩的描述中包含着马克思对人的异化状态的批判和理想状态的憧憬，两者的对比非常鲜明。全面的人是理想的个人，自觉到了组成人的“本质”或他的“本性”的特征。他是才能全面的人，他的全面发展不再受到现行的社会关系以及其异化形式的阻碍。但是沙夫认为这段话中马克思的设想太理想化了，思想是不成熟的，“工业社会的发展会带给人们虚幻的‘全能的人’的想象，他什么都懂，什么都会做，可以随自己的意愿转换职业。我认为这些思想最好不要再提了，那只是青年著作者天真的异想天开而已”②。但是笔者认为这段论述中包含着两个重要的问题，异化问题和片面的人向全面的人发展的问题，能够为我们提供重要的研究线索。在《1844 年经济学哲学手稿》中，马克思对总体的人和全面的人进行了详细的说明：

> 人以一种全面的方式，就是说，作为一个总体的人，占有

① 《马克思恩格斯选集》第 1 卷，人民出版社 1995 年版，第 85 页。

② Adam Schaff, *Marxism and the Human Individual*, New York: McGraw - Hill, 1970, p. 134 - 135.

自己的全面的本质。人对世界的任何一种**人的**关系——视觉、听觉、嗅觉、味觉、触觉、思维、直观、情感、愿望、活动、爱,——总之,他的个体的一切器官,正像在形式上直接是社会的器官的那些器官一样,是通过自己的**对象性**关系,即通过自己**同对象的关系**而对对象的占有,对**人的**现实的占有;这些器官同对象的关系,是**人的现实的实现**。①

要超越现实的人成为理想的人,只有通过实践。人类有意识的、有目的、自觉的、能动的实践活动是改造自然、改造社会和改造人自身的根本途径,世界的人道化过程与总体的人、全面的人的生成是一致的。实践范畴在人从现实状态向理想状态的转变过程中具有极为重要的意义。青年马克思的人道主义思想与实践范畴联系在一起之后,就逐渐确立了唯物史观的视野,从而深化了马克思的整个学说。

第三,个性问题是人类个体的精神层面特质。

沙夫在研究马克思的人类个体概念时,经常与存在主义和基督教人格主义的个体概念相比较,马克思的人类个体是具体的、现实的人,具有社会性,而存在主义和基督教人格主义的个体则是抽象的,是站在唯心主义立场上的。考察人类个体的人格问题时,能够更清楚地看到这种理论差异。

马克思的个性(personality)和个体性(individuality)概念都广为人知,在沙夫看来,二者之间的关系可以这样理解,简单地说,个性是现实的个体特有的确定性要素。他强调,二者是同一现实客体的两种不同说法,它们不能被分割开。沙夫把个性理解为某种精神性的、思想性的东西,是个体的观念、态度、性格等特征的综合。他从四个方面分析了个性与个体性的关系。

首先,人类个体是生理和精神的有机统一,个性是人类个体的精神特质,不能脱离人的肉体而单独存在。黑格尔的错误就在于颠倒了个性与人类个体之间的关系,把个性(人格)当作独立存在物,马克思批判了黑格尔的唯心主义。

黑格尔说:"但是,真正的主观性只是作为**主体**才存在,人格只是作为**人**才存在。"这也是神秘化。主观性是主体的

① 《马克思恩格斯全集》第3卷,人民出版社2002年版,第303页。

规定,人格是人的规定。黑格尔不把主观性和人格看作它们的主体的谓语,反而把这些谓语变成某种独立的东西,然后以神秘的方式把这些谓语变成这些谓语的主体。

各谓语的存在是主体,因此主体是主观性等等的存在。黑格尔使各谓语、各客体变成独立的东西,但是,他这样做的时候,把它们同它们的现实的独立性、同它们的主体割裂开来了。……因此,神秘的实体成了现实的主体,而实在的主体则成了某种其他的东西,成了神秘的实体的一个环节。①

与作为现实存在的个体割裂开来的作为精神整体的人是不存在的。个性仅仅是对个体的一种特定描述,他的生理面貌同样如此。需要注意的是,在英语中,personality 一词同时兼有个性、人格、性格等含义,谈到个性问题时,沙夫经常与基督教人格主义(personalism)相比较,原因就在于这两个词之间有内在关联。2002年版的《马克思恩格斯全集》的上述引文是根据德语原文译为人格的,相对应的英文就是 personality 一词。

其次,个性是由社会塑造的,具有社会性。个性问题与个体的本体论地位的唯物主义立场密切相关,马克思主义关于人类个体的本体论地位的结论是:个体是自然和社会的一部分。因此,从起源上看,个性是由社会塑造的,在社会中生成的,具有社会性特征。关于这一点,马克思是这样论证的:

国家的各种职能和活动同个人发生联系(国家只有通过各个人才能发生作用),但不同作为**肉体的**个人,而是同作为**政治的**个人发生联系,同个人的**政治特质**发生联系。因此,黑格尔说**它们**"是以**外在的和偶然的方式**同这种特殊的人格**本身**联结在一起",这是可笑的。……黑格尔抽象地、孤立地考察国家的各种职能和活动,而把特殊的个体性看作与它们对立的东西;但是,他忘记了特殊的个体性是人的个体性,国家的各种职能和活动是人的职能;他忘记了"特殊的人格"的本质不是它的胡子、它的血液、它的抽象的肉体,而是它的**社会特质**……②

---

① 《马克思恩格斯全集》第3卷,人民出版社2002年版,第31~32页。

② 《马克思恩格斯全集》第3卷,人民出版社2002年版,第29页。

马克思对唯心主义的个体概念再次给予批判，个性不是某种独立的或者自发的精神存在，个性是社会的产物，是具体个体之间的社会关系相互作用的结果。由于形成个性的社会条件是发展变化的，因此个体的个性也是随着历史的发展而发展的，不同时代个体的个性会带有那个时代的一些特点。

再次，个性是被社会条件塑造出来的，是人类自我创造的产物。个性的形成有一个过程，受到周围社会环境的影响和其他个体的影响，同时，个性又是不断发展变化的，随着主体认知能力的提高而不断丰富和完善，当人能够自觉到自身个性的优劣时，可以运用个体的主观能动性有意识地自我调整和自我塑造，所以个性不是一成不变的，是社会条件制约与主体自觉选择的双重因素共同作用的结果。

最后，个性范畴与个体性范畴是不可分割地联系在一起的，个性是个体的独特性、不可重复性。“实际上，个性是作为一个**不可或缺的**结构，如同身心结构那样，不可重复性是个体的一个特征。因此，它主要关注人的态度、立场、观点、意愿、爱好和选择等等人类特征。”[①]研究个体的个性最终是为了确认个体存在的价值，“这涉及一个结论，尽管没有被马克思主义理论家们明确地表达出来，但是完全被授权了：作为一个不可重复的实体结构，个体被视为唯一的确定价值，只有当个体死亡时才会消失”[②]。沙夫从人类个体问题入手，去解读马克思主义人道主义，他的人道主义理论的重要价值之一就是突出了个体的人存在的地位和意义，无论是哲学上的终极关怀，还是制度层面上的具体策略，从个体的人的需要出发，充分保障个体享有的权利，以个体的发展为最终目的，都应该是最基本的原则。可以说，个体地位的提高程度可以视为衡量社会发展程度的基本标准。

经过上述讨论，沙夫详尽地分析了青年马克思著作中关于人类个体的各种不同表述，并且围绕人类个体概念加以整合，清晰地呈现出马克思的人道主义思想的演进脉络。以人类个体为核心的

---

① Adam Schaff, *Marxism and the Human Individual*, New York: McGraw - Hill, 1970, p.97.

② Adam Schaff, *Marxism and the Human Individual*, New York: McGraw - Hill, 1970, p.97.

一系列关于人的哲学范畴,并非语言学的精确论证,都围绕着现实的人的异化现象展开,并致力于现存异化现象的消除。尽管后来马克思放弃了那些带有明显的思辨痕迹的概念,但是马克思通过那些当时流行的哲学术语所要表达的人道主义倾向却是非常清楚的,沿着这种理解和思路,就能够准确把握马克思从哲学领域转向政治经济学领域的内在逻辑,领会马克思整个思想体系的价值诉求。

三、总体的人及其实践本质

在人道主义理论发展的历史上,对人类个体的关注是近代以来资产阶级思想运动的成果。从文艺复兴时期对尘世生活的肯定开始,到启蒙运动"天赋人权"和"自由、平等、博爱"口号的提出,人类个体问题从理论建构一直走向政治运动。从此,关注人类个体的生存境遇,批判人类个体生存环境中的各种异化现象就成为近现代人道主义理论不变的主题。围绕人类个体这一人道主义理论核心,各种人道主义派别确立哲学原则,批判社会现实,提出政治纲领。

近代资产阶级革命的一个重要理论成果就是开始把人类个体作为人道主义理论的出发点。也就是说,人类个体是近代以来的人本主义思潮所关注的焦点。"在社会历史中发现个体的人,对这个个体的人加以研究,描绘这个个体的人的存在方式和发展前景,以及与社会和历史进步之间的关系,这是近代整个人本主义哲学的基本任务。甚至整个近代资产阶级社会科学,也大都自觉或不自觉地将其论证的出发点建立在一个或一群个体的人的基础上。进入 20 世纪,人本主义哲学有了新的特征,主要反映在这个个体的人从理性的、充满活力的、富于竞争心和创造意识的青年时代走向非理性的、苦闷彷徨的、孤独无靠的、与他人和社会冷眼相对的老年期。"①近现代的人本主义哲学仅仅注意到了人类个体的精神特质或者生物特质,把人类个体理解为单个的、与他人对立的、抽象的人,没有从社会历史的角度考察人类个体,从而造成了理论上

---

① 张康之:《总体性与乌托邦:人本主义马克思主义的总体范畴》,吉林出版集团有限责任公司 2007 年版,第 125 页。

的困境和现实上的绝望，他们虽然批判个体存在的异化状态，却无法找到克服异化的途径；虽然突出了个体的地位和价值，却在现实面前感到悲观绝望。

人类个体既是马克思主义人道主义的出发点，又是最终目的和归宿，在理论和实践两个方面都具有鲜明的特征。在阐述马克思主义人道主义的当代形态、社会主义人道主义的本质时，沙夫明确地指出："人是社会主义的出发点和最终目的，正是人的有目的的活动使社会主义得以实现。人道主义把人类个体的全面发展视为人类活动的目的，社会主义人道主义有别于其他类型的人道主义之处，在于它将这一目的的实现与社会主义特殊的社会和经济目标联系起来。马克思主义在这一点上与其他的人道主义相区别，它在理论和实践上始终关注着人类的事务。"①不同于其他类型的人道主义理论，马克思主义人道主义的人类个体不是孤独的抽象个体，而是处于一定的社会关系中的具体的、丰富的个体，社会历史视野的开启，为马克思主义人道主义理论奠定了坚实的基础，也为寻找现实的个体的解放道路指明了方向，从而使马克思主义人道主义在理论上和实践上都超越了近现代的各种人道主义派别。

全面发展的人就是实现了人的总体性的人，是总体的人、完整的人、丰富的人。这是针对现实社会中异化的人、片面的人而言的。"异化作为人的物化、对象化和片面化应当包含着这样一个前提：存在着一种非异化的人，最起码在逻辑上必须承认非异化的人的存在，这种人的存在与本质是直接统一的，因而是总体的人。所谓异化，无非是以这种总体的人为参照物的人的存在状态，或者说是'观念中的人'与'现实中的人'的对立，也称作人的存在与本质的分离。"②扬弃异化的过程就是个体克服自身的片面性并且实现自身的总体性的过程，对此沙夫是从人与世界的关系的角度表述的："这个世界是人类在其中并对它的占有——这只能由从异化中获得自由的人来完成——一个精神逐渐更丰富、天赋逐渐增加的

---

① Adam Schaff, *A Philosophy of Man*, London: Lawrence & Wishart, 1963, p. 101.

② 张康之：《总体性与乌托邦：人本主义马克思主义的总体范畴》，吉林出版集团有限责任公司2007年版，第146页。

人,正是在这个意义上,世界的人道化与总体的人的概念联系在一起。"[①]总之,沙夫认为马克思主义人道主义的出发点是人类个体,通过社会实践活动消除异化现象,并最终以人类个体的自由与全面发展为目的,也就是以实现人的总体性为目的,这就是社会主义人道主义贯穿始终的基本原则。

我国当代学者俞吾金教授也强调马克思的"人的全面发展"理论指的是个人的全面发展。《共产党宣言》中的"每个人的自由发展是一切人的自由发展的前提"[②],突出了个人对一切人而言的基础性和前提性意义;《1857—1858 年经济学手稿》关于人的发展的三大形态,把人的全面发展的第三阶段称作"建立在个人全面发展和他们共同的社会生产能力成为他们的社会财富这一基础上的自由个性"[③],明确地把个人的全面发展和自由个性作为人的发展的更高阶段。俞吾金教授通过德语原文中相关词汇的使用,论证了马克思的着眼点是具体的个人,"马克思并不是泛泛地谈论'人的全面发展',他注重的是'个人的全面发展'和'自由个性'的确立"[④]。他还进一步指出,马克思的个人全面发展指的是个人能力的全面发展,在资本主义条件下是不可能实现的。在当代,这一理论又被理解为个人素质的全面发展,其核心内容是科学精神与人文精神在个人身上的统一。

人重新获得他的总体性是通过共产主义运动实现的,这场社会运动的主体是无产阶级,"马克思主义的社会主义的出发点——现实的人和为他的幸福创造条件——决定了它的目标:一个社会要保障为人类个性的发展和他的幸福提供最好的条件。如此看来,社会发展的目标,以及通过无产阶级革命实现这一目标,体现了作为一场运动和作为社会主义制度的高级阶段的共产主义的真正含义,马克思主义的共产主义最简明扼要的定义就是:共产主

---

① Adam Schaff, *Marxism and the Human Individual*, New York: McGraw - Hill, 1970, p. 92.

② 《马克思恩格斯选集》第 1 卷,人民出版社 1995 年版,第 294 页。

③ 《马克思恩格斯全集》第 46 卷(上),人民出版社 1979 年版,第 104 页。

④ 俞吾金:《从康德到马克思——千年之交的哲学沉思》,广西师范大学出版社 2004 年版,第 285 页。

义 = 人道主义的实践”①。把共产主义定义为人道主义的实践，指明了实现人的全面发展和总体性的具体道路。作为一场社会运动的共产主义意味着一个现实的过程，要消除现实的人的异化现象，就必须推翻现存的资本主义私有制，承担这一历史使命的主体是受压迫的无产阶级，他们通过社会革命实现自身的解放，从而实现整个人类的解放。作为一种社会构想的共产主义则要以人类个体的总体性为尺度，“马克思设想的共产主义主要是这样一个社会，人摆脱了异化，成为完整的人，全面的人，他的个性得到了最充分的发展”②。沙夫特别指出，把共产主义理解为完全消灭了异化是一种教条主义，马克思、恩格斯在那个时代对共产主义的认识受当时社会历史条件的制约，马克思本人也不断修正他自己对共产主义的认识。

从社会主义实践的角度看，沙夫指出通过教育和其他途径，培养和灌输有关个人的合理态度与特征，为人的全面发展和自我完善尽可能提供条件，应当是社会主义社会的任务之一。同时还应当通过社会主义社会政治制度的加强和发展为个体发展创造条件。

但是沙夫并没有过多地展开论述个体的总体性和实现个体总体性的实践活动，我们可以从那个时代许多人道主义理论中发现有关总体性或者总体化的内容，西方马克思主义的早期代表人物几乎都有过相关的讨论，比如卢卡奇在辩证法和主客体统一的意义上使用总体性范畴，他认为扬弃物化的首要条件就是恢复总体性原则，而且把总体性理解为人的存在的总体性。萨特在《辩证理性批判》中提出了个体的总体化思想，萨特的总体化指的是个体的人在自己的实践活动中的自我实现，他把实践与总体化画等号，但是他所谓的实践是个体的人的实践，与马克思主义的实践相去甚远。

人的总体性问题与实践范畴密切相关，马克思主义把社会主义和共产主义实践理解为克服异化状态的根本途径。南斯拉夫的

---

① Adam Schaff, *Marxism and the Human Individual*, New York: McGraw - Hill, 1970, p.183.

② Adam Schaff, *Marxism and the Human Individual*, New York: McGraw - Hill, 1970, p.184.

实践派哲学家把实践视为人本学和本体论的范畴，认为实践是人的本质的规定性，是人的本质的存在方式，是人的存在的本体论结构。相比之下，沙夫对人类个体与实践之间的关系谈论得较少。

第三节　社会主义人道主义的本质特征

人道主义是一个历史范畴，它不仅是历史发展的产物，而且随着历史的发展，内容不断丰富。每个时代的人道主义都面临各自亟待解决的课题，由于所处的立场不同，对人道主义的理解就存在这样那样的差异。工业化进程极大地改变了人类的生存状态，社会的发展与异化的加剧纠缠在一起，迫使人们反思现代社会的种种矛盾，也表现为人道主义理论领域的争论。“我们可以毫不犹豫地说，我们的时代是各种人道主义相互对垒的时代。打着人道主义招牌的派别不仅多如牛毛，而且竞争激烈，甚至相互论战。在我们的时代，由于个人的生活问题占据日益重要的地位，政治斗争往往表现为指责对方不讲人道主义或者反对人道主义。但是这种指责丝毫不能证明自己是真正的人道主义者，也不能避免自己被别人指责为不讲人道主义。人道主义之所以大受欢迎以及它的各种派别之争无非说明了以下的事实：今天，人的生活遭受到空前的威胁，因此人至少需要听到一些安慰的话语，听到一些祈求人类幸福的话语。”①这种争论是对当代社会的人的生存所面临的困境的不同反映，根据各自的出发点和立场的不同，可以区分不同的人道主义派别。沙夫认为，在形形色色的人道主义旗帜下，现代社会两种政治制度的对立是判断不同人道主义立场的一个重要的分水岭。

一、两种意识形态对立背景下的社会主义人道主义

19 世纪马克思主义的诞生是在对资本主义社会的批判和否定的基础上提出了未来社会的美好构想，20 世纪社会主义制度与资本主义制度的并存与斗争是社会主义人道主义提出的现实背景。“那些由于某种既定的制度中存在罪恶而反抗它的人，自然而然地

① Adam Schaff, *Marxism and the Human Individual*, New York: McGraw - Hill, 1970, p. 167.

倾向于盼望一种对那些罪恶绝对否定的社会秩序。”①新的社会制度和新的人道主义理论作为一种理想，都是以现实为对照描绘出来的，所以社会主义人道主义标志着一种价值体系，在与资本主义斗争过程中，在社会主义的发展过程中，面对双重的困难和考验，始终需要加以坚持和完善。“以这种方式建立起来的一整套价值体系，会告诉我们貌似正常的现实出了什么毛病，这样一来，一个人所反抗的对象就成为他要为之奋斗的理想的基础。”②当代的工人运动正是在批判资本主义制度的过程中，在对社会罪恶产生原因和解决方案的科学分析的基础上提出了科学的社会主义理论。社会主义从理论到现实需要经历一个漫长的发展过程，在社会主义进程中也会出现这样那样的问题和困难，正如20世纪五六十年代的波兰，但是不能因此而动摇我们最初设定的价值体系，应该坚定信念，坚持社会主义人道主义原则，在改造现实世界的实践中逐渐实现我们的理想。

社会主义的精髓就是社会主义人道主义，沙夫明确地指出了社会主义人道主义的本质：“**人是社会主义的出发点和最终目的，正是人的有目的的活动使社会主义得以实现。人道主义把人类个体的全面发展视为人类活动的目的，社会主义人道主义有别于其他类型的人道主义之处，在于它将这一目的的实现与社会主义特殊的社会和经济目标联系起来。马克思主义在这一点上与其他的人道主义相区别，它在理论和实践上始终关注着人类的事务。**”③社会主义人道主义在马克思主义的社会主义体系中占有特殊的地位，在马克思早期的思想中就已经把人道主义作为出发点和理论源泉，在社会主义实践中，人们选择社会主义也是因为它的人道主义目标。正因如此，社会主义从诞生之日起就表现出了巨大的吸引力，面临资本主义的诋毁和诽谤，尽管在社会主义的实现中出现了错误，但是社会主义首先富于吸引力的，是由于许许多多在现存制度中受压迫、受剥削和痛苦的人们在它那里看到了美好生活的预兆和希望。这种吸引力还是比较初级的，因为这种朴素的认识只能大致地描绘社会主义的目标，而且社会主义目前还不能以自

① Adam Schaff, *A Philosophy of Man*, London: Lawrence & Wishart, 1963, p. 95.

② Adam Schaff, *A Philosophy of Man*, London: Lawrence & Wishart, 1963, p. 95.

③ Adam Schaff, *A Philosophy of Man*, London: Lawrence & Wishart, 1963, p. 101.

己的富贵和强大来召唤人们。为了让社会主义的巨大优越性更加深入地被人们认识，必须首先从理论上对社会主义人道主义进行论述和宣传，社会主义"不是以它的知识内容、哲学和经济学理论上的优越性来吸引大众的，所有选择社会主义的人，甚至那些还不能解释对社会主义一词如何理解的人，都是被社会主义的人道主义内容所吸引的"①。所以增加和丰富关于社会主义人道主义的知识、加强相关的理论宣传是非常必要的。在与资本主义制度斗争的过程中，关于个人在社会主义社会中的自由权利问题和民主问题成了资本主义攻击我们的焦点，在现实方面是因为苏联模式造成的消极影响和社会主义自身发展过程中出现的问题为敌人提供了机会，在理论上则是由于我们对个人以及与个人有关的问题的忽视，社会主义人道主义理论建设正是适应了理论与实践的双重需要。

二、社会主义人道主义的基本特征

马克思主义人道主义继承了以往的人道主义的基本传统，以人为最终目的，它超越以往人道主义的地方，就在于它立足现实的人，社会的人，确立了以历史唯物主义为基础的人道主义视野，主张通过人的实践活动消除阻碍人发展的各种障碍，关注这个目的的实现途径，并努力为之创造现实条件。"所谓人道主义，我们主要指的是一种以人作为思考对象的体系，这个体系认为人是最高目的，它力图保障人在实践中享有幸福的最美满的条件。"②

沙夫指出，"马克思主义是一种人道主义，是一种**彻底**的人道主义，它在理论结论方面，以及理论同实践、同行动的有机联系方面占有优势，压倒了它当前的竞争对手"③。之所以能够这么说，是因为马克思本人曾经明确表达了他的理论和实践的最根本原则："所谓彻底，就是抓住事物的根本。但是，人的根本就是人本身。……对宗教的批判最后归结为**人是人的最高本质**这样一个学

① Adam Schaff, *A Philosophy of Man*, London: Lawrence & Wishart, 1963, p. 101.

② Adam Schaff, *Marxism and the Human Individual*, New York: McGraw – Hill, 1970, p. 168.

③ Adam Schaff, *Marxism and the Human Individual*, New York: McGraw – Hill, 1970, p. 168.

说，从而也归结为这样的**绝对命令：必须推翻**那些使人成为被侮辱、被奴役、被遗弃和被蔑视的东西的**一切关系**。”①所以“马克思主义的出发点就是把人作为最高目的，就是为推翻压迫人的社会关系而进行斗争，这个贯穿着整个马克思主义思想体系的出发点，决定了马克思主义的人道主义性质”②。

马克思主义是一种特殊类型的人道主义，其特殊性表现为以下几个方面：

第一，马克思主义是现实的人道主义或者是唯物主义的人道主义，以区别于形形色色的唯心主义或者唯灵论的人道主义。这一特征与马克思主义把人类个体作为出发点密不可分，如果出发点是现实的、具体的个人及其社会关系，那么人道主义就是现实的；反之，如果出发点是意识或精神，那么就是唯心主义的人道主义。马克思的立场是非常鲜明的，只有现实的人道主义才是和马克思的世界观和社会历史观相符合、相一致的。

第二，马克思主义人道主义是始终自治的人道主义。马克思的人道主义从现实的个体出发，从客观的社会条件出发，考察人的实践活动，认为人在改造客观现实的同时，也改造着自己的主观世界，改造着人自身，并且对人自身发展施加间接的影响。主张马克思主义人道主义是始终自治的，意味着以人自身的力量来解释人类的生存和发展，而不是求助于超人或者其他的外在力量。排除了异己力量对人类活动的支配和统治，把人类实践活动归结为自主创造的过程，就同一切唯心主义和宿命论划清了界线。处于特定的社会关系中的客观的现实的人，依靠自身的实践活动在自然界深深地打上人类的烙印，而且创造出了特有的社会关系，创造着人类自身的命运。这样一种人道主义以唯物史观为理论基础，把人类实践活动理解为主动参与和自主选择的过程，消除了神秘外力主宰的幻象，将人道主义的基本原则贯彻到底，确立了人在世界中的主体地位。

第三，马克思主义是战斗的人道主义。沙夫已经明确指出，马克思主义的出发点就是把人作为最高目的，就是为推翻压迫人的

---

① 《马克思恩格斯全集》第3卷，人民出版社2002年版，第207～208页。

② Adam Schaff, *Marxism and the Human Individual*, New York: McGraw - Hill, 1970, p.169.

社会关系而进行斗争，这个出发点贯穿于马克思的整个思想体系，并且决定了马克思主义的人道主义性质。这个特征与异化问题密切相关，沙夫在阐述青年马克思与成年马克思的关系时指出，“马克思在分析各种类型的异化——宗教的，政治的，意识形态的，经济的——和它们的层次时，他并不满足于这种学术沉思，他最为关心的是找到一条出路，克服异化。结果，他确立了所谓现实人道主义的立场，但是我更愿意称之为战斗的人道主义。正是在这期间，马克思明确了社会问题领域里的中心议题，并用毕生的精力去思考和探索。这些问题成为马克思的各种理论的出发点，这一出发点的内在逻辑力量的发展，促使他在理论上走向历史唯物主义，在政治上走向共产主义”①。

笔者认为，人道主义既是一种价值目标和最高理想，又是一种反对压迫、克服异化的现实的运动。作为价值目标和最高理想，人道主义以实现人的自由和解放、全面发展和幸福为目的；作为一场现实的运动，人道主义必须立足于现有的社会条件，克服异化现象，消除限制人的生存和发展的各种障碍，在后一种意义上的人道主义，必然要以批判的姿态指向特定的社会现实，并致力于消除现存的一切异化现象，这就使它具有鲜明的战斗性特征。

正是从这个意义上，沙夫强调“马克思主义人道主义是一种纯粹的人道主义，并且深深地扎根于实践中。它不仅仅要宣扬那些原则，而且要从原则中得出实际的结论。因此，从青年时代起，马克思就已经从他的人道主义中得出进行革命斗争的结论”②。沙夫引用马克思的两段名言作为论据，马克思强调他的哲学是属于无产阶级之间的，“哲学把无产阶级当作自己的**物质**武器，同样，无产阶级也把哲学当作自己的**精神**武器”③。不同于以往的所有哲学，马克思明确了自己哲学的现实意义，“哲学家们只是用不同的方式**解释**世界，问题在于**改变**世界”④。对人道主义的这种理解，是从现

① Adam Schaff, *Marxism and the Human Individual*, New York: McGraw - Hill, 1970, pp. 25 - 26.

② Adam Schaff, *Marxism and the Human Individual*, New York: McGraw - Hill, 1970, p. 170.

③ 《马克思恩格斯全集》第3卷，人民出版社2002年版，第214页。

④ 《马克思恩格斯选集》第1卷，人民出版社1995年版，第57页。

实的人道主义得出的逻辑结论，因为人类社会是由社会的人所创造出来的独立的世界。“如果人本身以及人的世界是**自我创造**的产物，那么就不能也不应该等待别人把自己从善的或恶的超人力量的束缚中解放出来，人必须自己解放自己。换言之，如果我们承认自我创造，那么也应该承认自我解放。”①因此，马克思主义以无产阶级的自我解放为基础，为实现无产阶级的解放就必须解放全人类，这是人道主义理想与政治目标的统一，鲜明地体现了马克思主义人道主义的战斗性。

马克思主义人道主义的出发点是人，最终目的也是人，马克思的最终目的是实现每个人的全面发展，实现全人类的自由与解放，这就需要通过革命斗争来创造条件，需要实现这目的的现实手段。无产阶级是实现马克思主义人道主义的历史主体，无产阶级的革命运动是实现这一目的的现实过程，消灭私有制、消除各种异化现象则是具体任务。因此，可以说马克思主义人道主义的战斗性通过它的现实性表现出来。

第四，马克思主义人道主义是乐观的人道主义。关于这一点，首先体现在马克思主义经典作家对未来共产主义特征的描述上，例如生产力高度发达，物质财富极大丰富；各尽所能，按需分配；彻底消灭了三大差别；人们的精神境界极大提高；等等。这种理想状态的描述是以唯物史观对社会历史发展趋势的认识为前提，也包含着对人类实践能力的充分肯定。对这方面沙夫并未过多展开论证，他重点阐述了乐观的人道主义的另一种内涵，即与存在主义的悲观态度相区别的马克思主义乐观的人道主义。沙夫立足于工业化和技术革命背景，从社会心理学角度分析了由此产生的两种不同情绪。存在主义从现代社会的工业化进程和技术革命的消极影响出发，得出了悲观主义的结论，他们看到了现代社会的问题和困境，但是对解决这些问题和走出困境却不抱希望。社会主义人道主义则相信社会进步具有创造出新世界的可能性，“乐观的人道主义之所以是乐观主义，这是因为它坚信世界是人的产物，而人本身是自我创造的产物，因此，人改造世界的可能性实际上是无限的

① Adam Schaff, *Marxism and the Human Individual*, New York: McGraw - Hill, 1970, p. 172.

(正如当前的技术革命所证明的那样),同样可以在实践中用这些无限的可能性来改造人类自身。这种乐观主义并非一种信仰,而是以事实为根据的信念"①。

实际上,一方面,沙夫主张乐观的人道主义,相信社会主义能够为人道主义的实现不断创造条件,另一方面,他也对现代社会技术革命的后果心存忧虑。1965 年在《马克思主义与人类个体》一书结语中,他就表达了这种担忧,20 世纪 80 年代初的著作——《作为社会现象的异化》、《论共产主义运动的若干问题》和《微电子学与社会》中,这种担忧阐述得更加充分了,这也是他通过参与"罗马俱乐部"的研究活动转向生态社会主义研究的一个内在原因。尽管如此,沙夫总的来说始终相信在社会主义进程中,人类能够克服技术发展产生的新的异化,逐渐找到解决问题的途径。

总结了马克思主义人道主义的四个特征之后,沙夫从幸福问题入手对马克思主义人道主义进行了概括。沙夫在《人的哲学》中就把人道主义的实质归结为个体幸福论,因而,马克思主义人道主义的理论特征是最后都以个人幸福这个根本目的为落脚点的。"科学的社会主义本质上是一种人道主义,而这种人道主义的本质是它的个体幸福概念。马克思主义的所有内容——哲学、政治经济学和政治理论——都与之相契合。"②在《马克思主义与人类个体》中,沙夫延续了他在《人的哲学》中的基本立场,强调幸福具有客观和主观两个方面的因素,个体的主观性差异决定了没有一种制度能够保证人的幸福,幸福不可能通过外在强加来实现。马克思主义人道主义从实现幸福的客观条件入手,考察造成人们不幸的集体性原因,"这样,我们就有了为争取人的幸福而行动的现实基础:不是给人幸福,而是要消除造成普遍不幸的根源"③。马克思主义人道主义没有虚幻的假意承诺,只是客观地考察幸福中的共性因素,在现实性的基础上号召人们铲除造成人的不幸的社会根源,这一现实目标与马克思关于人的解放的绝对命令是根本一致

---

① Adam Schaff, *Marxism and the Human Individual*, New York: McGraw - Hill, 1970, p.177.

② Adam Schaff, *A Philosophy of Man*, London: Lawrence & Wishart, 1963, p.132.

③ Adam Schaff, *Marxism and the Human Individual*, New York: McGraw - Hill, 1970, p.181.

的，与人道主义的战斗性密切相关，与消除异化的目标是统一的。

沙夫论述人道主义的本质特征时，对马克思主义人道主义、马克思的人道主义以及社会主义人道主义之间的关系阐述得不够清晰，使用得也比较随意，但是我们还是能够辨析出三者之间的细微差别。马克思本人的思想和文献是沙夫研究的主要根据，因此，马克思的人道主义是另外两个概念的基础和源泉。马克思主义人道主义立足于马克思主义的理论与实践，区别于其他类型的人道主义，例如基督教的人道主义，存在主义的人道主义，等等。社会主义人道主义则是相对于资本主义的人道主义而言的，更加侧重现当代背景，是以两种意识形态对立为前提的。社会主义人道主义是沙夫力图建构的马克思主义人道主义的当代形态，是沙夫在与存在主义交锋的过程中，通过对马克思早期著作的解读，重新理解马克思本人的思想以及马克思主义，批判当代资本主义，反思社会主义理论与实践的思想成果，是对马克思的人道主义的丰富和发展。正是通过对社会主义人道主义的理论建构和系统论述，沙夫形成了系统的人道主义理论体系，为东欧新马克思主义增添了一抹新绿。

三、社会主义人道主义的社会批判本质

任何一种人道主义本质上都是一种意识形态，都具有社会批判的性质，马克思主义人道主义当然也不例外。从马克思的人道主义理论开始就确立了社会批判的理论目标和现实主题，到了20世纪，西方马克思主义和东欧新马克思主义作为马克思主义人道主义的两种基本理论形态，更加突出了这种社会批判性质，并且通过技术理性批判、意识形态批判、专制国家批判等内容，丰富、深化和发展了社会批判的主题。

当代英国的马克思主义学者肖恩·塞耶斯把马克思主义视为一种人道主义批判理论，他指出，“马克思主义包含了对资本主义的一种人道主义批评。这种对资本主义人道主义的批评是以一种自我实现的道德理想作为基础的。……马克思主义既是一种社会理论，又是一种评价的方法，并且在马克思主义中，这些思想是一个完整的整体。马克思主义包含一种内在的批评方法，这种方法

坚持认为现存的条件本身就是批评观点的基础”[①]。尽管我们可以针对他的某些具体提法进行商榷，比如能否把马克思主义人道主义批判基础理解为自我实现的道德理想，但是这种理解在基本倾向上是比较深刻的，符合马克思主义的理论逻辑，既指出了马克思主义人道主义的批判本质，又认识到了马克思主义人道主义批判确立的深刻现实基础。

这位学者还明确地指出，马克思主义人道主义批判的深刻性和现实性源于对资本主义内在矛盾的揭示和社会历史发展规律的把握，“马克思主义并不是按照超越历史的标准来谴责资本主义制度的。与此相反，马克思主义批判的特征是内在性的，马克思主义的标准是相对的、历史的，正因为如此，它就更有现实性。……对资本主义的批判不是基于永恒的普遍的标准，而是基于内在于资本主义社会的走向社会主义的各种倾向。此外，按照这种观点，社会主义并不是建立在超越价值或绝对价值基础之上的一种理想；社会主义将是目前资本主义社会各种矛盾相互作用的真实产物”[②]。这一评价阐明了马克思主义人道主义与以往的各种人道主义理论的本质区别，正是因为这种源自对资本主义内在矛盾深刻剖析基础上的批判理论，才显示出它的强大生命力，才能为共产主义和社会主义实践提供源源不断的理论支持。

20 世纪的西方马克思主义和东欧新马克思主义，进一步发扬了马克思主义人道主义的社会批判传统，并且在各自的背景下，针对特定的批判主题形成了自己的理论特色。衣俊卿教授把东欧新马克思主义明确指认为一种以异化理论为基础的社会批判理论，他指出，“东欧新马克思主义的社会批判则不但指向资本主义，也指向现存社会主义。它对资本主义的社会批判已从一般的政治压迫和经济剥削问题转向对当代社会的普遍的异化结构和物化意识的揭示；同时，它不再把现存社会主义当作理想社会的实现，从而与资本主义简单对立起来，而是认为，当代资本主义有它不可超越的民主和自由的成果，而现存社会主义则存在着甚至比资本主义

① 肖恩·塞耶斯：《马克思主义与人性》，冯颜利译，东方出版社 2008 年版，第 11 页。

② 肖恩·塞耶斯：《马克思主义与人性》，冯颜利译，东方出版社 2008 年版，第 12～13 页。

更为严重的异化现象。显而易见，东欧新马克思主义对当代资本主义和现存社会主义的全部批判是以异化理论为根据的，其批判的尺度是看一个社会能否为人的自由与全面发展创造条件”①。根据衣俊卿教授的这种理解，沙夫的社会主义人道主义理论就是东欧新马克思主义中典型的批判理论，他以人类个体为核心建立起来的人道主义理论框架就是对人的自由与全面发展这一根本标准的澄明，他对异化理论的全面论述则是这种社会批判理论的自觉表达。

衣俊卿教授还概括了东欧新马克思主义在特殊的社会历史背景和艰难的政治探索过程中形成的理论特色，“一方面，同西方马克思主义相比，他们与马克思思想的关联更为密切，对马克思的精神遗产的继承和挖掘所做的努力更为明显。……另一方面，东欧社会的特殊历史背景造就了东欧新马克思主义的特殊的理论关怀。他们对斯大林主义的批判、对国家社会主义的批判、对社会主义条件下异化问题的揭示，对于东欧和中国等没有经历过充分的理性启蒙的国度，有着特殊的历史关联度和理论启示”②。所以研究以沙夫等人为代表的东欧新马克思主义，无论是对马克思主义理论自身的发展而言，还是对处于社会主义建设进行中的当代中国来说，都具有非常重要的理论价值和现实意义。

沙夫的社会主义人道主义是一种社会批判理论，它所指向的批判对象既包括对资本主义的批判，又包括对当时社会主义制度本身的批评和反思。笔者认为，一方面，沙夫在理论层面把人类个体问题提高到马克思主义人道主义理论核心的地位，这种研究本身就是对当代社会两种制度中普遍存在的对个体的压迫和扭曲的抗议与控诉；另一方面，沙夫通过对现实层面异化现象的批判和对异化理论的全面阐述，详尽论述了社会主义人道主义的社会批判主题。关于沙夫的异化理论和他对资本主义与社会主义异化现实的批判将是本书以下两章要展开论述的内容。在这里，笔者特别强调沙夫社会主义人道主义理论在东欧新马克思主义中的独特性

① 衣俊卿:《人道主义批判理论——东欧新马克思主义述评》,中国人民大学出版社 2005 年版,第 229 页。

② 衣俊卿:《人道主义批判理论——东欧新马克思主义述评》,中国人民大学出版社 2005 年版,第 231 页。

和系统性，其独特性在于以人类个体概念为核心的社会主义人道主义的本体论建构，其系统性在于沙夫的社会主义人道主义理论体系包含了以人的问题为核心的哲学原则的确立、对两种制度的现实批判、对社会主义道路的具体设想，还包括对语义学领域和生态社会主义领域的探索。在以下的章节中，笔者将对上述内容进行详细的评析。

第四节 个体自由与个人幸福的条件

社会主义人道主义从人类个体的现实存在出发，致力于消除制约个体生存和发展的一切异化现象，最终目的就是为了实现个体的自由和全面发展，所以沙夫明确提出，社会主义人道主义本质上是一种幸福理论。沙夫对个体幸福的理解比较现实，他认为从社会层面和制度层面不能保证个体的绝对幸福，只能努力消除大多数人不幸的社会根源。幸福受到客观条件和主观感受的共同影响，具有鲜明的个体差异，因此，社会主义人道主义是一种改造社会关系的社会理想，是现实的实践活动。

一、社会主义人道主义的根本目的

沙夫将社会主义人道主义的目的简要地概括如下：“**社会主义人道主义的目的就是实现个体的全面发展和自由**。”[①]当然，我们所说的自由是有条件的，受到不同形式的限制，是处于特定的社会历史条件之下的受必然性制约的自由，因此，社会主义人道主义所追求的个人自由是以特定条件下限制这种自由的必然性为前提的。

具体说来，社会主义人道主义在现代社会要以新的方式实现个体的自由和解放，“社会主义人道主义表达了现代共产主义运动的本质内容，即通过消除诸如物质贫困以及经济、民族、种族和文化的不平等这类障碍，为个体幸福创造最大可能的社会条件、为人的个性发展的最好条件而斗争”[②]。这些目的由来已久，人们很早以前就已经在为实现人道主义理想而斗争了，一代又一代的人道

---

① Adam Schaff, *A Philosophy of Man*, London: Lawrence & Wishart, 1963, p. 111.

② Adam Schaff, *A Philosophy of Man*, London: Lawrence & Wishart, 1963, p. 106.

主义的先驱们为之奋斗和牺牲,他们沿着人道主义思想的历史发展路线,将崇高的人道主义火种传递到我们手中,努力去解决现代社会面临的人道主义问题,是我们责无旁贷的历史使命。

我们谈论个人自由的时候,是以社会中的个人的自由权利为内涵的,处于某一特定社会集团中的个人会享有集团成员的利益和权利,同时也会存在着成员之间的自由冲突以及不同社会集团之间的自由冲突。应该对自由的限度和范围进行研究,“那么,什么是个体的自由,什么又是对它的触犯呢?怎样来评价剥削者的自由与被剥削者的自由之间的冲突呢?这取决于人们所接受的价值体系和自由概念,取决于个体与所给定的阶级之间的亲疏关系,以及他对该阶级根本利益的认同度”①。

关于个人自由的讨论就不能不涉及阶级和国家问题,如果绝对的自由是不可能的,那么我们就能够获得在阶级国家中关于自由的新观点。在这个意义上,每一种民主都有其局限性,都是一定阶级或社会集团的统治形式,所以民主和专政是统一的。“从中我们可以得出什么结论呢?要实现个体自由的最充分的扩展,只有通过最终消除阶级社会,消除与之联系着的相互冲突的利益和自由观,由此也消除了作为一部分人统治其他人的形式的民主。**这一马克思主义结论对人道主义具有最为重大的意义,人道主义的目的就是把最大限度地扩大个体自由,作为实现人的个性最充分发展的手段。**”②沙夫再次阐述了社会主义人道主义的目的,这一表达内容更加丰富具体,这样的人道主义理想就是马克思主义关于共产主义社会的描述,共产主义是实现人道主义的最激进的理想,它对关于未来社会的想象具有重要的影响,我们正是依照这一理想的标准来改造现实世界的。“因为这是对一个新社会的想象,这个社会克服了社会生活中的各种异化——我不太情愿用这个词,因为它有很多含义,但是在这里我首先要说的是国家作为一种统治人的力量的异化,和作为人制造出的产品反过来控制人的劳动产品的异化。异化的终结能够为个体的发展创造出前所未有的巨

① Adam Schaff, *A Philosophy of Man*, London: Lawrence & Wishart, 1963, p. 113.

② Adam Schaff, *A Philosophy of Man*, London: Lawrence & Wishart, 1963, pp. 114 – 115.

大的可能性。"[1]这就是说，只有在消灭了阶级对立和私有制的社会里，在国家和民主已经消亡的社会中，个人才能获得真正自由的条件，这时的自由仍然受到来自社会生活规律的必然性的制约，从共同生活中出来的限制保留下来了，自由便扩大到社会所必需的程度，即扩大到在人们共同生活的组织机构中所必需的程度。

从理想的角度来看，社会主义人道主义既具有更高的价值目标，又具有有待于逐步去解决的具体的现实问题，要实现个体的自由，"必不可少的不仅是自由的可能性，而且是必须具备利用它的能力。消除体力劳动和脑力劳动差别、消除城乡差别、实现妇女的社会解放等等——所有这些必须创造出来，为的就是在新的制度下每个个体的人都有能力充分发展他的个性，从而塑造新型的人"[2]。虽然从社会主义现况来看，我们离这一理想还有相当的距离，但是它明确了我们的方向，指引我们向着目标前进。"这当然仅仅是想象，但是，毫无疑问——这一点就是共产主义的最凶恶的敌人也没有理由否认——这是深刻的人道主义的想象。它的革命性不仅表现在它所包含的自由思想的彻底性上，而且也是由于它是基于对社会生活的科学分析之上，基于对特定的社会力量的具体斗争成果的现实期望之上。正是这些因素决定着社会主义人道主义超越了它所有的竞争者。"[3]同资本主义和以往其他类型人道主义相比，社会主义人道主义达到了一个新的历史高度，资产阶级革命的一个重要的历史功绩就是它消灭了出身的特权并且实现了公民在法律上的形式平等的原则，社会主义制度在这一基础上又取消了生产资料所有制的特权，从而使形式平等被推进到了实际的平等，新型的社会主义民主也提升到了更高的水平上，从而为自由的实现提供了更加广阔的空间。

从现实的角度来看，我们也必须有清醒的认识，社会主义实践不会是一帆风顺的，在变革社会的过程中一方面要加强社会主义人道主义目标的宣传教育，另一方面要在同资本主义斗争的同时做好克服社会主义自身异化的准备。社会主义应该在民主化进程

---

① Adam Schaff, *A Philosophy of Man*, London：Lawrence & Wishart, 1963, p. 115.

② Adam Schaff, *A Philosophy of Man*, London：Lawrence & Wishart, 1963, p. 116.

③ Adam Schaff, *A Philosophy of Man*, London：Lawrence & Wishart, 1963, p. 116.

中采取更多的实际行动，首先应当普及党内民主，其次应当在经济和政治活动中不断扩大社会生活的民主化，让越来越多的群众广泛地参与公共事务的讨论和决策。不断地扩大个人自由权利的范围，使个人的政治自由、言论自由以及在科学和文化领域中的自由等等都能够得到更加充分的实现。通过对个人自由问题的分析和讨论，沙夫委婉地对当时包括波兰在内的社会主义政权中的政治专制和思想僵化提出了批评，他认为社会主义进程中不可避免地造成了社会主义自身的异化现象，使社会主义建设出现了各种问题和困难，涉及共产党政权内部和社会生活中的民主化问题，言论和思想自由问题，对社会主义的怀疑和动摇倾向，社会主义人道主义的理论建设和宣传教育欠缺，等等。这些现实激发了沙夫作为一个政治家和哲学家的使命感与责任感，促使他更加坚定了丰富和发展社会主义人道主义理论的决心。

笔者认为，个体自由问题还有很多的探讨空间，从实现个体自由的条件来看，可以从客观条件和主观条件两个方面理解。个体自由的客观条件主要是指社会制度为个体提供和创造生存与发展所需要的基本条件，社会革命的目的是推翻使人不自由的旧制度，争取个体自由的基本权利。沙夫比较侧重的是实现个体自由的客观条件。他谈论较少的是实现个体自由的主观条件。萨特强调主观方面的自由，他从上帝不存在这一前提出发，论述了自由的两层内涵。萨特认为，上帝不存在是一件极端尴尬的事，因为陀思妥耶夫斯基称如果上帝不存在，什么事情就都是允许的，人就失去了可以依靠的东西，变得孤苦伶仃了。一方面，“他会随即发现他是找不到借口的。因为如果存在确是先于本质，人就永远不能参照一个已知的或特定的人性来解释自己的行动，换言之，决定论是没有的——人是自由的，人**就是**自由”①。另一方面，人的行为失去了合法性，失去了推卸责任的借口，人被逼得自由，“因为人并没有创造自己，然而仍旧自由自在，并且从他被投进这个世界的那一刻起，就要对自己的一切行为负责”②。萨特的自由与责任联系在一起，

① 让-保罗·萨特：《存在主义是一种人道主义》，周煦良、汤永宽译，上海译文出版社2005年版，第11页。

② 让-保罗·萨特：《存在主义是一种人道主义》，周煦良、汤永宽译，上海译文出版社2005年版，第12～13页。

强调人的主观性，这种自由是无法选择的，这种责任是沉重的。萨特仅仅看到自由的主观性是片面的，沙夫只强调自由的客观条件也不够深入，自由问题具有主观和客观双重特征。

弗洛姆对自由问题有比较深入的研究，他区分了两种不同的自由，消极自由和积极自由。他认为自由是人存在的特征，自由的含义随着人对自身存在的认识和理解程度的不同而有所变化，人类的历史表现为个人日益从原始纽带中逐渐独立的“个体化”过程和自由不断加深的过程，个体生命的成长历程同样是一个“个体化”的过程和自由不断增加的过程。个体化进程一方面表现为自我力量的增长，另一方面则是孤独日益加深。为了克服孤独感和无能为力感，人有可能积极地通过发展内心力量和创造力与世界建立新型关系，也有可能产生消极的心理逃避机制。由此产生了两种不同的自由，消极自由和积极自由。在现代社会，随着个体化进程的发展，孤独感日益加深，两种自由的对立也表现得更加突出。现代人获得自由后，陷入无能为力和孤独的不安全状态，个人无法忍受这种孤立，感到无助和恐惧，“无助与怀疑麻痹了生命，为了生存，人竭力逃避自由——消极的自由”[①]。弗洛姆指出，这种消极自由在现代主要表现为两种形式，“我们这个时代逃避自由的主要社会途径在法西斯国家里是臣服于一位领袖，在我们自己的民主政治里则是强制性的千篇一律”[②]。除了这种消极自由，我们还可能通过主动的方式即自我实现的方式获得积极的自由，“积极自由则意味着充分实现个人的潜能，意味着个人有能力积极自发地生活”[③]。从心理学的角度来看，“**积极自由在于全面完整的人格的自发活动**”[④]，弗洛姆把自发活动解释为自我的自由活动，是一种创造性的活动，它肯定自我的个性，把自我与人及自然连为一体，从而解决了自由与生俱来的根本矛盾——个性的诞生与孤独的痛苦，并且使人认识到生命的意义，“他意识到自己是个积极有创造力的个人，认识到**生命只有一种意义：生存活动本身**”[⑤]。对个人而

① 弗罗姆：《逃避自由》，刘林海译，国际文化出版公司2002年版，第183页。
② 弗罗姆：《逃避自由》，刘林海译，国际文化出版公司2002年版，第96页。
③ 弗罗姆：《逃避自由》，刘林海译，国际文化出版公司2002年版，第193页。
④ 弗罗姆：《逃避自由》，刘林海译，国际文化出版公司2002年版，第184页。
⑤ 弗罗姆：《逃避自由》，刘林海译，国际文化出版公司2002年版，第188页。

言,“积极自由就是实现自我,它意味着充分肯定个人的独一无二性”①,因此,生命的中心和目的是人,个性的成长与实现是最终目的。

同时,弗洛姆强调积极自由及个人主义的实现与经济社会变化密切相关,在政治上要求扩大民主,在经济上主张实行计划经济,“我们必须用积极理智的合作取代对人的操纵,并要把民有、民治、民享的政府原则从传统的政治领域扩大到经济领域”②。除了政治和经济制度的保障,更重要的是个人参与社会生活的活动,“判断自由实现的唯一标准是看个人是否积极参与决定自己及社会的生活,这不仅仅包括形式上的投票行为,而且包括个人的日常活动、工作以及与他人的关系。现代民主政治如果自我局限在纯政治领域内,就不足以抵消普通人由于经济上没有地位所带来的后果”③。积极自由的实现程度受到个体的人格完善程度和社会政治经济变革水平的制约,弗洛姆从主观和客观两个方面分析了实现积极自由的条件。他的自由理论是独到的,对自由的两种划分深刻地反映了现代社会人的自由的异化。

弗洛姆的自由理论不仅从主观和客观两个方面展开论证,而且深刻地批判了现代社会自由的异化,从心理层面分析了消极自由的发生机制,在当代资本主义条件下丰富和发展了自由理论。相比之下,沙夫更加注重从社会制度的层面分析实现个体自由的客观条件,他一方面考察了个体自由与历史必然性之间的关系,另一方面着重探讨了社会主义制度的人道主义目标,即为个体自由的实现创造条件。沙夫与弗洛姆都把社会制度视为实现和保障个体自由与发展的客观条件,弗洛姆更加侧重对现代社会的极权主义政治和民主体制下自由的异化展开分析与批判,沙夫则从应然层面探讨社会主义人道主义的理论内涵,他批判的是现存社会主义条件下影响个体自由实现的消极因素。两位学者都强调政治民主化的重要性,并且主张个体应当积极参与社会生活的全面管理,这是实现自由的主观条件。总之,萨特对个体自由的抽象论证,弗洛姆对积极自由与

① 弗罗姆:《逃避自由》,刘林海译,国际文化出版公司2002年版,第188页。

② 弗罗姆:《逃避自由》,刘林海译,国际文化出版公司2002年版,第195页。

③ 弗罗姆:《逃避自由》,刘林海译,国际文化出版公司2002年版,第195页。

消极自由的分析和批判，沙夫对社会主义条件下个体自由的发展探讨，都围绕着个体的人展开，坚持人道主义立场并且批判现代社会人的存在的异化，是他们共同的思想特征。

实现个体自由的主观条件是受个体主观世界的改造程度制约的，拥有自由的权利并不意味着能够真正拥有自由，实现自由、驾驭自由需要一定的主观条件，要求个体具有处理人与自我、人与人、人与社会、人与自然之间关系的能力，包括精神世界的自我建构，伦理道德的规范约束，天人合一的交互感应。人的创造性活动无不围绕人与自身、人与社会、人与自然这三个方面的实践展开。个体自由的实现还要求在人的存在多维关系中达到适当的平衡，劳动、生产、创造物质财富的活动是个体自由的最基本条件。个体的人与自然直接打交道，物质资料的生产和再生产既维系着人的基本生存又为人的发展提供了平台，其过程本身就包含自由的实现，自由是一种人与物的关系。伦理道德是个体自由的人际关系条件，在相互制约的过程中，以他人为参照，个体寻找和确认自我，自由是一种交往体验。个体的精神自由是建立在个体的主观感受基础上的，以认知、情感、爱好、审美、意愿等内容为依托，是主观性最强的自由载体。

对每个个体而言，获得自由还表现为一种能力，个体自由的能力需要在后天的学习实践活动中逐渐生成，同一社会条件下，个体自由的实现程度会存在很大差异，培养个体的自由能力比社会制度的变革更加基本和经常，教育是最基本的途径，个体的自由意识和精神独立是衡量一个社会进步程度的另一个重要尺度。

迄今为止的社会革命都是以人的存在为最基本条件——生存权受到威胁为前提的，远未达到对自由应有的关注程度。固定化分工使个体的存在被肢解为碎片，自由的整体性和全面性被忽略了。马克思主义人道主义应当以实践范畴为基础，在克服异化的过程中努力促进个体自由的全面实现。

二、个人幸福的社会条件

1961 年 9 月，沙夫参加了在日内瓦举行的第 16 届国际研讨会，会议主题为“幸福的条件”，沙夫是五位做专题报告的学者之一，也是唯一一位来自社会主义国家的哲学家。沙夫报告的题目是“个人幸福的社会条件”，这篇论文后来被沙夫收录在《人的哲学》一书中。

关于幸福的讨论是一个古老的话题，沙夫对个人幸福及其条件的理解是现实的，他从正反两个方面对幸福的内涵进行了分析：“(1)正面的理解，区分个体幸福的主观状况的内容，明确平等条件下拥有幸福的总和；(2)反面的理解，探究什么因素阻碍着个体的幸福，怎样才能克服这些障碍。”①前者是幸福的充分条件，后者是幸福的起码条件。从正面理解幸福，就意味着必须充分考虑不同的个体对幸福主观因素的规定，若想得到一个普遍有效的关于幸福的答案是不可能的。研究幸福的起码条件则不同，虽然这并不能保证个人的实际幸福，但是在社会层面上却可以为消除造成大多数人不幸福的根源提供理论参照，从而采取社会行动。幸福的起码条件侧重的是社会为个人提供的基本条件，相对而言更加具有客观性和普遍性，在操作层面上更加具有现实性。

研究个人幸福问题，首先应该关注它的社会条件。“所谓**社会的**，就这个词的双重意义来说：不仅是对于人的幸福和这种幸福的条件不从**特定的**个人方面去理解，而从**群众**方面去理解；而且指社会**活动**的可能性和必要性，这种社会活动的目的在于使所有的人都有幸福，即使不能保证如此，也至少要造成这种**可能**。”②在个人幸福的社会条件之中，沙夫强调社会一词有两层含义，一是强调主体的范围更广，二是强调尽可能从社会角度为个人的幸福创造条件。我们甚至可以在对幸福的一般性的、模糊的直观意义的基础上研究幸福的社会条件，只需要把幸福理解为个人在任何一种原因之下强烈感到的一种心满意足的状态就可以了，因为幸福与个人的主观体验相关，不同的主体之间对幸福的体验具有很大的差别，不能苛求给幸福下一个具有普遍适用性的定义，这并不影响我们研究人幸福的起码条件。

“每个人都按照自己的想法觉得幸福或者不幸。但是，虽然幸福感和不幸感都有主观性，虽然存在个体间的差异，但还是存在一些对所有人而言共同的因素。任何人，只要他在生活的某一阶段

① Adam Schaff, *A Philosophy of Man*, London: Lawrence & Wishart, 1963, p. 128.

② 亚当·沙夫:《人的哲学》，林波、徐懋庸、段薇杰等译，三联书店 1963 年版，第 141 页。

迫切需要的东西被剥夺了,他就不会是幸福的,而且总有一些事物是人人都需要的。这些事物如果被剥夺,会令所有人都不幸福,除了那些病态的人。这一事实符合所有人的观点和感受,除了那些相互冲突的个人怪癖之外。”①这种所有人都必不可少的需要,指的是一定社会发展阶段所决定的最低限度的基本需要,这些满足人的最基本的生存和发展的需要一旦被剥夺,就会造成真正而深刻的不幸,成为人们得到幸福的巨大障碍。使人普遍不幸的主要原因有饥饿、贫困、剥夺自由、民族压迫、经济剥削、种族歧视以及其他使人们在社会关系中失去与其他人平等的情况。无论是基本的物质生活资料被剥夺,还是自由和社会平等被剥夺,都能够让人们强烈地感觉到不幸福。它们是关系到个人生存的必要条件,有了这些条件确实不足以使人幸福,但是缺少了这些条件却足以使人不幸。这种类型的需要如果被剥夺,会激起人们的反抗和斗争,消除这些障碍虽然并不能保证使人得到幸福,但是这种斗争是争取幸福必不可少的。

还有一类条件的缺乏也能够使人感到不幸,例如一种不被接受的爱情,一种得不到满足的权力欲,或者得不到别人的尊敬,等等,这种类型的需要只涉及个人的主观感受或者个人与其他人之间的交往关系,社会无法干涉或者无法直接干涉。而第一种需要则可以通过社会的干涉——改造引起不幸的社会关系来消除个人痛苦的根源。“第一种类型的需要被剥夺,出现在几个世纪以来进步的社会运动的纲领中,虽然以不同的标题和名称出现,但是这些进步的社会运动的实质,都是为了人们的幸福创造更加有利的条件而斗争——或者,换句话说,为人的个性的发展创造更加有利的条件。在这种意义上,那些把个体幸福的必要条件的实现看作他们社会活动的目的的人,是最完美意义上的人道主义者。这种理解为我们提供了评价社会运动及其纲领的标准,也是评价不同人道主义的标准。”②个人幸福的社会条件关系到人道主义的基本纲领,能够在多大程度上消除造成普遍的个人不幸的社会根源,从而为实现个人幸福创造条件成为衡量人道主义类型和进步性的基本

---

① Adam Schaff, *A Philosophy of Man*, London: Lawrence & Wishart,1963,p. 130.

② Adam Schaff, *A Philosophy of Man*, London: Lawrence & Wishart,1963,pp. 131–132.

标准。

正是在这个意义上，沙夫指出了社会主义人道主义同其他类型的人道主义的区别：第一，社会主义人道主义把个人看作社会的产物，看作是特定的社会关系首先是阶级关系的产物。第二，社会主义人道主义是一种战斗的人道主义，它把自己的首要任务和目的规定为：为了实现理想而进行斗争。“科学社会主义实质上是一种人道主义，而这种人道主义的实质是它的个体幸福观。马克思主义的各个部分——它的哲学、政治经济学和政治理论——都服从这个实质。”①这段话明确地表达了沙夫对马克思主义的基本理解，也表达了沙夫对社会主义人道主义的本质概括，表明了他之所以把人类个体问题视为马克思和社会主义人道主义的出发点，就是为了最终实现个人的幸福。“因为马克思主义所有的理论工具都为一个实践目标服务，即为了更加幸福的人类生活而斗争。马克思在青年时代就是这样理解这个问题的，所以他说革命的哲学是无产阶级的思想武器，这也是理论与实践相统一的马克思主义基本原理的意义。这是幸福理论构成马克思主义的一种特殊形式的原因——它不是关于幸福的意义和幸福的主观构成的抽象的思考，而是一种改造社会关系的革命理想，它使得通过消除社会障碍从而为幸福生活创造条件成为可能。”②马克思主义人道主义是从反面来研究个人幸福问题的，它研究的是揭露那些幸福生活的障碍，并且决定消除这些障碍的方法。马克思主义主张通过社会变革消除饥饿和贫困，创造一种美好的、合乎人道的生活，对于民族压迫、宗教、种族迫害、歧视妇女、经济剥削等造成人们不幸的问题，同样需要通过社会变革去解决。马克思主义的社会理想的特别之处在于，“马克思主义不仅教导人们生活可以更幸福，而且指出如何实现更幸福；它组织和动员人们起来反抗那些妨碍他们幸福的东西。我们不承诺来世的幸福，而是满怀成功的信心为今世的幸福生活而斗争。马克思主义是一种政治理论，它包含着人道主义、道德和幸福”③。这就在实践意义上指出了马克思主义的现

---

① Adam Schaff, *A Philosophy of Man*, London: Lawrence & Wishart, 1963, p. 132.

② Adam Schaff, *A Philosophy of Man*, London: Lawrence & Wishart, 1963, pp. 132 – 133.

③ Adam Schaff, *A Philosophy of Man*, London: Lawrence & Wishart, 1963, p. 134.

实性，是对马克思关于“改变世界”的深刻理解。

马克思主义进行政治革命和社会改革的根本目的就是为了创造实现个人幸福的社会条件，“我们的幸福理论是一种关于幸福所必需的社会条件的理论，在这种条件下，每个个体能否享受到完全的幸福，取决于个体自身。对每个人都承诺幸福是不可能的——也就是说，不可能保证把幸福拱手奉上；但是，为所有人的幸福创造适合的条件却是可能的。马克思主义社会主义把注意力都集中在创造使人幸福的社会条件上”①。两种意识形态的差别对立会在较长的一段时间内继续存在，关于人道主义的争论就会继续存在，“和平共处条件下的竞争，将会越来越多地在意识形态领域展开，主要通过向人们提供各种各样关于幸福生活的观点。这种斗争的结果，将会使不同类型的人道主义之间的争论呈现出更加清晰的形式”②。因此，社会主义人道主义理论的建构就具有特别重要的理论意义和现实意义，确立了我们的人道主义原则，一方面能够为社会主义自身的发展提供根本依据，另一方面也为我们批判资本主义社会、同资产阶级的意识形态进行斗争提供有力的武器。“从这种观点来看，有两个问题特别重要，是否有某种完全可靠的方法使人能够从社会的罪恶中获得解放？实践中是否已经有一些实例足以说服那些质疑着的人，证明这些方法是切实可行的？社会主义人道主义掌握这类方法，也掌握它们的有效性在实践中的证据；这构成了它的力量，以及它成功的秘密所在。”③沙夫把个人幸福论作为社会主义人道主义的落脚点，以坚定的马克思主义立场表明了社会主义的核心价值和根本原则，在当代两种制度对立的背景下应坚持和发展马克思主义人道主义理论，这是社会主义生命力的源泉所在。

从 20 世纪的现实状况来看，当时两个超级大国的军备竞赛直接构成了对整个世界的潜在威胁，沙夫也表达了对战争的担忧，幸福应该在和平的前提下实现，“最后，在不同的人道主义构想中，和平问题是需要公民表决的重大问题。……普遍裁军乃是摆脱今天

---

① Adam Schaff, *A Philosophy of Man*, London: Lawrence & Wishart, 1963, p. 134.

② Adam Schaff, *A Philosophy of Man*, London: Lawrence & Wishart, 1963, p. 137.

③ Adam Schaff, *A Philosophy of Man*, London: Lawrence & Wishart, 1963, pp. 137 – 138.

人类面临困境的唯一理性的方法”[①]。在其他著作中,沙夫还对核武器有可能造成的毁灭性灾难深感忧虑,这种极端的异化形式构成了对整个人类生存的巨大现实威胁。我们这个时代拥有实现个人幸福的现实基础,也面临着巨大的生存挑战,沙夫对人类社会未来的发展总体上还是乐观的,他相信社会主义人道主义对实现人类幸福所具有的现实推动力量,“我们生活在一个美好的时代,在这个时代里,个体的幸福问题以及实现它所必需的条件问题,已经超越了空谈的王国和哲学思辨的阶段,而进入了具体的斗争阶段和实践的现实化阶段。这个事实应当使所有真正的人道主义者满心欢喜”[②]。沙夫坚信社会主义能够为实现个人幸福创造必要的社会条件,并谨慎地探讨了幸福的客观性。

联系沙夫有关个体自由问题的论述,可以看出他的出发点是对社会主义制度的人道主义本质进行阐述,并且仍然是以人的问题为核心,从社会的角度考察应当如何为实现个体自由和幸福创造条件,个体幸福问题是他的社会主义人道主义理论体系的有机构成部分。沙夫已经意识到幸福还受主观条件的制约,他把幸福的主观条件归结为个人体验的差异,这种理解有一定的局限性。沙夫没有明确阐述个体自由与个人幸福之间的关系。个体自由是个人幸福的前提和基础,个体自由的实现程度直接影响着个人幸福,个人幸福侧重反映个体自由的实现程度,侧重现实结果和自我评价,而个体自由是一个动态的发展过程。社会主义以个体自由的实现为目的,个体自由和发展表现为一个过程,既受客观条件制约,又受主观条件的限制。弗洛姆的自由观比较全面地考察了个体自由的主客观条件,他的积极自由理论对我们理解个人幸福与个体自由之间的关系具有很大的启发性。除了社会制度对个体自由的影响,个人对自由的主观自觉和积极行动也很重要,在这个意义上,影响个人幸福的具体因素虽然各不相同,但是个人幸福的获得还与个人积极主动的行动有关,个人幸福的主观条件的共性在于通过主体积极主动地参与和行动达到自我实现。如果幸福可以区分为主动获得的幸福和被动得到的幸福,个体自由无疑与前者

---

① Adam Schaff, *A Philosophy of Man*, London: Lawrence & Wishart, 1963, pp. 138 – 139.

② Adam Schaff, *A Philosophy of Man*, London: Lawrence & Wishart, 1963, p. 139.

密切相关。亚里士多德把幸福定义为最高的善，强调幸福是合乎德性的现实活动，他从伦理学的角度阐述幸福，把幸福视为道德实践的结果。人的自由和发展是全面的，人的总体性生成不仅包括道德伦理方面，而且还涉及政治、经济、思想、文化等各个方面。在全面参与社会生活的过程中，在社会为个体发展创造必要的客观条件的前提下，人只有通过个体的积极行动才能真正获得幸福。因此，个人幸福是个体自由的反映，受个体化进程的发展程度影响，是衡量现代社会和未来社会发展状况的客观尺度与最终目标。

虽然苏东剧变使社会主义事业遭遇到重大的挫折，但是中国的社会主义实践却以独特的方式开辟了马克思主义新的发展道路和发展模式，当我们把以人为本作为社会主义发展的核心理念时，就自然而然地与沙夫的社会主义人道主义形成了呼应，我们确信，社会主义发展和人道主义实践都将以个体幸福的实现程度为根本标准。

沙夫于20世纪60年代初期确立了社会主义人道主义立场，促使他转向人的问题研究的直接理论原因是萨特的存在主义思潮在波兰的盛行。沙夫批判萨特的存在主义是脱离社会和历史的主观主义与自然主义，但是充分肯定了人的问题的重要价值。青年马克思把个体的人的地位和价值作为理论出发点，深刻地批判资本主义条件下人的异化状态，并且明确提出了以人的自由、解放和全面发展为最终目的的共产主义理想和人道主义目标。但是在马克思主义后来的发展过程中却逐渐忽视并远离了人的问题，这是因为大量的现实政治问题把人的问题排挤到次要的地位，从而使这一理论空白点被其他派别所占据。因此，马克思主义必须深入研究人的问题，揭示当代人面临的生存困境，回答生活的意义，为实现个人的幸福创造条件。

社会主义人道主义是马克思主义人道主义思想的当代理论形态，它以人类个体为核心范畴，以个体的人的全面发展为出发点和最终目的，在具体的、历史的社会关系中考察人类个体的生存境遇，主张通过实践活动消除现存社会的各种异化现象、消灭剥削和压迫，实现个体的自由、解放和幸福。社会主义人道主义既是一场现实的运动，又是一种社会批判理论。从人类个体的角度来看，社会主义人道主义本质上是一种幸福论，“人道主义的目的就是把最大限度地扩大个体自由,作为实现人的个性最充分发展的手段”,这就要求在社会层面不断推进民主化进程,为个体幸福创造必要的社会条件。

马克思主义本质上是彻底的人道主义,马克思主义哲学确立了人道主义的价值目标,政治经济学是分析异化现象的现实基础,社会主义和共产主义理论是消除异化和消灭剥削制度的政治解决方案与现实途径,马克思主义是一个完整丰富的有机整体。在20世纪两种制度对立的背景下,沙夫的社会主义人道主义理论是对马克思的人道主义思想的继承和发展,他全面阐述了社会主义人道主义的理论内涵,把人的问题的研究推进到人类个体层面。

第三章　发达资本主义条件下的异化批判

异化理论是马克思真正的极为重要的思想，是马克思主义理论和革命实践活动的重要支柱之一。

——亚当·沙夫

20世纪60年代，沙夫通过《人的哲学》和《马克思主义与人类个体》两部著作，对存在主义进行批判，对马克思早期著作的人道主义思想进行挖掘和阐释，立足于当时的国际政治环境，从东欧和波兰的社会主义现实出发，系统阐述了社会主义人道主义的基本理论，建立了马克思主义人道主义理论的新形态。沙夫以人类个体概念为核心来解读青年马克思的人道主义思想，从现实的个体的存在出发，以全面发展的人为理想和参照，对照现实中个体的存在状态展开批判和分析，通过政治经济学解剖资本主义制度的本质和矛盾，揭示异化现象产生的根源，并且指明了消除异化，实现人的自由和解放的具体道路。马克思思想的人道主义本质是建立在对他全部思想的整体把握基础上得出的，这种理解也直接影响了沙夫思想的发展和走向，人的问题与异化问题密切相关，在《马克思主义与人类个体》中，沙夫就已经初步探讨了异化问题，20世纪70年代他更加关注异化理论，1980年沙夫出版了《作为社会现象的异化》一书，针对资本主义社会的异化现象和社会主义社会的异化现象，沙夫都进行了深入的分析和系统的研究。对异化理论的全面阐述，是对社会主义人道主义理论的推进和发展。人道主义理论本质上是一种社会批判，站在马克思主义立场上，沙夫首先要批判的就是当代资本主义的异化现实。

第一节　异化理论的现代阐释

异化问题在20世纪中期二战以后开始受到关注，这与存在主义的影响有关。存在主义揭示了个体的人在现代社会面临的困境和遭遇，孤独、痛苦、虚无、焦虑、悲观、绝望等感受表达了现代社会对个人造成的种种压迫和扭曲，技术的进步与异化的加剧成正比，现代人陷入了前所未有的忧虑和恐惧之中，存在主义思潮尖锐地指出了现代社会的问题所在，引起了广泛的共鸣。20世纪的社会现实引发了理论界的反思，各种思想流派纷纷从不同角度展开了对现代社会的批判，马克思的异化理论再度成为理论热点，这是时代问题在哲学理论上的反映。

沙夫作为一名哲学家和政治家，始终是坚定的马克思主义者。他的哲学研究与政治信念具有高度的一致性，对他而言，研究哲学问题是为了解答现实的政治需要。在《作为社会现象的异化》一书的开篇，沙夫就表明了他研究异化问题的目的："这本书主要不是为'正统的'马克思主义者写的，但是，毫无疑问，正是由于马克思主义者们未能认识和理解异化理论的意义与作用，才促使我写这本书。本书主要是写给所有对异化理论感兴趣的人们，尤其是那些本应对异化理论感兴趣或重视却没有做到的马克思主义理论家。我特别写给那些政治活动家，那些公开宣称他们是自觉地根据马克思主义行动的政治家。换句话说，这本书研究的是马克思主义理论，但是其主要目的是政治上的。"①这段话清楚地表明，沙夫研究异化理论一是针对以苏联为代表的正统马克思主义在理论上的教条主义和思想僵化，二是满足社会主义政治实践的需要。在序言里，沙夫还明确指出了异化理论在马克思主义中的重要地位，"我的意图很清楚：我首先是为马克思主义者写的，就是要在他们中间宣传马克思主义思想。我的任务有二：第一，我想说明，异化理论是马克思真正的极为重要的思想，而不是马克思不成熟的

① Adam Schaff, *Alienation as a Social Phenomenon*, New York: Pergamon Press, 1980, p. 1.

思想;第二,我想说明,异化理论是马克思主义理论和革命实践活动的重要支柱之一”①。异化理论如此重要,当然要进行深入的研究,并且运用它来批判我们面临的时代问题。

一、异化概念的历史变迁

作为一种现象的异化在阶级社会的初期就出现了,但是把异化现象提到理论的高度加以分析和研究,却是近代的事。异化的英文词 alienation 是德文词 entfremdung 的翻译,英文词 alienation 来源于拉丁文 alienatio,含有转让、疏远、脱离等意思。沙夫详细地考察了异化概念的发展过程,根据波兰学者南森·罗登斯瑞克(Nathan Rottenstreich)的考证,“希腊文 alloiosis 一词出现在柏拉图《理想国》中,但是作为沉思学说的一部分”②。奥古斯丁把这个词翻译成了 alienatio,意思是让渡。沙夫概括了中世纪基督教神学中异化一词的三重含义:其一,与希腊文神学概念 Kenosis(虚己)有关,动词形式为 ekenosen,指耶稣放弃神性,降生为人并受死遭难;其二,指精神在沉思和狂喜状态下脱离肉体与上帝合一;其三,指罪人与上帝疏离。③ 这些内涵后来在德语中引出了外化概念。文艺复兴以来,异化逐渐发展为法律、政治学和哲学范畴。格劳修斯用 alienatio 这一拉丁概念表达权利转让之意,霍布斯提出国家权利是个人自然权利的异化,这也是在转让的意义上使用异化概念。

作为哲学范畴的异化与卢梭、黑格尔、费尔巴哈和马克思有关。首先触及异化实质的理论是社会契约论。卢梭在《社会契约论》中用 alienation 一词解释国家权力的起源,他认为个人的权利和自由是不能转让的,私有财产和社会不平等出现以后,人们通过订立社会契约而放弃这种权利和自由,转让给国家,但是国家反而依靠暴力加剧了社会不平等,这就把社会契约异化了。卢梭还批判了人的劳动及其产品变成异己的东西这一不合理的现实,指出私

① Adam Schaff, *Alienation as a Social Phenomenon*, New York: Pergamon Press, 1980, p. 8.

② Adam Schaff, *Alienation as a Social Phenomenon*, New York: Pergamon Press, 1980, p. 26.

③ Adam Schaff, *Alienation as a Social Phenomenon*, New York: Pergamon Press, 1980, pp. 25 - 26.

有财产和不平等是对自然状态的背离。卢梭在经济、政治及人与自然关系等方面都深化了异化概念的内涵，他的异化理论为德国古典哲学的异化理论提供了重要的思想材料。沙夫指出，“卢梭的《社会契约论》起了关键作用，其中的异化概念影响了马克思”①。从时间的角度来看，卢梭的异化概念应该首先影响了黑格尔，然后才影响了马克思，可以说卢梭开启了异化思想的哲学时代，而且“卢梭已经在接近这个词的现代意义上发展了异化概念”②。沙夫还从人与自然关系的角度评价了卢梭的影响，“卢梭关于人与自然关系的观点在这方面特别有意义，在《爱弥儿》中卢梭指出，文明使人腐化，与自然的背离使人堕落，人变成自己造物的奴隶，城镇的发展和人为的需求产生了消极的影响。关于人与自然关系的这一异化主题被马克思主义再次阐发了”③。人与自然关系是异化中的一个重要问题，这是沙夫很感兴趣的一个热点，其中透露出他从异化研究走向生态社会主义的理论线索。

德国古典哲学将异化提到了哲学的高度，它的含义被进一步扩展和加深了。德国哲学中的异化（Entfremdung）概念，其词根 fremd 的意思是“异己的”。与异化概念相关的还有一个词 Entäusserung，其词根 äusser 意思是外在的、疏远的。因此 Entäusserung 译为外化。Entfremdung（异化）与 Entäusserung（外化）都有从某一主体外化、分离出去之意，但 Entäusserung 仅仅是从某种主体产生出另一个东西，亦即外化，而 Entfremdung 还含有异己之意，意即从某一主体产生出来的东西反过来变成了压迫、奴役主体的力量。沙夫指出，德文“异化”一词的发展与马丁·路德对《圣经》的翻译有关，“希腊文本用的是动词 ekenosen（虚己），拉丁文《圣经》翻译为 exinavit，而路德在德文中用的是 hat sich gesäussert（literally ‘emptied’ himself）（按照字面翻译成汉语：‘虚己’）。黑

① Adam Schaff, *Alienation as a Social Phenomenon*, New York: Pergamon Press, 1980, p. 27.

② Adam Schaff, *Alienation as a Social Phenomenon*, New York: Pergamon Press, 1980, p. 27.

③ Adam Schaff, *Alienation as a Social Phenomenon*, New York: Pergamon Press, 1980, p. 27.

格尔的 Entäusserung(外化)一词是从路德的翻译借用而来的名词”①。与沙夫的梳理有所不同,我国一学者提出另一个论据:“德语 Entfremdung 一词译自希腊文 allotriôsis,意为分离、疏远、陌生化。它是由马丁·路德于 1522 年在翻译圣经时从希腊文《新约全书》移植到新高地德语中的,用来意指疏远上帝、不信神、无知。例如,路德翻译的《新约》(Eph. eserbrief4,18)中有如下文字:‘……deren Verstand verfinstert ist,und die entfremder sind, von dem Leben, das aus Gott ist……’(‘……他们的理智昏乱了,与源自上帝的生命异化了……’)”②这两种理解尽管选取了路德的不同表述,但是都明确了德文异化一词与路德对《圣经》的翻译有密切的联系,同时也表明异化的哲学内涵是基于德语的理解演化而来的。费希特并没有直接使用异化概念,但是他经常从哲学的高度用外化来揭示异化的含义,当自我外化为非我时,原来与自我同一的东西就变成了异己的东西。

沙夫对黑格尔的异化思想进行分析时,特别指出黑格尔的异化概念继承了经院哲学的理解,并且强调在黑格尔那里异化与外化是有区别的。黑格尔的异化思想最初表现在对基督教的实证性的批判中,他指出,基督教的实证性就是指人创造出来的基督教变成了一种僵化的反过来压迫人的异己力量。《精神现象学》中的异化理论发展到了高峰,黑格尔把异化作为核心概念来论证自然、社会、历史等的辩证发展。绝对观念外化为自然界,之后进入人类社会,经过一系列的发展后又重新回复到自身,这个发展过程就是异化和非异化的过程,异化就是思维的外化,非异化就是由对象返回精神。黑格尔的异化思想十分丰富,他提出历史上各种人奴役人的关系都是人与人之间关系的异化,还探讨了劳动的异化问题。黑格尔的异化概念还经常泛指绝对精神外化为对象世界,异化在这个意义上就有对象化和客观化的特征,沙夫对此予以充分的肯定,“黑格尔对异化概念的客观性特征的强调,从马克思的分析来看是特别重要的:重要的不是人主观地体验到他与现实的关系异化了,而是现实变成了与人相异化的。无论是对马克思的异化理

① Adam Schaff, *Alienation as a Social Phenomenon*, New York: Pergamon Press, 1980, p. 25.

② 侯才:《有关“异化”概念的几点辨析》,载《哲学研究》2001 年第 10 期。

论而言，还是对黑格尔的异化理论而言，这都是一个重要的结论，与出现在存在主义中的主观的异化概念形成了对照”①。黑格尔的异化观是建立在客观唯心主义基础上的，他虽然把异化视为发展的中介，但是没有明确地区分对象化和异化，往往把任何对象化都当作异化看待，这些方面反映了他的异化理论的局限性。

在黑格尔之后，费尔巴哈力图从唯物主义观点阐述异化。费尔巴哈第一个把异化概念运用于考察人的本质，并把它与人道主义联系起来。他认为，异化的主体是感性存在的人，理性、意志、情感是人的本质。基督教中的上帝是人的本质的异化，是理性迷误的产物。不是上帝创造人，而是人创造上帝。人创造了上帝，却让上帝支配、统治自己。因此，必须批判和否定宗教，把人的本质归还给人，也就是人道主义的实现。费尔巴哈的异化概念以感性的人为出发点，这就超越了黑格尔的客观唯心主义立场，具有唯物主义的内容。但是，费尔巴哈的异化观有很大的局限性，他没有看到宗教异化的社会历史根源，而且他把异化概念的范围缩小到宗教异化这样一种形式，黑格尔异化思想中许多深刻的内容都被他忽略了。

许多学者都认为马克思的异化思想主要体现在他早期的著作中，但是沙夫认为异化概念贯穿于马克思的全部著作之中，根据异化概念的表达方式和涉及的内容，他把马克思的著作分为三类，分别进行了考察。需要注意的是，沙夫并不是按照马克思著作的时间先后顺序来分析的，刚好相反，他把马克思的后期著作放在最前面。为了更好地了解马克思异化思想的发展脉络，我们的讨论还是从马克思的早期著作开始。

第一类：《1844 年经济学哲学手稿》中的异化理论。

无疑，《1844 年经济学哲学手稿》中的异化思想最为人所熟知，其中有大量关于异化问题的论述，我们通常都把焦点放在马克思对异化劳动四个方面的分析上，沙夫却从他所关注的四个问题入手进行分析。“马克思的早期著作中的异化问题比比皆是，我的讨论仅限于《手稿》。一是因为马克思的异化理论在其中出现得最丰

① Adam Schaff, *Alienation as a Social Phenomenon*, New York: Pergamon Press, 1980, p. 30.

富，二是因为在这一著作中我们能发现出现在后来发展了的马克思的异化理论的思想倾向的雏形。在众多问题中，我会具体关注以下四个：在《手稿》中马克思对'异化'和'自我异化'的理解是什么？异化和自我异化的起源是什么？马克思区分了什么异化形式？怎样克服异化？"①存在主义把异化归结为心理上的自我异化，这种主观化的理解根本不能反映《1844 年经济学哲学手稿》中异化理论丰富的内涵。

马克思从英国古典政治经济学家和黑格尔那里受到启发，认为人的异化归根结底是劳动的异化。张奎良教授深刻地指出了异化劳动概念在马克思思想中的重要地位："只有把人的异化最终地归结为劳动的异化，才能展示人的异化的秘密，从而揭示出社会不平等的根源。马克思正是从政治经济学出发，分析了人类生存的基础即劳动对人的实际作用，才揭示了人的异化的实质，提出了一个崭新的概念——异化劳动的概念，从而在历史上第一次确定了异化概念的严格的确切的含义，赋予这个概念以社会经济的实在内容，树立了一个正确研究资本主义社会的新起点。"②异化劳动概念标志着马克思已经超越了黑格尔和费尔巴哈的哲学，完成了从唯心主义到唯物主义、从民主主义者到共产主义者的转变。异化劳动理论主要包括四个方面的内容：劳动产品与劳动者相异化；劳动活动本身与劳动者相异化；人的类本质与人相异化；人与人相异化。其中劳动活动本身的异化及人的本质的异化是最重要的，劳动产品的异化和人与人关系的异化是其结果和表现形式。在《1844 年经济学哲学手稿》中，马克思进一步指出异化劳动是私有制运动的结果，还涉及异化与对象化的区分、异化与自我异化的区分，以及商品拜物教概念的萌芽。在一年后的《德意志意识形态》中，马克思用分工来解释私有制的产生，异化则是分工的后果之一。

第二类：《德意志意识形态》和《神圣家族》中的异化概念。

这两个名篇几乎是同一时期的作品，沙夫特别指出了他与阿

---

① Adam Schaff, *Alienation as a Social Phenomenon*, New York: Pergamon Press, 1980, pp. 48－49.

② 张奎良：《马克思的哲学思想及其当代意义》，黑龙江教育出版社 2001 年版，第 58 页。

尔都塞的不同理解方式,“对阿尔都塞声称的存在于这两部著作之间的断裂,我不予理睬,我没发现这种断裂,而只看到了一条发展的线索”①。进行文本分析时,沙夫试图找到马克思后来放弃异化这一概念的原因。他的解释是,在《共产党宣言》里,马克思嘲笑德国著名作家在法国人对货币关系的批判下面写上“人的本质异化”是哲学胡说,为了避免误解,马克思对异化概念的使用就比较慎重了。“如果在《德意志意识形态》中他选取含有异化的引文,那么带着嘲讽来使用这个词是为了让哲学家们理解,这并不表明他拒绝异化理论,而只是针对哲学家们抽象地运用异化这一特定倾向。”②在《德意志意识形态》中,马克思用固定化分工来阐述异化理论。

> 最后,分工立即给我们提供了第一个例证,说明只要人们还处在自然形成的社会中,就是说,只要特殊利益和共同利益之间还有分裂,也就是说,只要分工还不是出于自愿,而是自然形成的,那么人本身的活动对人来说就成为一种异己的、同他对立的力量,这种力量压迫着人,而不是人驾驭着这种力量。……社会活动的这种固定化,我们本身的产物聚合为一种统治我们、不受我们控制、使我们的愿望不能实现并使我们的打算落空的物质力量,这是迄今为止历史发展的主要因素之一。受分工制约的不同个人的共同活动产生了一种社会力量,即扩大了的生产力。因为共同活动本身不是自愿地而是自然形成的,所以这种社会力量在这些个人看来就不是他们自身的联合力量,而是某种异己的、在他们之外的强制力量。关于这种力量的起源和发展趋向,他们一点也不了解;因而他们不再能驾驭这种力量,相反地,这种力量现在却经历着一系列独特的、不仅不依赖于人们的意志和行为反而支配着人们的意志和行为的发展阶段。
>
> 这种“**异化**”(用哲学家易懂的话来说)当然只有在具备了两个**实际**前提之后才会消灭。要使这种异化成为一种“不堪忍受的”力量,即成为革命所要反对的力量,就必须让它把

① Adam Schaff, *Alienation as a Social Phenomenon*, New York: Pergamon Press, 1980, p. 45.

② Adam Schaff, *Alienation as a Social Phenomenon*, New York: Pergamon Press, 1980, p. 46.

人类的大多数变成完全“没有财产的”人，同时这些人又同现存的有钱有教养的世界相对立，而这两个条件都是以生产力的巨大增长和高度发展为前提的。[①]

这段著名的引文不仅从社会发展的角度分析了异化，而且表明了马克思对异化这个概念的使用与以往的哲学家们的不同，他从物质生产及社会分工的角度赋予异化新的社会历史内涵，超越了抽象的精神思辨。我们还可以看出马克思进一步深化了《1844年经济学哲学手稿》中的异化理论，把私有制的产生与分工联系起来，并把异化的终极原因归结为低下的生产力，明确指出从根本上消除异化只能以生产力的巨大增长和高度发展为前提。在马克思的思想中，异化概念的主体不是抽象的观念，而是苦难深重的无产阶级，在资本主义社会里，消灭私有制从而消灭异化是与无产阶级的解放密切相关的，因此，马克思称共产主义是一种消灭现存状况的现实运动。沙夫强调这里的异化是客观的，指人类劳动的产品与人相异化，而之前的《神圣家族》中，马克思在自我异化的意义上使用异化一词，“有产阶级和无产阶级同是人的自我异化”[②]。这就揭露了资本主义社会中异化的阶级实质。

第三类：《资本论》和《政治经济学批判大纲》中的异化思想。

《资本论》和《政治经济学批判大纲》被视为马克思成熟时期的著作，沙夫强调在这两部著作中马克思时常直接或者间接地使用异化概念。在《资本论》中，“我们会发现在一些段落中‘异化’一词被用来描述某种社会关系，更重要的是，我们也会发现详尽阐述其理论时使用异化理论来分析社会关系，即使‘异化’一词并不直接出现”[③]。比如，马克思在《资本论》第一卷第十三章中指出机器和大工业的发展使劳动产品与工人相异化；第二十三章批判了资本主义体系对工人的扭曲；等等。

可见，资本主义生产方式使劳动条件和劳动产品具有的与工人相独立、相异化的形态，随着机器的发展而发展成为

---

① 《马克思恩格斯选集》第1卷，人民出版社1995年版，第85~86页。

② 《马克思恩格斯全集》第2卷，人民出版社1957年版，第44页。

③ Adam Schaff, *Alienation as a Social Phenomenon*, New York: Pergamon Press, 1980, p. 38.

完全的对立。①

我们在第四篇分析相对剩余价值的生产时已经知道，在资本主义体系内部，一切提高社会劳动生产力的方法都是靠牺牲工人个人来实现的；一切发展生产的手段都变成统治和剥削生产者的手段，都使工人畸形发展，成为局部的人，把工人贬低为机器的附属品，使工人受劳动的折磨，从而使劳动失去内容，并且随着科学作为独立的力量被并入劳动过程而使劳动过程的智力与工人相异化……②

此外，《资本论》中马克思关于商品拜物教的分析，关于自由王国与必然王国关系的论述，关于资本作为异化了的社会权力的揭示等内容都直接或者间接包含着异化思想，沙夫的理解是有道理的。

沙夫还强调《政治经济学批判大纲》对理解《资本论》有重要作用。其中同样有许多关于异化思想的表述，比如货币作为交换的媒介反映了人与人的关系被客体化为物与物的关系，货币成为社会财富是因为个体使自身与他们的社会关系相异化，等等。成年马克思著作中关于异化思想的表述非常丰富，"当各种思想和线索汇集起来时，当整个轮廓得以重建时，这一理论就呈现出它的博大精深：异化的释义，对它历史特征的分析，异化与对象化、物化之间的关系，商品拜物教的雏形，等等。这是个丰富的理论，同《1844 年经济学哲学手稿》相比，它更加丰满，因为以具体的经济分析为基础"③。沙夫强调他只选取了马克思成熟时期的部分著作中有关异化思想的描述，"但即使这种有限的展示也足以表明异化概念不是'前马克思主义的'，而是在《资本论》思想的总体结构中占有一席之地"④。

关于异化理论在马克思思想中的地位和作用，俞吾金教授与沙夫持相近的观点，他认为马克思一生都使用异化概念，他与沙夫一样把马克思的异化概念发展分为三个阶段，第一阶段主要包括

① 《马克思恩格斯全集》第 23 卷，人民出版社 1972 年版，第 473 页。

② 《马克思恩格斯全集》第 23 卷，人民出版社 1972 年版，第 707 ~ 708 页。

③ Adam Schaff, *Alienation as a Social Phenomenon*, New York: Pergamon Press, 1980, pp. 44 – 45.

④ Adam Schaff, *Alienation as a Social Phenomenon*, New York: Pergamon Press, 1980, p. 45.

从博士论文到《1844年经济学哲学手稿》期间的著作，第二阶段主要包括从《神圣家族》到《共产党宣言》期间的著作，第三阶段是从《1857—1858年经济学手稿》到《资本论》期间的著作。俞吾金教授强调在第二个阶段发生了根本性的视角转换，“青年马克思是从‘道德评价优先’的视角出发去看待异化现象的，而成熟时期的马克思则是从‘历史评价优先’的视角出发去看待异化现象的”①。他的结论是，异化概念在马克思的历史唯物主义理论中的地位是实质性的、基础性的。张奎良教授对此持不同观点，他认为成熟时期的马克思不再把异化概念当作出发点，而是作为马克思主义哲学和经济学中的一个具体内容，马克思一度放弃异化概念是为了避免思辨哲学造成的不必要的误解。“而当马克思在经济学上创立了剩余价值学说，在哲学上创立了历史唯物主义以后，一条新的道路开辟出来了。这时，剩余价值、商品拜物教、生产力、生产关系、阶级斗争、社会革命等一系列崭新的科学概念担负起异化概念的职能，对异化概念的内容做了最深刻的揭示。”②笔者认为，两位学者的观点差异在于异化概念的使用方式，在本质上，他们都认为异化思想贯穿于马克思一生的理论研究，他虽然一度放弃使用异化概念，但是从未放弃过对异化问题的思考。从表面形式上看，马克思的著作中对异化概念的使用虽然前后有变化，但是在内容上却是始终关注对异化现实的批判，并不断发展和深化对异化理论的研究，以更加宽广的视野加以阐述和论证。

马克思继承了前人的异化思想，在社会历史视野下确立了异化理论的唯物主义基础，将异化理论发展到了一个新的历史高度。异化思想是马克思全面批判资本主义制度下的各种问题的理论工具，共产主义就是马克思设定的克服了异化现象的社会制度。更为重要的是，对社会主义制度下的异化问题的分析和研究迫在眉睫，每一位真正的马克思主义者必须高度重视。“我希望我已经使我的读者们信服了，异化理论不仅仅是马克思理论的一个组成部

① 俞吾金：《从康德到马克思——千年之交的哲学沉思》，广西师范大学出版社2004年版，第295～296页。

② 张奎良：《马克思的哲学思想及其当代意义》，黑龙江教育出版社2001年版，第83页。

分，而且是一个重要的部分。”①总之，沙夫把异化理论作为马克思主义人道主义的重要组成部分，不理解这一理论就不能把握马克思主义的全貌。

二、异化理论的概念体系

沙夫在语义学方面的研究颇有建树，他是一位哲学家，同时也是语言学家，20 世纪 60 年代初他出版了《语义学引论》，20 世纪 70 年代初他又出版了《语言与认知》。语义学领域的探索为沙夫的哲学研究提供了一种方法论，无论是对人类个体概念的剖析，还是对异化概念的梳理，都体现了他的这种严谨细致的治学风范。对于异化这样一个有着深厚的思想传统，又经历了复杂的发展变化的概念，必然要进行深入的解读。但是沙夫已经表明了以政治需要为研究目的，在解读马克思异化理论的过程中，他更加注重自己思想的表达。“作为一个忠诚的马克思主义者，我希望写一本马克思主义关于异化的书。我的目的不是忠实地复述马克思的著述，而是根据马克思主义经典著作，分析马克思提出的异化问题，以马克思主义和发展着的社会现实为前提，充分自由地发展我的思想。”②所以沙夫对马克思异化概念的评述在很大程度上是一种解释学。

在《作为社会现象的异化》一书中，沙夫对马克思异化理论进行了系统的梳理，将马克思不同时期的著作中涉及异化的概念进行了总结，分三个层次加以对比分析。

第一，异化和自我异化。

这个问题无疑是异化理论的核心部分，沙夫非常强调马克思著作中出现的这两个概念的区别，他把异化理解为客观的关系，把自我异化理解为主观的关系。这种理解与通常的理解不同，也引起过争议。沙夫从以下几个方面进一步展开了深入的分析。

异化的定义：沙夫指出，马克思从《1844 年经济学哲学手稿》时期开始，就注重从客观的方面分析异化，“异化首先是指一种客观关系，在这种关系中，人的产物，包括宗教、意识形态、国家、商品等

① Adam Schaff, *Alienation as a Social Phenomenon*, New York: Pergamon Press, 1980, p. 82.

② Adam Schaff, *Alienation as a Social Phenomenon*, New York: Pergamon Press, 1980, pp. 16 – 17.

等,使自身与人相疏离,即摆脱了人的控制,变成了与人相对立、统治人的独立的力量”①。之所以强调这一点,是因为二战前后当时广为流行的存在主义文学作品中,对现代社会异化了的人的刻画都只注重主观方面的描述,这就造成了一种异化只与人的主观感受有关的错觉,这对马克思的异化理论是一种曲解。沙夫始终站在马克思主义立场上,把存在主义当作理论论战的对象,他非常关注现代哲学的理论发展,在研究过程中始终怀有一种政治使命感,总是把批判与论证结合起来。《作为社会现象的异化》一书是1980年出版的,1983年在他发表的论文《异化和社会行动》中再次给出了异化的定义,相比之下,这个定义表达得更加清晰:“异化就是指这样一种作用过程,在那里,由于现存的社会关系,人的物质的或精神的产品独立于产品创造者的意志和设计自发地起作用,阻碍人们实现自己的意图和目的,几至危及他们的生存。”②

马克思的德文异化概念辨析:马克思的著作中出现的有关异化的德文术语主要有三个:Entfremdung(异化)、Entäusserung(外化)与Veräusserung(外在化)。德语中这三个词在其他语言中没有适当的对应词,我们不能确定马克思是在同义词意义上使用,还是想通过它们的区别来扩大这些词所表达的内涵。在前面的梳理中我们已经明确了德语异化概念与英语异化概念有各自的来源和发展过程,但是沙夫的语义学分析仍然很有独到之处,有一定的参考价值。沙夫从词源上对这三个词分别进行了分析,其中Entäusserung的原义是使自己倒空,或是失去某种特性,源自神学术语“虚己”,指神放弃神性化身成人。Veräusserung意思是去掉,出卖,转让权利给他人,源自自然法学派,并与拉丁文中的法律词语alienatio一致。Entfremdung意思是estrangement(疏远,分离),变得陌生,这个词也源自神学教义,指在入迷状态下人与自己疏远,或者在宗教戒条冲突时人与上帝疏远。但是这个词在德国古典哲学,特别是黑格尔和费尔巴哈那里获得了最为丰富的内涵。马克思早期经常区别使用Entfremdung和Entäusserung,但是有时他也把它们通用,有时又故意给它们加上隐含的意义,这就给解释和

---

① Adam Schaff, *Alienation as a Social Phenomenon*, New York: Pergamon Press, 1980, p. 58.

② A. 沙夫:《异化和社会行动》,载《哲学译丛》1983年第5期。

翻译马克思带来了相当多的困难。这三个词不能译成同义的，“我们应该努力在每一种语言中找到与之对等的词，而不是简单地用alienation解决。单词alienation对应的不是Entfremdung，而是Veräusserung”①。沙夫认为将德语Entfremdung翻译为alienation是受存在主义的影响，而且这种错误的表达对异化概念和其他同义词而言都变得非常重要了。

异化和社会发展的自发性特征：“异化是这样一种社会关系，在给定的社会结构下，人类活动的产物以一种人类非计划的方式发生作用，把它们自己变成一种自发的力量，取代人类既定目标的实现，并且统治着人。”②处于各种社会条件下的人类个体、群体、国家、民族以及整个社会都有目的地朝向某种既定的目标前进，但是他们活动的结果却并不符合他们的初衷，甚至与他们期待的结果相反。沙夫关于这个问题的分析是比较深刻的，各种哲学流派都以对各种具体异化现象的分析见长，但是较少涉及整个社会进程的异化特征，如果说近现代以前的历史表现为一定的自发性特征，那么工业文明以来的历史进程的异化特征就更加明显。人类能动性的增强与异化的加剧成正比，以技术理性为主要标志的普遍的异化现象使人类越来越感觉到无奈和失控。社会发展的自发性是各种异化现象共同作用的表现，沙夫认为二者之间相互作用，不是确定的因果关系。

异化与客观化（对象化）：马克思的异化理论中还有一个术语客观化或者对象化，这个词的德文是Vergegenständlichung，英文词为objectivation。关于异化与对象化的关系，沙夫的理解与通常的理解基本上是一致的，对象化或者客观化是个中性词，人类活动的产物首先要经历对象化（客观化），然后在一定的条件下才有可能被异化。沙夫认为异化是一种受社会制约的现象，消除异化就要超越导致异化产生的社会条件，社会主义就是反对和消灭异化的社会纲领。

异化与自我异化：沙夫始终强调要区分客体的异化与主体的

---

① Adam Schaff, *Alienation as a Social Phenomenon*, New York: Pergamon Press, 1980, p. 59.

② Adam Schaff, *Alienation as a Social Phenomenon*, New York: Pergamon Press, 1980, p. 60.

异化,他把异化与客体的异化看成一回事,把自我异化当作主体的异化,而且他还强调客体的异化是首要的,是主体的异化的原因,而主体的异化是客体的异化的结果。这种理解受到不少质疑,很少有人赞成他的这一观点,可以说他正好颠倒了客体的异化与主体的异化的因果关系,从马克思异化劳动的四个方面内容中,我们就把劳动活动本身与人的异化、人的类本质与人本身的异化作为最根本的异化,把人与劳动产品的异化、人与人的关系的异化看作是上述两种异化的结果,沙夫的理解显然与马克思的原意不符。

消灭异化与实现共产主义:马克思研究异化的目的就是要消灭异化,只有消灭了资本主义制度下的异化现象产生的根源,即废除资本主义私有制,才能实现共产主义,共产主义是消除资本主义制度下异化现象的结果。沙夫认为异化是由特定的社会条件造成的,消除这些条件是消除特定异化的途径。现代哲学对异化的研究不断深化,我们已经基本上形成了这样的认识,虽然我们可以消除某些异化现象产生的条件,但是异化是一种永远无法彻底克服的现象,它在不同时代会以不同的面貌出现。

第二,异化和物化。

马克思还曾经使用过物化(verdinglichung)一词,沙夫认为,马克思的物化概念是他的"异化—对象化—物化—商品拜物教"概念体系中的一个重要元素。在对马克思的解读过程中,沙夫把物化理解为对象化中的一个类别。在商品经济条件下,当一切都成为商品时,就会把一切都看作可交换的物,包括人与人的关系也被物化了。"这也包括人与人之间的关系被理解为物与物(人们的劳动产品)之间的关系。正是在这个意义上,才产生了人与人之间的物化关系,它掩盖了社会进程的本质。根据马克思的分析,这是可能的,因为在给定的社会关系中,人类活动产物的异化的出现,即不是主体的异化而是客体的异化的出现,导致私有制的产生,尽管在以后的社会发展中异化和私有制、劳动分工之间还会相互作用。所以在马克思看来,物化是异化的结果,异化孕育着物化。"①马克思的物化概念显然是狭义的,特指商品经济条

① Adam Schaff, *Alienation as a Social Phenomenon*, New York: Pergamon Press, 1980, pp. 75 -76.

件下人与人之间的关系被商品与商品之间的关系所取代。至于能否得出物化是异化结果的结论，笔者认为值得商榷。在马克思的著作中，物化应该是资本主义社会的异化现象中的一种，物化的外延比异化要小，二者之间不构成因果关系，都是资本主义社会固有矛盾造成的结果。

研究物化问题就不能不提卢卡奇的物化理论。20 世纪 20 年代《历史与阶级意识》出版时，青年马克思的《1844 年经济学哲学手稿》和《德意志意识形态》还没有公开面世，卢卡奇通过研读《资本论》和黑格尔的著作，洞察到了马克思的异化思想，天才地提出了物化理论。卢卡奇的物化概念的内涵更加丰富，“20 世纪 20 年代，卢卡奇根据《资本论》第一卷中马克思关于商品拜物教的论述理解物化问题，但是同马克思相比，卢卡奇赋予物化更宽泛的含义，并且从中推论出异化范畴。这是个天才的创造，自黑格尔和马克思以来，异化范畴第一次重返哲学文献，在 20 世纪 20 年代到 30 年代期间，异化理论得到了复兴，特别是在存在主义文献中，包括对此闭口不提的海德格尔和承认借鉴了卢卡奇的萨特”[①]。卢卡奇后来坦言自己的异化观更接近黑格尔，而不是马克思，尽管他使用唯物主义的措辞解释异化问题。卢卡奇通过马克思《资本论》中关于商品拜物教的有关描述，“这只是人们自己的一定的社会关系，但它在人们面前采取了物与物的关系的虚幻形式”[②]，阐述了劳动异化的范畴，就像他已经读过《1844 年经济学哲学手稿》似的：“从这一结构性的基本事实里可以首先把握住，由于这一事实，人自己的活动，人自己的劳动，作为某种客观的东西，某种不依赖于人的东西，某种通过异于人的自律性来控制人的东西，同人相对立。更确切地说，这种情况既发生在客观方面，也发生在主观方面。在客观方面是产生出一个由现成的物以及物与物之间关系构成的世界（即商品及其在市场上的运动的世界）……在主观方面——在商品经济充分发展的地方——，人的活动同人本身相对立地被客体化，变成一种商品，这种商品服从社会的自然规律的异于人的客观性，它正如变为商品的任何消费品一样，必然不依赖于人而进行自己

① Adam Schaff, *Alienation as a Social Phenomenon*, New York: Pergamon Press, 1980, p. 77.

② 《马克思恩格斯全集》第 23 卷，人民出版社 1972 年版，第 89 页。

的运动。"[1]对此,沙夫评价道:"在这一基础上,卢卡奇以他令人钦佩的一贯思想发展了人的理论、社会主义人道主义理论,同样发展了异化和消除异化的理论。"[2]卢卡奇在20世纪六七十年代的自我批评中指出,他提出物化理论时还没有摆脱黑格尔的影响,《1844年经济学哲学手稿》面世后,马克思关于对象化的唯物主义解释对他是一个真正的冲击。因此,卢卡奇总结了他关于物化与对象化思想的两点不足:一是把物化与对象化等同起来是一种简单化的做法,因为对象化并不总是表现为物的形式,物化的实质在于人与人的关系被理解为物与物的关系,而不在于每一种客观化是一种物;二是如果把异化正确地理解为对象化的一种特殊类型,那么他把异化范畴仅仅限于自我异化就是错误的。

第三,异化和商品拜物教。

马克思在《资本论》第一卷中通过对劳动产品转化为商品的分析,明确提出了商品拜物教的范畴。商品拜物教是对资本主义内在矛盾造成的异化现实的批判,是经济活动异化的反映。

> 可见,商品形式的奥秘不过在于:商品形式在人们面前把人们本身劳动的社会性质反映成劳动产品本身的物的性质,反映成这些物的天然的社会属性,从而把生产者同总劳动的社会关系反映成存在于生产者之外的物与物之间的社会关系。由于这种转换,劳动产品成了商品,成了可感觉而又超感觉的物或社会的物。……相反,商品形式和它借以得到表现的劳动产品的价值关系,是同劳动产品的物理性质以及由此产生的物的关系完全无关的。这只是人们自己的一定的社会关系,但它在人们面前采取了物与物的关系的虚幻形式。因此,要找一个比喻,我们就得逃到宗教世界的幻境中去。在那里,人脑的产物表现为赋有生命的、彼此发生关系并同人发生关系的独立存在的东西。在商品世界里,人手的产物也是这样。我把这叫做商品拜物教。劳动产品一旦作为商品来生产,就带上拜物教性质,因此拜物教是同商品

---

① 卢卡奇:《历史与阶级意识——关于马克思主义辩证法的研究》,杜智章、任立、燕宏远译,商务印书馆2004年版,第150~151页。

② Adam Schaff, *Alienation as a Social Phenomenon*, New York: Pergamon Press, 1980, p. 77.

生产分不开的。①

商品拜物教范畴深刻地揭示了资本主义条件下人对物的依赖性，经济活动支配着整个社会生活，对金钱和商品的无限度追逐，把人变成了工具和手段，物支配着人，人的价值和尊严被淹没在商品的海洋里。"当人们之间的社会关系表现为他们的产品之间的关系时，商品就变成了偶像，像神一样受到人的崇拜，变成了人类的力量和才能的化身。因此，'商品拜物教'就成了社会关系的代名词，这种社会关系是建立在这一基础上的，生产者之间的关系外在地表现为他们的产品之间的关系。"②当代哲学对消费社会的批判更加深刻地反映了市场经济条件下商品消费的异化加剧，可以说与商品拜物教范畴的批判性是一脉相承的。

马克思早期使用异化范畴，后来放弃了，在研究资本主义经济活动过程中提出了商品拜物教范畴，有的学者因此得出结论，认为马克思用商品拜物教范畴取代了异化范畴，这种理解是错误的。从异化、对象化、物化和商品拜物教这四个概念之间的关系来看，对象化的含义是中性的，人的实践活动就是人的本质力量的对象化过程，对象化所涵盖的范围也最广泛，包括人的一切实践活动。异化特指人的对象化活动的一种特殊情况，即人的活动的产物反过来奴役人、支配人。物化概念对马克思和卢卡奇而言都是指物的关系取代了人的关系，人的活动的结果反过来支配人和奴役人。卢卡奇的物化概念内涵比马克思的更加丰富，但是这两个物化概念都比异化概念的外延要小，物化指的是异化现象中的一种情况，是人的自我异化的一种外在表现和客观结果。相比之下，物化与商品拜物教的含义最为接近，都是指物与物之间的关系掩盖了人与人之间的关系，只是切入问题的角度不同，"两个学说谈论的是同一件事情，不同之处在于拜物教理论从商品——物被赋予人类特性并变成了一种崇拜物的角度来理解这种关系，物化理论从被物化并被赋予类似物的特征的人与人之间的关系的角度研究这种关系。因此对马克思来说，拜物教理论不能取代异化理论，在《资

① 《马克思恩格斯全集》第23卷，人民出版社1972年版，第88～89页。

② Adam Schaff, *Alienation as a Social Phenomenon*, New York: Pergamon Press, 1980, p. 80.

本论》里他把它们当作不同的理论看待"[①]。简言之,拜物教强调物被人化并受到崇拜,从物的角度出发批判人崇拜物;物化理论强调人与人的关系被物化和扭曲了,从人的角度出发批判物统治人。物化的外延大于商品拜物教,后者特指商品这种物的异化情况。

总之,对象化、异化、物化、商品拜物教这四个概念的外延是从大到小的向下包含关系,对象化包含异化,异化包含物化,物化包含商品拜物教。对象化是中性的,其他三个概念都是在批判的意义上使用的,是人类应当努力克服和消除的现象。

至此,对马克思著作中有关异化理论的概念和范畴,沙夫进行了系统的梳理和比较,除了他颠倒了客体的异化和主体的异化之间的因果关系之外,其余的分析都是非常细致和严谨的,比较符合马克思的原意。沙夫在研究异化理论的过程中,注重联系现代西方哲学研究的成果并展开评析,涉及卢卡奇、萨特和海德格尔等人的理论,从另一个侧面也反映了异化理论的深远影响。这部分研究尚属于文本解读,随后沙夫就开始对他自己的异化理论进行阐述,他立足20世纪的现实状况,运用异化理论分析批判了资本主义和社会主义两种制度下的异化现象,从而发展了马克思的异化理论。对于沙夫关于资本主义异化与社会主义异化问题的研究内容和相关评析,本书将在以下的篇章分别展开论述。

三、异化理论的人道本质

自文艺复兴以来,人道主义理论越来越显示出其批判性特征,马克思主义人道主义从人的自由、解放和全面发展这一根本目标出发,以真正的人、完整的人、全面发展的人为理想尺度,对资本主义制度下人的片面发展和异化现实进行了彻底的批判,所以人道主义理论和异化理论本质上是一致的,都以人的自由解放和全面发展为目标,人道主义理论内在地包含着异化理论,或者说异化理论是人道主义理论的重要组成部分,因为异化理论批判现实是以人道主义理想为根本标准和尺度的,异化理论是人道主义理想在特定历史条件下的现实应用,是对人道主义理论的鲜活注解,是人

---

① Adam Schaff, *Alienation as a Social Phenomenon*, New York: Pergamon Press, 1980, p. 81.

道主义实现的必经之路。如果说人道主义理论包含着建设与批判的双重使命，那么异化理论就是其中的批判部分。马克思主义人道主义在20世纪的复兴与异化理论的发展密切相关，正是由于异化现象在20世纪突出地表现为人类普遍的生存困境，才引起人本主义哲学对人道主义理论和异化问题的广泛关注，马克思思想的人道主义价值才能得以充分彰显。

西方马克思主义人道主义和东欧新马克思主义人道主义都非常重视异化理论研究，卢卡奇的物化理论开启了20世纪异化批判之先河。通过研究《资本论》中有关商品拜物教概念，卢卡奇天才地概括出了物化概念，并且从主观和客观两个方面分析了物化的表现，即商品世界的出现和人的活动的商品化，这两者都独立于人之外，并且通过某种自律性来控制人。衣俊卿等学者将物化的具体表现形式概括为三个方面：人的数字化（即人的符号化或抽象化）、主体的客体化（即人由生产过程和社会历史运动的自由自觉的主体沦为被动的、消极的客体或追随者）和人的原子化（即人与人的隔膜、疏离、冷漠，人与人之间丧失了统一性和有机的联系）。①在现代社会的理性化进程背景下，卢卡奇对马克思思想的人本主义解读具有深远的意义，他关于物化与理性化的批判开启了新马克思主义技术理性批判的主题。

20世纪30年代前后马克思早期著作的面世，为异化理论研究提供了宝贵的思想资料，法兰克福学派自觉地将其定位为社会批判理论，对20世纪资本主义条件下普遍存在的异化现象进行了全面系统的反思和批判，内容涉及现代政治体制、意识形态、技术理性、大众文化、心理机制等各个方面。马尔库塞对异化的理解同样建立在以人为核心的理论基础之上，他指出，马克思写《1844年经济学哲学手稿》的目的是“**关于政治经济学的批判**”，“政治经济学遭到批判，是因为它对资本主义社会中人的整个的‘异化’和‘被蹂躏’加以科学的论证或掩盖，是因为它把人当作由‘劳动、资本和土地的分离’，由分工、竞争和私有财产等等所决定的‘畸形存在物’。这种政治经济学从科学上确认了把人的历史—社会世界歪曲成金

① 衣俊卿、丁立群、李小娟等：《20世纪的新马克思主义》，中央编译出版社2001年版，第43～45页。

钱和商品的外在世界,这是一个把人作为一种敌对的力量来对待的世界。在这样一个世界里,人性几乎丧失殆尽,人沉沦为丧失了人的存在的现实性的抽象的劳动者,他们和自己劳动的对象相分离,被迫把自己当作商品出售”。[①] 从这个意义上来说,马克思对资本主义社会的异化批判是为了恢复人作为全面的、自由的类存在物的本质,实现人与他的生命活动的同一。马尔库塞认为异化就是人的本质和存在互相分离,在资本主义条件下,“本质和存在在人身上是**分开的**:他的存在是实现他的本质的一种‘手段’,或者,在异化时,他的本质仅仅是维持其肉体生存的手段。这样,假如本质和存在已相分离,假如人类实践的真正的自由的任务是把两者作为‘实际上的实现’而统一起来,那么,当实际情形已经发展到**歪曲破坏**人的本质时,**根本抛弃**这一现存状态就成了责无旁贷的任务了。正是这种对人的本质的透彻的洞察,成了发动彻底革命的不可抗拒的原动力。资本主义的实际情形其特点不仅仅表现为经济和政治上的危机,而且也表现为人的本质遭受巨大的灾难。这种见解认为,只是在经济上或政治上进行**改革**,从一开始就注定要失败,并且主张,必须无条件地通过**总体革命**来彻底改变现状”[②]。马尔库塞强调,只有在这一高度上,才能把握阶级斗争理论和无产阶级革命理论的真正基础。马尔库塞通过对《1844 年经济学哲学手稿》的研究,从总体上揭示了马克思思想的核心价值,突出了人的解放和人的本质的实现这一根本原则,深刻地论证了异化理论的人道本质。

针对发达资本主义条件下的异化现象,马尔库塞深刻地批判了技术理性统治及其后果,批判了发达资本主义社会的异化特征:单向度的社会和单向度的人。马尔库塞指出,在当代,技术理性已经发展成为一种新的社会控制形式,并具有极权主义倾向,并且不断向各个领域扩张,从而造成丧失了批判性的单向度社会,现代人也严重异化,丧失了理性批判的能力,成为单向度的人,“心灵的‘内在’向度被削弱了,而正是在这一向度内才能找到同现状相对

---

① 复旦大学哲学系现代西方哲学研究室编译:《西方学者论〈1844 年经济学—哲学手稿〉》,复旦大学出版社 1983 年版,第 95 ~ 96 页。

② 复旦大学哲学系现代西方哲学研究室编译:《西方学者论〈1844 年经济学—哲学手稿〉》,复旦大学出版社 1983 年版, 第 121 ~ 122 页。

立的根子。在这一向度内,否定性思维的力量——理性的批判力量——是运用自如的。这一向度的丧失,是发达工业社会平息并调和矛盾的物质过程的意识形态方面的相应现象"①。单向度的人的出现是社会通过技术理性对人实施全方位控制的结果,马尔库塞生动地描述了现代人单向度思想的生成:"生产设备和它产生的商品和服务,'出卖'或欺骗着整个社会体系。大众运输和传播手段,住房、食物和衣物等商品,娱乐和信息工业不可抵抗的输出,都带有规定了的态度和习惯,都带有某些思想和情感的反应,这些反应或多或少愉快地把消费者同生产者,并通过生产者同整体结合起来。产品有灌输和操纵作用;它们助长了一种虚假意识,而这种虚假意识又回避自己的虚假性。随着这些有益的产品在更多的社会阶级中为更多的个人所使用,它们所具有的灌输作用就不再是宣传,而成了一种生活方式。它是一种好的生活方式——比以前的要好得多,而且作为一种好的生活方式,它阻碍着质变。因此,出现了一种**单向度的思想和行为**型式,在这种型式中,那些在内容上超出了既定言论和行动领域的观念、渴望和目标,或被排斥,或被归结为这一领域的几项内容。它们被既定体系及其量的扩张的合理性所重新定义。"②马尔库塞特别指出,被整合到自动化的机械体系和技术体制中的工人,虽然变成丧失了否定和批判能力的单向度的人,而且更加不自由,但是同马克思时代那种遭受着自我牺牲、自我折磨的异化的劳动者不同,他们在较为舒适的物质生活条件下往往感受不到受压抑和不自由的境遇,反而有一种满足与幸福的感觉。马尔库塞指出,人丧失了批判和否定的向度会产生严重的社会后果,使社会失去了自我超越的内在驱动力,人的基本生存是由个人无法控制的力量和机制所决定的。因此,"发达工业文明的奴隶,是地位提高了的奴隶,但仍然是奴隶"③。马尔库塞深刻地揭示了单向度的人的生存境遇,在当代资本主义背景下丰富和发展了异化理论。

弗洛姆对马克思异化思想的理解也特别注重阐述其人道主义

① 马尔库塞:《单向度的人》,张峰、吕世平译,重庆出版社1990年版,第11页。

② 马尔库塞:《单向度的人》,张峰、吕世平译,重庆出版社1990年版,第11~12页。

③ 马尔库塞:《单向度的人》,张峰、吕世平译,重庆出版社1990年版,第30页。

内涵，他指出，“在马克思看来，也和在黑格尔看来一样，异化概念植基于存在和本质的区别之上，植基于这样一个事实之上：人的存在与他的本质疏远，人在事实上不是他潜在地是的那个样子，或者，换句话说，**人不是他应当成为的那个样子，而他应当成为他可能成为的那个样子**”①。这种理解把异化与人的本质联系起来，突出了异化理论的现实批判性。弗洛姆在研究马克思的异化劳动理论时指出，对马克思的异化劳动普遍存在着一种误解，认为马克思批判资本主义制度下的劳动异化主要针对资本家对劳动者的经济剥削，弗洛姆从批判异化的角度理解马克思的思想，“他（马克思）主要不是关心收入的平等。他所关心的是使人从那种毁灭人的个性、使人变形为物、使人成为物的奴隶的劳动中解放出来。正如克尔凯郭尔关怀个人的得到拯救一样，马克思也是如此；而他对资本主义社会的批判，不是针对收入的分配方法，而是针对它的生产方式、它的毁灭个性以及它使人沦为奴隶。而人之所以沦为奴隶，不是被资本家所奴役，而是人（包括工人和资本家）被他们自己创造的物和环境所奴役”②。弗洛姆超越了政治批判，从人的解放的高度来理解马克思的异化理论，突出了马克思的人道主义立场。从这个意义上，弗洛姆分析了马克思对未来社会的构想，“马克思的目的不是仅限于工人阶级的解放，而是通过恢复一切人的未异化的、从而是自由的能动性，使人获得解放，并达到那样一个社会，在那里，目的是人而不是产品，人不再是‘畸形的’，变成了充分发展的人”③。弗洛姆指出，马克思的概念在这里同康德关于人必须永远是自在目的而不是达到目的的手段的原理接近了。在现代社会，异化现象的严重程度远远超过了19世纪的状况，也在某种程度上超出了马克思的理解，“历史在马克思的异化概念中只作了一个更正。马克思相信，工人阶级是最异化的阶级，因此从异化中解放出来必然要从工人阶级的解放开始。马克思的确没有预见到异

① 复旦大学哲学系现代西方哲学研究室编译：《西方学者论〈1844年经济学—哲学手稿〉》，复旦大学出版社1983年版，第59页。

② 复旦大学哲学系现代西方哲学研究室编译：《西方学者论〈1844年经济学—哲学手稿〉》，复旦大学出版社1983年版，第61页。

③ 复旦大学哲学系现代西方哲学研究室编译：《西方学者论〈1844年经济学—哲学手稿〉》，复旦大学出版社1983年版，第62页。

化已经变成为大多数人的命运，特别是那部分人数愈来愈多的居民的命运，这部分人主要不是与机器打交道，而是与符号和人打交道。说起来，职员、商人和行政官吏在今天的异化程度，甚至超过熟练的手工劳动者的异化程度”①。现代社会异化的加剧反映了现代人的生存状况，只有从人的自由和解放这一最高目标和最高价值出发，我们才能深刻理解马克思的异化理论，才能通过异化批判弘扬人道主义精神，为人的生存和发展创造出更加充分的条件。

东欧新马克思主义从社会主义内部对异化理论加以阐发，运用异化理论对两种制度分别展开现实批判，全面分析异化现象的种种表现，并且深入研究异化现象产生的根源，在20世纪背景下全面发展了马克思主义的异化理论。有关理论内容在社会主义异化问题的章节中再具体分析。

因此，社会主义人道主义理论本质上就是一种社会批判理论，是在继承和发扬马克思的人道主义思想基础上，在20世纪现实背景下对人道主义学说和异化理论的发展和深化。沙夫的社会主义人道主义理论体系，在理论建构层面，以人类个体概念为核心，以实现个体的自由和幸福为原则，确立了人道主义的出发点和最终目的，系统论述了社会主义人道主义的特征和本质；在现实层面，则以人的自由、解放和全面发展为根本尺度，以异化理论为武器，对资本主义制度和社会主义现实展开全面的批判，揭示人的生存困境及其根源；在实践层面，通过生态社会主义和自治的人道的社会发展模式探索，积极寻找摆脱当前困境的出路，描绘社会主义未来新的发展方向。沙夫把异化理论视为马克思的人道主义思想的重要组成部分，理所当然，沙夫的异化理论也是他的社会主义人道主义理论体系中的重要内容，是他对20世纪人类生存现状的深入考察，是对当代异化现象的全面批判。

西方哲学的人本主义思潮同样注重对异化现象的反思和批判，从叔本华、尼采的意志主义到存在主义的众多大师，还有弗洛伊德、马克斯·韦伯、齐美尔、胡塞尔等人都从不同角度对现代人的生存困境进行了揭示，以丰富多样的理论表达和阐述了异化思

① 复旦大学哲学系现代西方哲学研究室编译：《西方学者论〈1844年经济学—哲学手稿〉》，复旦大学出版社1983年版，第67～68页。

想，自发或是自觉地与马克思主义形成了理论呼应。后现代哲学思潮以激进的理论形式对当代社会对人的异化和扭曲进行了批判与声讨，以另类方式表达了对人的存在的关切。对异化现象的批判不仅仅局限于哲学领域，文学、艺术领域也有许多反映当代人异化了的生存状况的批判现实主义作品，比如存在主义文学对个体生存困境的刻画，某些影视作品对技术理性扩张可能造成的灾难的担忧，等等。

从人道主义的历史传统来看，以人的生存和发展为核心内容，关注个体的人的价值和尊严，是贯穿始终的永恒主题。“以人为本”的基本内涵就是尊重个人的自由、个人的尊严和个人的身心全面发展。康德提出的人道主义口号“人是目的，不是手段”将启蒙运动的基本精神从哲学的高度进行了概括，其中已经包含着对一切把人当作手段的现实的批判。罗素也强调政治、经济和社会组织只是手段，只有个人才是目的，个人才是一切价值的承担者。对异化现象的批判都源于对个人自由、尊严和发展的深切关注，所以异化理论是人道主义的逻辑必然，它内在于人道主义传统之中，是人道主义理论不可或缺的组成部分。从这一点来看，沙夫把人类个体概念提高到马克思主义人道主义理论原点的高度是非常深刻的，自觉地弘扬了人道主义的内在精神，深化和发展了马克思主义人道主义。

总之，人道主义学说与异化理论具有内在的统一性，异化理论是人道主义的重要组成部分，是批判形态的人道主义理论。可以说，缺少异化理论的人道主义是不完整的、空洞的，是脱离现实的、缺乏说服力的。人道主义理论必然要在理想层面和现实层面分别展开，现实批判必然以理想设定为基本依据和评价标准，人道主义诉求是异化理论的本质所在。

第二节　资本主义社会客体的异化

人道主义理论的发展历程表明，人道主义理论本质上是一种社会批判理论，每个历史时期的人道主义都从特定的现实状况出发，把描绘人的发展蓝图与批判人的现实困境统一起来。异化理论在近现代的发展突出地表现了人道主义的批判特征。从资产阶级革命开始,人道主义理论把焦点逐渐聚集在个体的人身上,个人随着社会的发展获得了更多的发展机会,同时各种异化现象也加剧了。正如南斯拉夫实践派深刻揭示的,异化现象根源于人自身的生存结构之中,可以这样说,至少到目前为止的历史显示出来,人类的创造性与破坏性成正比,技术进步与异化加剧也成正比。作为人类历史上生产力水平处于最发达阶段的当代资本主义社会,异化现象的普遍性也是前所未有的。异化理论在各种派别的思潮中盛行,就是这一时代特征的理论反映。以异化理论揭示当代资本主义社会人的生存困境,是沙夫的人道主义理论不可缺少的重要内容,作为当代形态的社会主义人道主义理论,批判资本主义异化现象是其必然的逻辑主题。

马克思的异化理论经历了从沉寂到复兴的曲折发展过程。异化理论是马克思理论体系中的一个重要的组成部分,但是在 19 世纪后期到 20 世纪上半叶的很长一段时间,异化理论被忽视和遗忘了。其中的原因很复杂,那个时代工人运动面临的实践问题使马克思的政治理论和革命策略受到热烈的欢迎,马克思的哲学思想却并未被视为马克思主义的真正组成部分而引起应有的重视,异化理论因此也受到了冷落。那个时期的正统马克思主义还受到实证主义的影响,拒斥推断性的理论,因而以消极的态度对待哲学。青年马克思关于异化理论的著作直到 20 世纪 30 年代前后才公开面世,尤其是《1844 年经济学哲学手稿》,马克思原本就没打算发表,其中关于异化劳动的论述一直不为人知,缺少第一手研究资料是异化理论归于沉寂的客观原因之一。

进入 20 世纪以后,经济危机的爆发暴露了资本主义制度固有的根本矛盾,极权主义、种族主义猖獗一时,两种制度之间斗争激烈,原有的价值体系崩溃,两次世界大战造成了空前的灾难,核武器的发明和应用直接威胁到整个人类的生存,个人的权利和尊严受到蔑视与践踏,痛苦、悲观、绝望、末日感弥漫于整个社会。技术的异化和战争的恶果引发了人们对现代性的反思与批判,上述现象反映在理论上就是存在主义、人格主义、非理性主义等思潮的盛行。存在主义在哲学和文学领域对这一背景下个体的人的生存困境进行了深刻的揭示与生动的描述,现代社会创造出的文明成果不但没有为人的生存和发展提供更加充分的条件,反而变成了一种独立的力量控制人、支配人，让人感到更加痛苦和不幸。现代人的这种生存困境根源于什么？20 世纪 30 年代前后马克思早期著作的公开发表，使异化理论引起了现代人的强烈共鸣，因为它满足了回答现实问题的理论需要。在阐释马克思的异化范畴的基础上，沙夫针对 20 世纪的现实问题，通过对具体异化现象的分析，建构了自己的异化理论形态，在众多的东欧新马克思主义代表人物之中，沙夫对异化现象的分析最为详尽和全面。

一、资本主义私有制造成的经济异化

沙夫在对马克思的异化理论进行了细致的梳理之后，进一步阐述了他自己的异化思想。他把异化划分为客体的异化和主体的异化两种类型，分别通过具体的现象分析说明了各自异化的表现形式。

分析客体的异化时，沙夫主要探讨了经济异化和社会政治制度的异化，他还是沿着马克思的思路开始自己的异化理论之旅。"作为商品出现在市场上的人类劳动的物质产品，在商品交换的过程中变成了独立于它们的生产者的意愿和目的的东西，这是客体的异化的一个典型示例。这是那类社会现象中的一种，伴随着战争，在最尖锐最痛苦的经历中，特别是在经济危机中，迫使人们认识到他们劳动的产品不仅在人类的目的方面变成了自主的，甚至可能威胁到他们的安全和存在。"①沙夫在马克思对商品异化进行分析的基础上，结合 20 世纪的现实经历，描述了经济危机导致的极端的异化后果，现代的经济异化比马克思时代更加严重，其破坏性和毁灭性通过两次世界大战体现得淋漓尽致。

根据历史唯物主义的基本原理——经济基础决定上层建筑，经济异化将导致政治制度和意识形态的异化，所以经济异化是上层建筑形式异化的基础。沙夫特别指出了马克思研究各种异化现象的基本思路，"在马克思看来，问题的关键在于其他形式的异化是在经济异化的基础上产生的，这就是马克思从宗教的异化和意识形态的异化开始，逐渐把注意力转向了政治异化，最后转向了作

① Adam Schaff, *Alienation as a Social Phenomenon*, New York: Pergamon Press, 1980, p. 99.

为基础之基础的经济异化的原因”[1]。我们知道,青年马克思受青年黑格尔派和费尔巴哈的影响,是从批判宗教开始走向唯物主义的,并且通过唯物史观的创立超越了费尔巴哈,实现了彻底的哲学变革,沙夫准确地概括出了马克思从哲学走向政治学,最终投身于经济学研究的理论历程,成熟时期的马克思投入全部精力研究资本主义经济运行规律,就是因为他要揭示宗教异化、意识形态异化和政治异化背后的根源。

马克思把人类劳动作为研究经济领域异化现象的出发点。在资本主义条件下,人类劳动表现为异化劳动,异化劳动首先表现为人与劳动产品的异化和人与劳动活动本身的异化。“从《手稿》开始,经过《德意志意识形态》,马克思从劳动分工推导出社会的阶级本质,直到《资本论》时期,马克思投入许多精力研究劳动分工问题和它的作用的辩证法——积极的一面在于它是生产发展的必要因素,消极的一面在于它变成了劳动异化的一个重要因素。”[2]

现代资本主义社会比马克思那个时代的技术更加发达,异化也更加严重。机器大工业的发展和流水线作业,把工人完全变成了机器的附属品,正如卓别林的《摩登时代》所表现的那样。在现代工业体制下的工人,异化的程度前所未有,“在庞大的生产机器面前,工人不仅被贬低为一个齿轮上的轮牙,而且最终表现为心灵扭曲的病态符号”[3]。弗洛姆在《健全的社会》里所揭示的就是社会心理学意义上的异化现象。当代资本主义制度下异化的深度和广度都远远胜过马克思时代,异化形式更加多样,原因也更加复杂,克服异化的难度也随之加大了。事实上,马克思把异化劳动的表现归结为四个方面,从资本主义生产过程来看,这四个方面已经涉及生产、交换、分配和消费的每个环节。当代哲学关于消费社会的批判从经济异化的角度发展了异化劳动理论。经济异化渗透于社会生活的各个领域,不仅局限于生产过程,而且对社会上层建筑

---

① Adam Schaff, *Alienation as a Social Phenomenon*, New York: Pergamon Press, 1980, p. 99.

② Adam Schaff, *Alienation as a Social Phenomenon*, New York: Pergamon Press, 1980, p. 103.

③ Adam Schaff, *Alienation as a Social Phenomenon*, New York: Pergamon Press, 1980, pp. 103 – 104.

诸方面,对人的价值取向、心理和情感等等都造成了巨大的影响。

今天看来,马克思消除异化的设想过于理想化了,废除了私有制的社会主义社会,仍然处于商品经济条件下,只要市场规律在发生作用,劳动及劳动产品仍然会作为商品出售,三大差别还没有消除,即使到了共产主义社会彻底消除异化现象也只是一种乌托邦设想。通过对当代资本主义经济状况的分析,沙夫明确提出了异化现象在人类社会存在的普遍性和长期性,这一结论与东欧新马克思主义和西方马克思主义中的法兰克福学派的理解是一致的,对异化问题的认识深化了,异化理论在20世纪背景下得到了发展和推进。

二、资本主义社会政治制度的异化

当代资本主义异化现象的加剧突出地反映在社会政治体制方面。国家、官僚机构、意识形态等上层建筑的主要内容都鲜明地表现出异化特征。这些制度和统治形式表现为越来越独立的、异己的力量,以直接或者间接的方式对人进行全面的统治和控制。沙夫对资本主义社会上层建筑的主要内容即国家、官僚体制和意识形态的异化现象分别进行了批判。

在当代社会中,国家占据了社会政治制度中的主要地位。唯物史观认为上层建筑分为政治上层建筑和思想上层建筑两个部分,其中政治上层建筑居于主导地位,而国家政权是政治上层建筑中的核心。国家是阶级矛盾不可调和的产物,而且随着社会的发展越来越成为一种异己的强大力量。

> 国家决不是从外部强加于社会的一种力量。国家也不像黑格尔所断言的是"伦理观念的现实","理性的形象和现实"。确切说,国家是社会在一定发展阶段上的产物;国家是承认:这个社会陷入了不可解决的自我矛盾,分裂为不可调和的对立面而又无力摆脱这些对立面。而为了使这些对立面,这些经济利益互相冲突的阶级,不致在无谓的斗争中把自己和社会消灭,就需要有一种表面上凌驾于社会之上的力量,这种力量应当缓和冲突,把冲突保持在"秩序"的范围以内;这种从社会中产生但又自居于社会之上并且日益同社会

相异化的力量，就是国家。[1]

列宁在评论恩格斯有关国家消亡的理论时指出，国家已经变成了一种越来越异化的力量。社会内在的阶级矛盾是国家产生的根源，它从产生之初就是被异化了的制度，随着社会的发展，国家的异化越发严重。列宁把官僚体制和军事力量视为现代资产阶级国家的两种最有特点的制度，他称这些制度为寄生组织，因此强调要“打碎国家机器”。现代资本主义国家已经由自由资本主义阶段进入到了垄断资本主义阶段，国家政权同垄断集团相结合，形成了国家垄断资本主义。现代社会国家已经发展成了一架庞大的暴力机器，借助技术的力量不断扩张自身，通过极权主义和专制政体表现出了强大的破坏力，以核武器为代表的军事力量已经直接威胁到整个人类的生存安全，两次世界大战表明，现代国家已经异化到了极恐怖的程度。

国家具有政治统治职能和社会管理职能，沙夫称这两种职能分别是管理人的职能和管理事务的职能。作为阶级社会产物的国家最终将走向消亡，国家的消亡指的是政治统治职能的消亡，社会管理职能仍将继续发挥作用，即使是自我管理或者自治的社会组织形式，也要制订经济发展计划，组织生产，分配产品，保障健康，管理科学文化事业，组织实施教育，保护环境，等等。马克思在《哥达纲领批判》中曾经提出，在共产主义社会某些国家职能仍然会起作用。

官僚体制是政治异化的又一个典型现象。官僚组织是伴随现代社会与资本主义经济发展而产生的，是科学技术进步和工业文明化的结果。马克斯·韦伯提出的官僚制，指的是一种权力依照职能和职位进行分工与分层、以规则为官僚主体的组织体系和管理方式。作为一种高效的组织管理工具，官僚制广泛应用于经济、政治、社会管理以及科学文化事业中，但是它自身也存在着许多问题，在现代社会呈现出越来越异化的趋势。现代社会政治制度中的官僚体制日益变成了一种异化的力量，不仅独立于它的创造者，而且与他们的利益相敌对。官僚体制自身具有僵化与封闭的特征，这一体系形成之后自身规模呈现不断膨胀的趋势，它对自身利

① 《马克思恩格斯选集》第4卷，人民出版社1995年版，第170页。

益的追求导致作为手段的体制倒置为目的，即服务和管理沦落为手段，官僚体制自身的持续运转却成为目的，而且造成了普遍的官僚主义和腐败问题。在按分工与层级分化原则建立起来的官僚机器中，个人被束缚在某一固定的位置上，已经异化为机器的一个部件，任何灵活机动的行为都是不允许的，而且官僚制倡导的是非人格化、理性化与制度化的精神，压制人的个性和创造力，导致冷漠、刻板和效率低下。

沙夫指出，马克斯·韦伯的理论不仅提供了洞悉资本主义官僚异化结构的视角，而且可以用以分析国家制度的异化成因，在更广泛的意义上，各种官僚体制具有相似的特征，还有助于研究社会主义制度下的官僚体制异化问题。“在高度发达的社会里，从官僚体制的普遍性和必要性的角度来看，它是一个特别重要的研究异化的对象。”[①]官僚体制的异化鲜明地体现在资本主义政党的运行过程中，政党本身依靠官僚制度建立和发展起来，最初的政治目标逐渐被政党自身的发展和强大这一实际目标所取代，作为一个阶级代表的政党变得以自身为目的时，它就已经同它所代表的阶级相异化了，从而把政党的利益与阶级利益相分离，工人阶级政党的发展也是如此。

沙夫从三个方面批判了官僚体制的异化特征。第一，自我异化是官僚体制固有的倾向。“在官僚机构中的个人因而始终只是一架庞大机器上的一个齿牙，驱使他去执行体系结构分派的任务，如果与机构的其他部分相分离，他将丧失任何活动的意义和可能。因此，‘机构’中的个人始终被束缚于等级制度上下级依附关系之中，被束缚于服从与依附、命令与职责之中，这取决于既定体系的等级制度的依附性，而这一等级制度总是被指定的。”[②]在官僚体制中的个人被异化了，官僚体制自身也不断地自我异化。“这种官僚机构中成员之间的相互依赖和这种高度发展了的团队精神形成了一种使机构自我独立的趋势，它把自己与外面的世界分开，与其他的人和他们的需要隔离开。这是一种异化的基础，在作为明显的

---

① Adam Schaff, *Alienation as a Social Phenomenon*, New York: Pergamon Press, 1980, p. 122.

② Adam Schaff, *Alienation as a Social Phenomenon*, New York: Pergamon Press, 1980, p. 125.

独立存在物的每个机构中,可以通过其强烈程度发现这一异化的基础。"①官僚体制的结构和异化有热衷于追逐领导地位的倾向,因而出现了另一种特别危险的社会异化形式。"真正的领导者出现了,在政治中,即在一个结构囊括了全部社会生活的体系中,其他所有的机构都从属于它。"②政治借助官僚体制的异化力量实现了对整个社会的控制。第二,自我繁殖是官僚体制的又一个固有的倾向,呈现出社会癌症的特征。正如著名的"帕金森定律"所指出的,管理机构中的每个岗位都倾向于创造出新的从属于它的更多的岗位。"随着职能专业化的发展,一般的专业实际上被分割成了更加精细的专业,因而实施中协作和控制的必要增加了。"③这就很容易造成官僚体制自身的膨胀,导致机构臃肿,效率低下。第三,官僚体制的消极方面还表现为控制它的活动的困难。官僚体制对外行的封闭性、对成员的固定化及其功能的神秘性,共同造成了它的难以控制。"异化理论使之成为可能,即更加深入地洞察到和意识到一个有效的官僚体制内固有的危险。"④

官僚体制的上述异化特征不仅表现在资本主义社会,而且在社会主义社会也成了最为重要的问题。"政党的官僚体制与国家的官僚体制之间的相互联系在这方面起到了特殊的作用。"⑤那么应该怎样克服或是消除官僚体制中的异化现象呢?沙夫给出了三点建议。一是对那些左右机构权力的人实行强制性的人员轮换制。这将避免权力的滥用和个人崇拜现象的产生。二是通过社会控制防止权力的滥用和官僚供给制自身的蜕化。问题的关键在于如何控制官僚体制本身,遗憾的是,历史经验证明这一点在实践中成效甚微。三是通过限制特权减少在官僚机构中工作的吸引力。

---

① Adam Schaff, *Alienation as a Social Phenomenon*, New York: Pergamon Press, 1980, p. 125.

② Adam Schaff, *Alienation as a Social Phenomenon*, New York: Pergamon Press, 1980, p. 126.

③ Adam Schaff, *Alienation as a Social Phenomenon*, New York: Pergamon Press, 1980, p. 126.

④ Adam Schaff, *Alienation as a Social Phenomenon*, New York: Pergamon Press, 1980, p. 127.

⑤ Adam Schaff, *Alienation as a Social Phenomenon*, New York: Pergamon Press, 1980, p. 127.

关于这一点,沙夫更多地论证了社会主义官僚体制中的特权问题,而要彻底消除社会主义官僚体制的异化现象,就涉及打碎现存的国家机器问题。笔者将在下一章中对此展开分析。

资本主义政治异化还表现在意识形态产品的异化上。当代资本主义异化已经成为一种普遍的现象,无孔不入地渗透于社会生活的各个角落。在意识形态领域,包括宗教、科学、技术、文化、艺术、语言等方面都表现出鲜明的异化特征。沙夫只是简单地谈论到宗教、语言和科学的异化问题。马克思早期有许多著作涉及关于宗教的异化批判,为我们提供了关于宗教异化的丰富的思想和理论资源。沙夫比较关注语言的异化问题,"作为交流手段的语言是一种更加不寻常的异化关系的组成部分,特别是在这种情况下,语言不仅'获得独立',而且开始通过'词语的暴政'统治人,不是根据现实把观念强加于他,而是通过与词语相关的媒介把模式化的观念传递给他"[①]。与异化相关的还有科学、艺术等等,但是沙夫并未继续展开分析。关于意识形态的异化问题,马克思曾经有过精辟的分析:

> 人们自己创造自己的历史,但是他们并不是随心所欲地创造,并不是在他们自己选定的条件下创造,而是在直接碰到的、既定的、从过去承继下来的条件下创造。一切已死的先辈们的传统,像梦魔一样纠缠着活人的头脑。当人们好像刚好在忙于改造自己和周围的事物并创造前所未闻的事物时,恰好在这种革命危机时代,他们战战兢兢地请出亡灵来为他们效劳,借用它们的名字、战斗口号和衣服,以便穿着这种久受崇敬的服装,用这种借来的语言,演出世界历史的新的一幕。[②]

意识形态的异化对人类的实践活动来说具有重要的影响,沙夫把这种影响归结为两点,一是把意识形态理解为错误意识的产物;二是当意识形态被当作现成的东西接受下来时也可能发现它被异化了,就是说意识形态本身与它的创造者所赋予的内容之间的关系被异化了。第二点需要特别引起注意。沙夫以宗教为例分

---

① Adam Schaff, *Alienation as a Social Phenomenon*, New York: Pergamon Press, 1980, p. 135.

② 《马克思恩格斯选集》第1卷,人民出版社1995年版,第585页。

析了意识形态的异化问题,他进而得出了结论:"对我们而言,重要的是认识到这一点,为了特定的社会目标创造出来的意识形态,能够转变成它的对立面。一旦它被创造出来并且被奉为权威,它就成为一个客体,开始有自己的命运。不仅无视它的创造者的意愿,而且明确地反对这一意愿,它挡住了通向目标之路,威胁着它的创造者和追随者的生活……事实表明异化的逻辑就是人的精神创造物成为与他对立的力量并威胁着他的存在。"①联系现实,沙夫特别指出,每种意识形态都有异化的可能,马克思主义也不例外。尤其是当一个社会在准备不足的条件下建设社会主义时,由于经济发展的不充分和阶级力量发展的不充分,就会出现受到反革命威胁的危险。当然,这种异化的出现是有条件的,关于这个问题的详细分析我们在研究社会主义的异化问题时将讨论。

沙夫对当代资本主义社会经济异化和政治异化进行了比较全面的批判,同 19 世纪的情况相比,资本主义已经从自由竞争时期发展到了更高的垄断阶段,随着科学技术的进步,生产力水平迅速提高,整个社会的生产方式和生活方式都发生了巨大的变化,当代资本主义一方面创造出了前所未有的文明,另一方面使整个社会生活的各个领域的异化普遍加剧了。沙夫对资本主义社会的批判涉及经济异化问题、国家的异化问题、官僚体制的异化问题和意识形态的异化问题等,比较全面地反映了当代资本主义的现实,揭露了当代资本主义在各个方面对人造成的挤压和扭曲,深化和发展了马克思的异化理论。沙夫通过对资本主义异化现象和社会主义异化现象的批判,系统地建构起了马克思主义异化理论的当代形态,从而为社会主义人道主义理论体系增添了丰富的理论内容和现实主题。沙夫的理论视野是宽阔的,但是他对整个异化理论的论证还是存在一些不足之处的,与法兰克福学派相比,他对当代资本主义社会的批判的深度和广度都要逊色一些,法兰克福学派关于科学技术异化、技术理性批判、大众文化批判、性格和心理机制的批判等等都非常深刻和系统,因为他们身处资本主义现实生活之中,能够更加细致地观察和审视种种表象,从而揭示出当代资本

① Adam Schaff, *Alienation as a Social Phenomenon*, New York: Pergamon Press, 1980, pp. 137 – 138.

主义异化现象的根源。沙夫的生活环境与经历是以社会主义制度下的波兰和东欧各国现实为背景的，他对当代资本主义现实的了解和熟悉程度不及东欧的社会主义现实，因此对资本主义异化现象批判的力度也就不那么强了。相反，他对社会主义社会异化现象的反思和批判就更加深刻了。

第三节　资本主义条件下主体的自我异化

沙夫把异化理论分为客体的异化与主体的异化，并得出了客体的异化决定主体的异化的结论，我们认为这种理解与马克思的原意有差异，主体的异化与客体的异化都是现象，二者之间不能简单地归结为因果关系，这一结论不能真正揭示产生异化现象的内在根源。但是沙夫通过这种区分比较细致地考察了异化现象在社会层面的表现和异化对于个体的人而言所造成的巨大影响，从他的理论表达方式来看，条理非常清晰；从他的人道主义理论框架结构来看，内容具有连贯性和一致性，能够更加深入地对人类个体在当代的生存状况进行描述和分析，为我们呈现出丰富详尽的理论资料，也完善了他的人道主义理论体系。虽然沙夫把主体的异化或者自我异化视为客体的异化的结果，但是他对主体的异化（自我异化）的分析和论述充分吸取了哲学、社会学和心理学的研究成果，内容更加丰满充实，更加深刻全面，把人类个体理论推向了一个新的高度。笔者认为在沙夫的异化理论中对主体的异化的论证是非常有特色的。

一、作为自我异化的社会根源的失范问题

自我异化指的是人与自己的活动、与自己的本质相异化，自我异化现象在当代备受关注，哲学、社会学和心理学分别从不同的角度研究发生在人身上的这种异化现象，“当代的社会学和心理学几乎所有的经验研究都把异化理论用于这一领域”①。沙夫在借鉴社会学和心理学研究成果的基础上，对自我异化进行了深入的剖析。

---

① Adam Schaff, *Alienation as a Social Phenomenon*, New York: Pergamon Press, 1980, p. 141.

社会学家涂尔干和默顿有关“失范”(anomie)问题的研究为沙夫提供了丰富的材料。失范与异化之间有一定的关联,“我们可以设想,这两个流行词都与一定的社会适应相关,由于这样一种社会情形,人客观地失去了对他的产品作用的控制,以一种威胁到他的存在的方式,表现为以前所接受的价值体系和社会行为规范失效的特征”①。涂尔干在研究自杀和社会畸形现象时提出了失范一词,他把社会失去了对个人行为的限制能力称作失范,在此基础上,沙夫论述了他对失范的理解,“作为现有社会结构的组成不可能进一步改变的结果,发生了整个社会体系的瓦解,因而从前作为人们思想行为一部分的价值体系,以及建立在这一基础上的人们的行为规范也随之崩塌了,这种情况我们称之为‘失范’。失范状态的存在剥夺了人们之前已经有意无意地接受下来的行为指令,这一状态特有的混乱表现为它自身最深切地感觉到人们的社会共存方式的解体,也许旧的社会结构会通过代之以新的而被克服,因而整个社会体系要引入新的秩序,包括支配它的价值体系和行为规范。这样一种根本的革命性的改变就是以新秩序取代给定社会的衰败”②。沙夫的理解更加关注的是社会结构对人的思想观念和价值体系的影响,通过分析失范现象,从而进一步去探究自我异化产生的原因。

对失范问题进行了更深入研究的是美国社会学家默顿,他是结构功能主义的代表人物之一。默顿研究失范问题的出发点是要寻找人们的社会行为偏离规范的根源,他把失范作为心理学概念使用,他认为个体的人生活的社会环境一方面由文化结构组成,另一方面由社会结构组成,失范现象是由这两种结构的相互关系产生的。默顿对失范有三种理解:一是当目标超出了社会行为方式惯例的允许,到了适当标准的行为规范陷入失调的程度,在极端的情况下可能出现没有社会认可的行为规范时,失范出现了;二是社会的文化结构即价值目标体系及社会行为的规范监督体系崩塌的情况下出现了失范;三是可预见的人类行为模式消失并随之发生

① Adam Schaff, *Alienation as a Social Phenomenon*, New York: Pergamon Press, 1980, p. 142.

② Adam Schaff, *Alienation as a Social Phenomenon*, New York: Pergamon Press, 1980, p. 146.

了文化紊乱,出现了失范。“默顿真正关注的是研究人的自我异化的形成,特别是它的根源。为了确定一种给定形式的异化的起源和成因,默顿注意到在社会指定的人类活动目标和社会所提供的实现它的可能性之间的冲突的重要性,这种冲突是建立在‘偏离’现象的基础上的。然而,这里出现的不是失范,因为正如默顿所强调的,业已维持并曾经受到个人尊重的价值体系,却被他们从生活中拒绝和放弃了,即使我们接受一个失范的定义也会包括这种情形,对默顿而言,依然不变的是,失范现象只是异化的一种根源,是异化产生的基础。”[①]在这里,沙夫明确地指出了默顿对失范与异化之间关系的理解,他认可默顿的这种理解,并且在这一基础上对失范与异化之间的关系进行了总结:“在社会已接受的价值体系经历失调或坍塌的地方,上述三种形式的失范都会出现自我异化的趋势,失范**解释**了自我异化的起源。”[②]

沙夫之所以关注社会学和心理学领域提出的失范问题,是为了在更为广阔的背景下阐释自我异化的发生机制,他把失范理解为自我异化的起源,并且强调引进失范概念对异化理论研究所具有的意义,“把‘失范’添加到我们的概念系统中来是必要的,因为,首先,它在相关问题的文献中被广泛应用;其次,它从一个新的,另外的方面对异化理论做出了恰当的‘客观’解释。拒绝把失范与异化等同起来的尝试,我们就会把‘失范’理解为这样一种社会状况,由于社会体系的瓦解,社会已接受的(在它已经成为思想行为一部分的意义上)价值体系的坍塌及随之而来的规范的失效,是社会成员选择行动的社会标准被剥夺了的结果。如此解释的失范,构成了一个给定社会的成员自我异化的基础,是对自我异化起源的解释”[③]。沙夫指出,在分析异化的具体表现时,特别是在分析人与社会及其制度相异化时,或者人的生活无意义的感受时(也称为存在的虚无感),等等,关于失范的范畴可能会是富有成效的,可以帮助

① Adam Schaff, *Alienation as a Social Phenomenon*, New York: Pergamon Press, 1980, p. 152.

② Adam Schaff, *Alienation as a Social Phenomenon*, New York: Pergamon Press, 1980, p. 157.

③ Adam Schaff, *Alienation as a Social Phenomenon*, New York: Pergamon Press, 1980, p. 157.

我们更加深入地挖掘其根源。

需要指出的是，涂尔干和默顿都是在当代发达资本主义社会背景下研究失范问题的，他们从社会学和心理学的角度分析了现代社会给人造成的压迫与扭曲，实质上是从不同的角度揭示了个体的异化遭遇。有学者指出，从某种意义上说，失范问题与现代性以及对现代性的批判密切相关。“自涂尔干以来，失范始终是被当作反常的、病态的或偏差的现象来研究的，它要么被看成是集体意识的匮乏状态，要么被看成是结构紧张在社会行动上的表现，要么被看成是个体心理上的病态征兆。然而，失范之所以在涂尔干颇具整合色彩的社会理论中占有一席之地，不仅是因为它是现代性转变过程中的一种无法逃避的社会事实，而且也因为这一概念的指涉本身已经成为现代性叙事中的一种意识形态话语。或者更确切地说，一当现代性借助合理化的形式剥离了道德和宗教的实质理性基础，那么失范及其所描述的社会现象本身，就不仅会成为社会行动及其意义构建所面临的难题，而且会使个体和自我在不断凸现、扩展和延伸的同时，不断丧失道德上的归属感和安全感，从而使失范，连同反常、异常以及病态等现象变成了一种瓦解社会的力量。”①社会学领域的这种理论预设是以现代性的权威为前提的，如果失范是在承认社会的合法性的前提下被确认的，那就表明社会已经篡夺了神的权威，成为一种所谓绝对的本质，成为日常生活的起源和目标。“日常生活已经不再被排除在神圣领域之外，相反，它的规则和规范反而被当成了一种被启蒙和被解放了的‘绝对’而被供奉起来。因此，社会本身就是现代性的神话，围绕社会所建立起来的控制体系则变成了世俗生活的‘禁忌’，膜拜及其相应的信仰和信任具有了新的样式。”②这位学者深刻地指出了涂尔干是在维护现代性合法地位的立场上理解失范现象的，它引起我们对现代性的反思，进而批判社会规范和日常生活的现代性前提，批判它们对人的统治和压迫。更重要的是，“以涂尔干为代表，现代社会对离经叛道的‘异质成分’所实施的‘权力/知识’策略，直接

① 渠敬东：《涂尔干的遗产：现代社会及其可能性》，载《社会学研究》1999 年第 1 期。

② 渠敬东：《涂尔干的遗产：现代社会及其可能性》，载《 社会学研究》1999 年第 1 期。

促成了福柯等人对现代性之命运的'关怀',他们对癫狂、违规、犯罪、性倒错乃至疾病和死亡这些反常和失范现象所做的历史分析,其用意不在于揭开这些文明的'疮疤',而在于通过'偶然性、间断性和物质性'等历史特征,揭示现代性用来维护常规化社会秩序的知识条件和权力策略"[①]。这种理解是非常深刻的,从中可以找到一条重要的理论线索,这就是人道主义理论和异化理论,内在地贯穿于批判现代性的理论逻辑之中,后现代理论与异化理论之间存在着基因联系。

二、自我异化的社会表现

沙夫对自我异化进行了深入的分析和研究,他首先详细地考察了当代社会学和心理学在异化问题上的研究成果,进而提出了他对自我异化的理解。尽管沙夫颠倒了客体的异化与主体的异化之间的因果关系,但是他对主体的异化即自我异化问题的细致考察,反映了当代资本主义条件下异化现象普遍加剧在个体的人的心理和精神层面所造成的伤害和扭曲,为我们研究当代社会异化现象提供了丰富的理论材料。

20 世纪是人类社会的重大历史变革时期,以资本主义生产方式为核心的工业革命颠覆了以往的传统价值体系和行为规范,取而代之的新体系和新规范尚未完全建立起来,20 世纪这种特殊的社会历史背景造成了异化现象在形式上不断变化发展,在内容上更加复杂多样。"结果是,我们面临着一种典型的失范状况,在此基础上各种形式的自我异化层出不穷。为了克服这些异化形式,首先必须要了解它们,描述它们,考察它们的起源,概括它们的发展规律。这就需要运用科学的思维。"[②]沙夫所言的科学思维就是指哲学和社会学的理性逻辑的研究方式,区别于文学和艺术那种感性的、生动的描述,比如存在主义文学中卡夫卡、加缪、萨特有关描写现代社会自我异化的作品,通过直觉和对生活敏锐的观察,以艺术手段展现了现代人面临的生存困境和个体遭遇自我异化的细腻心理感受。文学艺术为理性的科学研究提供了帮助和参照,但是取代不了哲学对自我异化的

---

① 渠敬东:《涂尔干的遗产:现代社会及其可能性》,载《社会学研究》1999 年第 1 期。

② Adam Schaff, *Alienation as a Social Phenomenon*, New York: Pergamon Press, 1980, p. 158.

剖析和阐释。

在阐述自我异化理论之前，沙夫首先对当代美国社会学和心理学领域有关自我异化的研究成果进行了评析。20 世纪 50 年代到 80 年代，美国的社会学和心理学研究在世界范围内具有开创性的主导地位，涌现出了一大批杰出的学者，提出了许多独到的见解，引领了社会学和心理学研究的一场革命性的突破，他们把哲学的异化理论运用于社会学和心理学领域，以经验研究的方式探讨了当代社会自我异化的表现形式。社会学领域以梅尔文·西曼为代表，心理学和哲学领域以弗洛姆为代表。西曼提出了异化结构的五要素概念，在美国学术界有广泛的影响。根据当代文献中广为流传的异化概念的性质，西曼把异化具体描述为五种含义，并且在此基础上对它们进行经验研究，西曼理解的异化的五种含义分别是无力感、无意义、无规范、隔离和自我疏离，这五种含义分别从不同的角度描述了当代社会的各种异化现象在个体的精神上和心理上所造成的痛苦体验，主体面对经济、政治等现存制度的压迫和统治感受到的那种无助、绝望和无所适从，对他人的排斥和敌意，对自我的否定和疏远等，这是从人的主观感受方面对自我异化具体生动的写照。西曼的异化五要素理论在美国被普遍接受，并作为异化理论在社会学经验研究领域中的具体化而被运用，但是在欧洲学界这一理论却受到了尖锐的批评，有学者指出西曼的五要素分别来自于马克思、涂尔干、曼海姆和弗洛姆的思想，是他们观点的混合，虽然这种划分方式的多样性促进了异化问题的细化，但是也影响了异化概念的统一性，所有的批评都指出西曼的概念没有考虑到异化与社会结构之间的联系。在美国的社会学有关异化问题的经验研究中还有一种观点，认为异化不是统一的现象而是一种综合征，即一些普遍联系着的因素的外在表现，它由以下相互联系的个性特征组成：以自我为中心、不信任、悲观主义、焦虑和愤恨，这种理解把异化归结为个性和心理问题。沙夫认为上述两种经验研究都有很大的局限性，没有抓住问题的本质，不能全面地揭示自我异化概念丰富的内涵，应当对自我异化进行更加深入的研究。

相比之下，沙夫对弗洛姆有关异化问题的阐述更加认可。受到弗洛伊德思想的影响，弗洛姆试图把心理分析和马克思主义理论结合起来,因此他对当代异化现象的分析更加侧重心理和精神层面,从中可以找到许多关于自我异化的论述,这对沙夫有很大的启发。弗洛姆把异化视为当代文明的中心问题之一,在继承马克思异化思想的基础上,他的几部著作从不同角度批判了当代资本主义社会的异化现象,而且非常注重从个体层面分析异化,包括人与自我的异化,人的个性的异化,以及个体面对外在力量的统治体验到的焦虑、困惑和不安全感等等。沙夫指出,"西曼从弗洛姆这里获得了他的要素:无力感、无意义、隔离和自我疏离"①。沙夫认为弗洛姆的异化概念具有多面性,在不同著作中和不同的语境中有各种不同的解释,有时指客体的异化,有时指主体的异化,总的来说其含义并不完全一致,容易引起歧义,只能作为参考,不能当作研究的理论和方法论基础。但是同时沙夫坦言,弗洛姆的异化思想对他的影响很大,"尽管如此,除了这些疑问,我要强调的是,弗洛姆关于当代人自我异化的分析的许多观点不仅与我的立场一致,而且事实上我从他那里得到许多启发,从他那里学习到了许多东西"②。虽然沙夫对社会学和心理学领域的异化研究提出了质疑,但是他也从中获得了许多启发和灵感,开阔的理论视野为沙夫的研究打下了坚实的基础。

在对当代社会学和心理学领域关于异化问题研究现状进行分析的基础上,沙夫概括了研究自我异化问题的三条基本原则:一是把自我异化问题与社会学基础联系起来作为一个重要的原则;二是以表达自我异化的整体表现为目标,把各种具体表现作为整个现象的实例来分析;三是在更加宽泛的意义上解释自我异化,在人与某些体系的关系的异化的所有表现的意义上,人与自我的异化因而只是整个问题中的一部分。总的来说,沙夫把自我异化归结为两个方面:一方面,人与社会及他人关系的异化,包括政治异化、文化异化和作为一种异化现象的犯罪;另一方面,人与自我关系的异化,包括人与自我的异化、人与自己的生活的异化和人与自己的活动的异化。笔者把这两个方面分开阐述,因为前者偏重自我异

① Adam Schaff, *Alienation as a Social Phenomenon*, New York: Pergamon Press, 1980, p. 166.

② Adam Schaff, *Alienation as a Social Phenomenon*, New York: Pergamon Press, 1980, p. 170.

化的社会表现，后者侧重自我异化的主观体验，这两个方面的内容都标志着人类个体问题的展开和深化，是沙夫思想中非常有特色的地方。

沙夫研究个人与社会和他人关系的异化问题，是从主体的角度描述客体的异化对个人造成的影响，因此，他超越了社会学和心理学研究只局限于个体感受层面的分析，把主体的异化的范围和内涵都扩大了，并从政治异化、文化异化和犯罪现象三个方面具体分析了自我异化在个人与社会和他人关系上的各种表现。

从自我异化的角度来看，**政治异化**不是指政治制度的异化，而是指个体自我异化的征候，“因此，我们说的是个体的人有关政治问题的感受、态度（在愿意行动的意义上）和行动异化了”①。个体的政治异化表现为两种情况，“那就是说，我们谈论的是那种不参与为了类似目标斗争的人，那种对这一斗争结果漠不关心的人，特别典型的是那种把政治视为‘肮脏的游戏’并完全拒绝投入兴趣于其中的人。但是我们也指这样的一种人，他们的政治问题的‘异化’只是因为他们根本拒绝现存制度，以推翻它为目标，从而达到完全不同的政治目标。这些是参与政治的人，正因如此，与给定的政治问题的关系相异化”②。沙夫把这两种自我的政治异化分别称为逃避和叛逆，他认为后者在实践中更重要。自我的政治异化意味着人失去了参与政治活动的热情，认为那是无意义的，因为他觉得自己的参与影响不了事情的进程，觉得无能为力。这是政治活动与人们的初衷相背离造成的，政治组织背后受到利益集团的操纵，政客们设计的政治蓝图表面上令人向往，实际上政治组织自身的利益已经凌驾于大众利益之上，政治活动越来越脱离人的控制，失望和冷漠的极端表现就是叛逆性的政治参与。如何消除这种对社会生活极为重要的政治异化呢？“答案简单得近乎平淡无奇——唯一有效的途径就是变革导致异化的社会关系产生的这些

① Adam Schaff, *Alienation as a Social Phenomenon*, New York: Pergamon Press, 1980, p. 172.

② Adam Schaff, *Alienation as a Social Phenomenon*, New York: Pergamon Press, 1980, p. 172.

消极因素。”[1]沙夫认为只有改变这种反常的社会条件才能克服这种政治异化，而且应当给予人们正式决定事务的权利，真正让他们有积极性和责任感，有勇气做出决定，必须允许市民组织的发展，在市民组织中每个公民都可以为了正当的个人动机而参与政治活动，而不是以政党和国家的关切为转移。废除产生异化的现存关系才能根本消除政治异化，就当代社会现实而言，我们还没有看到一种不存在异化现象的政治活动，沙夫的设想未免太过理想主义了。

文化异化表现为个体对社会现存的整个文化结构的拒斥，“但是个体的异化可能走得更远，以拒斥整个现行的标准价值体系，用默顿的话来说就是拒斥社会的全部现存的文化结构的方式，超出现行的规范和价值体系的界限”[2]。这就是说个体的行为表现为与规范相冲突的混乱状态以及类似的感受和主观态度，通常是涂尔干所指的失范状况的反映。沙夫指出，这种文化异化的表现形式是各种各样的，比如凶杀、违背性道德禁忌、公然藐视已被接受的着装传统或者拒绝任何权威和律令等等，还有酗酒和吸毒现象，都是小资产阶级们自己的沮丧、心理压抑和个人不正常精神状态的极端反映。历史上每当遭遇到严重的失范状况时，这种文化异化就表现得很突出。“文化异化渗透到人的行为和思想的各个方面，它包含了人的全部社会生活。”[3]沙夫的意思是人们的行为方式公然背离现存的价值体系和行为规范的各种具体情形都属于文化异化，通常发生在社会失范情况下，是人们对现存文化结构的反叛。

犯罪是一种极端的自我异化，尤其是青少年犯罪，与上述文化异化密切相关。犯罪是违背法律和社会规范的行为，意味着对社会已接受的行为规范的拒斥，尽管它并不必然拒斥整个社会内在的价值体系。根据默顿的理论，当文化结构与社会结构发生矛盾时，失范状态下人的行为就更加容易引发犯罪。与文化异化相关

① Adam Schaff, *Alienation as a Social Phenomenon*, New York: Pergamon Press, 1980, p. 177.

② Adam Schaff, *Alienation as a Social Phenomenon*, New York: Pergamon Press, 1980, p. 178.

③ Adam Schaff, *Alienation as a Social Phenomenon*, New York: Pergamon Press, 1980, p. 180.

的狭义的青少年犯罪特指那种与青少年亚文化有关的犯罪行为，“它们与某种亚文化有关，如果与‘成人’社会价值和规范相关的异化行为被判明包含在‘异化’范畴内，那么我们不单要拒绝给定的文化，而且要更彻底地起来反对这些强制性的规范”①。这就是说，青少年有违法倾向的亚文化是与成人社会规范相冲突的产物，是对那些规范的消极对抗，它的形式是从主流文化中获得的，但是把那些规范颠倒了，这种亚文化的错误出自主流文化的规范。要有效地消除导致青少年犯罪的亚文化现象，就必须首先消除产生这种亚文化的社会关系，可是实现起来却并不容易。“毕竟，我们从经验中得知，即使是社会制度的根本变革，消灭私有制、废除消费社会及其私人模式、克服代沟矛盾、逐渐削弱传统家庭的基础等等，也不能根除这类问题，它在社会主义条件下还是一样存在的。”②马卡连柯在《教育诗》中提供了依靠尊重和信任拯救失足青少年的成功范例，只有从解决主流文化的内在矛盾这一根源入手，才能真正消除导致青少年产生违法倾向的亚文化的消极影响。

三、自我异化的内在征候

个体与社会和他人的关系方面的自我异化，更多地表现为从现象层面看问题，对自我异化的根源的追问必然引导我们关注到人自身的分裂和冲突。个体的人关于自我、关于他自己的生活、关于他自己的活动的异化是自我异化更加本质的反映。

1. 关于人的自我(ego)及与人的自我相关的异化

这意味着人本身作为某种异化的东西，作为某种个人不能确证的东西，被视作某种客体外在于他的东西而存在。沙夫把自我异化具体区分为三种类型。

第一种类型：自我异化从丧失了自我确证的感受的意义上来看，其极端形式表现为某种心理疾病，其温和形式表现为内在的自我冲突。关于丧失自我确证与心理疾病之间的关系问题，沙夫参考了大量精神分析领域的研究成果，虽然心理疾病是自我异化的

① Adam Schaff, *Alienation as a Social Phenomenon*, New York: Pergamon Press, 1980, p. 182.

② Adam Schaff, *Alienation as a Social Phenomenon*, New York: Pergamon Press, 1980, p. 183.

极端表现形式，但是通过对心理疾病根源和类型的分析，可以为我们研究自我异化的不同程度、研究正常人与心理疾病患者之间的关系提供丰富的理论材料和文献参考。

波兰精神病学家安东尼·戈滨斯基通过对受精神分裂症折磨的病人的分析，表明了自我确证是如何丧失的。这种病人病情的发展伴随着他与周围环境一体化程度的降低，他经常不能做他愿意去做的，不能感受到他期望感受到的，反而感觉到被强迫去做事，就像与他不相干的别人在做一样，他有自己被异化了的感觉，随着病情的发展，他不能做决定，不能按自己的意愿行动，并最终失去了自我。患有精神分裂症的病人随后就遭受着意愿能力缺失和自我失调的折磨，这种自我失调表现为他的自我的现实感丧失意义上的人格解体，以及对周围世界的现实感的丧失，统一的自我破碎成了大量的碎片，最终精神分裂症的严重症状表现为自我的彻底崩溃，我们无法不认同这一命题，精神疾病就是同自己相异化。

另一位精神分析学家弗里德里克·A. 韦斯进一步指出，自我异化是心理疾病的当代类型，其中不仅包括精神分裂症，而且包括焦虑症（恐惧症）。他在精神分析学家卡伦·霍妮关于“基本的焦虑”研究成果的基础上，把自我异化看作恐惧症的一种结果。这种对他自己的“自我”的逃避不仅是疾病的作用，而且同时还是从招致困难或痛苦的情境下逃脱的一种防御活动。从精神疾病研究的角度，韦斯区分了三种类型的自我异化：自我麻醉、自我排除和自我理想化。自我麻醉指的是异化状态中的病人无意识地沉迷于模糊不清的现实之中，逃避自觉的清醒状态。这与克尔凯郭尔的“逃避自己”类似，为了回避现实中的烦恼和忧虑，人们通过工作和忙碌的事务等方式，分散或转移注意力和精力，宁愿始终保持这种模糊的状况。自我排除指的是人像一个自动操作装置一样不动脑筋地机械行事，在他自己和他的身份所承受的负担与责任面前保护自己。如果发现成为自己是一件太冒险的事，像别人那样反而更容易也更安全，于是人就变成了一个仿制品，一个号码，一个在人海中无足轻重的人，有意无意地把自己隐藏起来，这种绝望几乎从未被注意过。这种类型的自我异化表明，精神病人与正常人之间的界限并非泾渭分明的，这类病人模仿被操控的小机器人，而一个健康正常的人为了不被关注，为了消失在人海中也会经常让自己去适应环境。自我理想化是三种类型中最彻底的,表现为拒绝自己的"自我"而选择一个理想的"自我",这种患者逃避自己的"自我"而躲进幻想里面。在正常人中也有许多人努力使自己转变成他们的某些偶像的样子,通过模仿衣着发式、行为方式等等,尤其是在青年人中表现得更加突出,在这种崇拜和模仿中总有某种程度的自我拒绝和自我否定。这类病人的一种极端案例就是那些由于身体残疾或是社会地位低下而蒙受耻辱的情形,他们为自己身体的或是精神的"自我"而感到羞愧,有时甚至因为自身无法克服的困难而痛恨自己,并且假设另一个完整的"自我"能够超越自己面临的困境,这种类型的人内心承受的痛苦和挣扎最为激烈。"对于在心理疾病情形中出现的有关丧失自我确证和与自我相异化的分析,使得更加深入地理解'正常'人中的自我异化(在这个词的狭义含义上)成为可能。"①弗洛姆曾经提出,就对他们"自我"的关注程度而言,有时患有焦虑症(恐惧症)的人比正常人异化得更少,因为正常人使他们自己完全适应环境因而与他们自己的"自我"完全异化了,而过分焦虑是"自我"反抗异化的一种自我防御形式。一个人在社会背景下患上焦虑症,但是就个体关注度而言,他比正常人更健康。上述研究表明,健康人与某些类型的精神病人之间的界限不是非常清晰的。"依弗洛姆看来,任何焦虑症都可以视为异化的结果,当一个人屈从于支配他的全部个性的激情(对权力、金钱、女人等等的渴望)时,他就变成了他的一部分'自我'的奴隶,他行动的动力就是努力克服内在的虚无感和无力感。"②沙夫强调,弗洛姆指出了自我异化的人的心理体验:内在的虚无感。沙夫认为这种异化首先出自人与他自己的生活的分裂。

第二种类型:当个体与自己拥有的模式相对立时,即与他期望自己成为的样子相对立时,自我异化体现为个体在现实中对自己的不满意,从而导致尖锐的自我批评。在这种情况下,人与自我关系的异化是指我们的"自我"与一个历史地创造出来的和社会内在化的人类个性的理想模式相异化,"每个社会——除了在极度失范

---

① Adam Schaff, *Alienation as a Social Phenomenon*, New York: Pergamon Press, 1980, p. 194.

② Adam Schaff, *Alienation as a Social Phenomenon*, New York: Pergamon Press, 1980, pp. 194 – 195.

期间——不仅拥有自己的价值体系和行为模式,而且还有自己的个人模式。在这一基础上,在与他自己的个体发生和身心特质的密切联系的意义上,每个人创造了他自己的个性模式。我们据此来判定我们自己的'自我'反对社会的和私人的个性模式,即反对这一'自我'的某种模式。这些模式毫不相同,但是它们却为弄清一个特定的人与某一模式之间关系的异化程度提供了可能,包括与他自己的模式以及社会模式。根据实际情形与已被认可的模式之间的背离程度来判定异化的程度"①。沙夫的这段论证表明,当我们说人与自我关系异化时,意味着存在两个自我,一个是可作为参照的社会认可的某种个人模式的自我,另一个是与之相对照异化了的、不符合常规模式的自我。在特定的社会被普遍接受的社会模式和个人模式具有特定时代的历史特征,不存在超历史的人类个性模式,因此,个性的异化问题始终是受历史条件的制约,随着历史的发展而不断变化的。沙夫认为这一点对我们而言最为重要,而且这种自我异化是三种情况中唯一理性的一种,就是说主体自觉到了自己的现实存在与社会的理想个体模式相背离,并且因此产生了自我否定和自我批判,个体挣扎在外在社会规范的压迫和内在的个性特征生成的矛盾之中,这种自我异化给个体心理造成了内在的分裂、冲突和痛苦。

第三种类型:当个体的人使自己置身于市场关系中时,他会感觉到他自己,他特有的特征、能力和行动成了某种异化了的东西,成了物或者商品。关于这一点马克思有深入的分析,弗洛姆主要关注的也是这个方面,他们的理论已经非常充分地分析了这一点,因此沙夫对这个问题没有过多展开论证。

2. 个体与他自己的人生相关的异化——存在的真空

人与自我关系的异化还表现在人对自己的人生的意义感的丧失,因而经受虚无感的折磨,甚至通过某种极端的行为逃避或是反抗现实。这种异化普遍存在于现实中,"不仅在存在主义文学里直接表达他们与人生关系异化了的主人公身上可以发现这种异化,而且在那些逃避到酗酒、吸毒、性变态、流氓和犯罪等行为中的人

① Adam Schaff, *Alienation as a Social Phenomenon*, New York: Pergamon Press, 1980, pp. 188 - 189.

也可以发现这种异化,表达了他们对人生的虚无感和存在的无意义感的人们中间也能找到这种异化"①。沙夫认为这种情形在今天是很常见的,这就是说个体的人在他的生命活动中看不到目标,他感觉被剥夺了价值,他与人生的关系有某些东西异化了。当代存在主义心理学家维克多·弗兰克尔对这种异化现象的研究启发了沙夫,在心理治疗过程中,弗兰克尔发明了"意义"治疗法,这一疗法有这样一个理论前提,人生的意义感对人而言非常重要,失去了人生意义就会产生存在的虚无感,体验到精神的痛苦,甚至导致某些极端的行为。弗兰克尔是这样描述的:"任何人如果发现他自己的人生是无意义的,意味着他不仅不快乐而且几乎不能生活下去。事实上,人只有经历过困境或灾难后才能体验到这一点。在我看来这不仅涉及个体的经验,而且涉及整个人类的经验。"②显然,弗兰克尔的思想深受萨特存在主义的影响,反映了两次世界大战给人们造成的严重心理创伤,悲观主义、虚无主义、绝望心理、无意义感弥漫于20世纪中后期,而这一时期正是涂尔干指认的社会失范状态,社会原有的价值体系和行为规范崩溃了,新的社会价值还没有建立起来,失范导致生活意义的丧失,反过来,生活意义的丧失又加剧了社会失范状况。失范和丧失生活意义相伴出现,它们都是社会结构深刻变革的典型表现。"这就解释了当今'人生的虚无'问题不仅在文学领域而且在哲学领域以及社会科学领域引起广泛共鸣的原因,它是我们这个社会发展的巨大变革时代的一个特别痛苦和值得深思的问题。"③

在社会科学领域对这一问题有诸多著述,其中弗兰克尔的研究别具特色,作为存在分析学的代表人物和著名的心理分析治疗专家,他创立和发展了意义治疗学,并在这一基础上提出了"存在的真空"理论。意义治疗学的前提是丧失了人生意义会导致各种心理疾病,因此,要治愈这类心理疾病就得帮助病人重新确立人生

① Adam Schaff, *Alienation as a Social Phenomenon*, New York: Pergamon Press, 1980, p. 195.

② Adam Schaff, *Alienation as a Social Phenomenon*, New York: Pergamon Press, 1980, p. 196.

③ Adam Schaff, *Alienation as a Social Phenomenon*, New York: Pergamon Press, 1980, p. 197.

的意义。弗兰克尔指出，当代人与自己创造出来的生活模式格格不入，与他所接受的价值体系发生冲突，因而倍感懊丧，因而在丧失了意义感的基础上对生活失望，承受着缺少生活目标的痛苦，这就是当代人普遍面临的“存在的真空”的生存体验。弗兰克尔认为不再有任何传统能指导当代人应该怎样，他也不知道自己真正想要的是什么，因而他要么随波逐流，要么任人摆布，要么表现为一种特定的神经过敏症。他把“存在的真空”的表现归结为三种形式，分别是顺从者、极权主义和一种心理疾病。从心理分析的角度，他把这种特殊的心理疾病称为“心灵性神经官能症”。弗兰克尔指出每个时代都有自己的神经过敏症类型，这类心理疾病在当代有其典型的症状和特征，这就是影响深远的“无意义感”。弗兰克尔不仅在个体心理层面而且在社会层面提出了这个问题，这种存在的虚无感已经从人类个体蔓延至人类，因此，他与弗洛姆关于“健全的社会”的立场一致，与其他抓住了当代文明和社会心理疾病之间关联问题的众多学者们立场一致。最后，弗兰克尔呼吁要重建人们的人生意义，重建他们生命活动所依托的社会内在化了的目标，从青少年教育开始就应当对此引起足够的重视，不是通过道德说教，而是以我们的全部存在来实践人生的意义，弗兰克尔正是在这一理论前提下进行心理治疗的。

沙夫认为弗兰克尔的方案并不能根本解决问题，只有消除各种异化现象产生的社会根源才是问题的关键所在。“言辞和行为模式在这儿都没有任何帮助，只能通过变革社会结构来消除矛盾。”①现存的社会条件是产生异化现象的根源，虽然沙夫强调要通过根本的社会变革才能消除异化，但是令他自己也感到困惑的是，推翻了资本主义制度之后，在社会主义社会仍然存在各种与资本主义社会类似的异化现象，尤其是自我异化的种种表现，更是无法仅仅以社会制度来衡量。这个问题反映了沙夫人道主义理论和异化理论的局限性，他没能更加深入地挖掘异化现象的内在根源。相比之下，南斯拉夫实践派的人道主义理论和异化理论就将问题的根源归结为人自身的存在结构，强调人的实践活动本身就包含

① Adam Schaff, *Alienation as a Social Phenomenon*, New York: Pergamon Press, 1980, p. 199.

着否定的可能性，这就从人的本质的高度对异化现象给予了深刻的揭示。

3. 个体与他自己的活动相关的异化

实际上个体与他的人生相关的异化是从人的整个生存状态来考察他面临的异化问题的，其中已经包含着作为其中一个部分的人的活动，沙夫把人与自己的活动相异化单独拿出来论证，是为了突出和强调人的创造性与工作的异化问题。马克思曾经对劳动和工作的异化问题有过很多深入的分析，沙夫则从不同的角度切入了人与自己的活动相异化的问题。

沙夫把人的活动划分为两种基本形式，创造性活动和工作（劳动）。“如果我们通过人的活动理解他的所有影响，或是转化为存在的自然现实，或是创造出了新的实体，比如文学、音乐、科学工作等等，那么宽泛地理解人的活动就可以区分为两种类型：创造性活动和工作。”[①]沙夫认为“创造性活动”形式可以区分为物质的和精神的，“工作（或者劳动）”形式可以区分为脑力的和体力的。这两种类型之间并没有明确的、清晰的和不变的界限，沙夫的用意是要论证人的活动是如何异化的，这种区分只是为了更好地说明问题。人的这两种活动的异化是伴随市场化和商品化的进程而突出地表现出来的，“在什么情况下上述两种形式的人类活动有可能变成异化的呢？我的回答与之前一样——当人的活动变成了商品，并屈从于市场规则的时候。在这种情况下，即使创造性活动也丧失了它的自然特征，不再满足人的创造需要，而是屈从于商品经济的规律，变成了某种异化的东西，某种压迫人的东西，不仅不满足他的需求和愿望，而且反过来造成了他关于人生的残缺感和所有类型的挫败感。在这种情况下，人不再去创造他想要的，而是去创造他的买主想要的，这样一来，不仅活动的产品而且活动本身都成为了商品”[②]。这段表述说明沙夫所关注的人的活动的异化，主要是与人的生产和生存相关的实践活动，其中的创造性活动是指那些人的能动性、创造性比较突出的实践方式，而工作或者劳动则是指那

① Adam Schaff, *Alienation as a Social Phenomenon*, New York: Pergamon Press, 1980, p. 201.

② Adam Schaff, *Alienation as a Social Phenomenon*, New York: Pergamon Press, 1980, p. 202.

些创造性不太强、一般性的、经常性的实践活动。

对于创造性的活动而言，人类活动的异化消除的必要条件是要废除那些把人类活动变成了商品并且异化了的现存关系，“不仅包括那些建立在商品经济基础上，把创造者和他的活动转化成了商品的社会关系，而且包括那些借助于政治制度导致类似结果的社会关系，在其中，创造者为了他的商品而面对封闭的‘市场’”①。工作是最基本的人类活动，客体的异化问题中经济异化与之密切相关，主体的异化与客体的异化中都涉及工作的异化问题。在关于异化研究的各种文献中，工作的异化问题都得到了非常充分的阐释，特别是在马克思主义经典文献中，马克思关于异化劳动的论证影响深远。马克思认为人类的劳动和工作提供了异化的经典范例，在资本主义条件下，作为劳动产品的商品、劳动的过程和劳动者本人都被异化了，客体的异化和主体的异化都是在劳动过程中产生的。在《德意志意识形态》中，马克思提出私有制和固定化分工是产生异化的根源，这是分工的消极影响，但是他还强调在特定的历史阶段社会分工的发展也具有积极意义。沙夫指出，废除私有制和商品经济只是克服工作异化的必要条件，而不是充分条件，还应当消除工业和农业、城市和乡村、脑力和体力这三大领域的分工，人不再作为机器的附属物而存在，结束被支配、受奴役的命运。沙夫对科技进步的积极作用给予了充分的肯定，他认为全面自动化不仅能够摆脱生产过程中的专业化影响，而且将在人类历史上第一次创造出废除工作中的工农分工和脑体分工的基础，从前的乌托邦幻想将会变成美好的现实，他大胆地预言，在工业化程度最高的国家里全面自动化在未来的五十年将会实现。

马克思指出，将来要以自由的、创造性的活动取代强制性的劳动，这种自由的、创造性的活动是以满足人的内在需要为目的的，在这个意义上，资本主义社会与社会主义社会的区别主要在于是否废除了导致工作和劳动异化产生的私有制，是否存在克服工作异化的可能性。社会主义社会同样存在着工作和劳动的异化问题，只不过社会主义的主要目标是消除造成工作异化的三大差别，

---

① Adam Schaff, *Alienation as a Social Phenomenon*, New York: Pergamon Press, 1980, p. 203.

这就要通过提高劳动生产效率、科技进步和全面自动化等手段来实现，最终目的是以不再包含异化成分的创造性活动取代强制性工作。

至此，沙夫详尽地讨论了主体的异化的各种表现形式，他以人类个体为基本单位，参考社会学和心理学等研究领域的研究成果，对个体在社会生活中以及个人生活中被异化的精神体验、心理感受进行了多方面的考察，全景式地为我们展现了当代社会中个体生存的总体状况。沙夫的异化理论不同于西方马克思主义和东欧新马克思主义的其他学者们，理论切入点、表达方式、基本结论都独具特色，在基本框架和内容上都丰富与完善了人道主义理论，把人道主义理论研究推进到了对个体的人的微观考察和生存观照，发展了马克思主义人道主义理论的当代新形态。

第四节 新工业革命与异化的加剧

从20世纪60年代起，沙夫就对当代社会由科技进步引领的新工业革命非常关注，他一方面坚信科学技术的发展将为人类创造出更加充分的发展条件，彻底改变人类的生活方式和生产方式，为人的幸福提供更多的可能性；另一方面，他又为科技异化可能给人类带来的灾难深感忧虑，人类有可能面临更加普遍的异化。这种认识推动沙夫密切关注当代社会各种新的异化形式，也促使他转向生态社会主义的研究，并积极寻找克服各种异化现象的途径。

一、后工业时代的异化问题

“微电子技术是正在崛起的新技术革命的主要标志。”①20世纪70年代以来，微电子技术飞速发展，引起整个社会范围的一场彻底的变革，宣告了第二次工业革命的来临。微电子学主要通过自动化、计算机化和机器人化根本改变了我们的生产方式和生活方式，这场新科技革命我们也称之为信息革命，从20世纪末期开始，人类已经进入了信息时代，也有人称之为后工业时代。除了信

① 京特·弗里德里奇、亚当·沙夫：《微电子学与社会》，李宝恒、袁幼卿、吴宝坤译，三联书店1984年版，《译者序》第2页。

息技术，后工业时代的科技革命还体现在新能源的开发与利用、航天技术、生物遗传和基因技术等方面，人类征服和改造自然的能力、组织和管理社会生活的方式以及对人类自身生命奥秘的探索都达到了前所未有的广度与深度，“在此之前，借助知识人类的力量从未得到如此巨大的增强；在此之前没有任何时期——甚至当普罗米修斯从神那里盗取火种作为送给人类的礼物时——曾经有过如此丰富的革命性变化，在可以预见的将来，人类的经验将会与神话里的神一样”①。但是科学技术是一把双刃剑，它的创造力与破坏力成正比，随之而来的更加严重的异化可能也为未来的新世界蒙上了一层阴影。“马克思预见的某些国家和制度可能造成的破坏性今天成了全球范围毁灭的噩兆——不仅危及人类，而且危及地球上的所有生命。”②这些可能导致全球性灾难的问题，除了沙夫已经讨论的异化现象，还涉及生态危机、环境污染、人口爆炸、战争与犯罪、核武器威胁、信仰危机等方面。“罗马俱乐部”最早提出并开始研究全球问题，沙夫就是“罗马俱乐部”最早的成员之一。“罗马俱乐部”从20世纪60年代成立以来，针对当代社会面临的全球问题进行了广泛深入的研究，他们的研究成果在全世界产生了强烈的反响。

关注人类的生存困境始终是沙夫思想研究的主题，上述全球性问题就是人类在当代社会面临的异化现象，是发达资本主义社会追求经济增长和政治扩张导致的一系列恶果，同时也标志着当代异化现象进一步加剧了。从20世纪60年代以后，沙夫在不同著作中对这些异化现象也进行了批判，他的著述中对这些问题的分析比较零散，在沙夫学术研究最活跃的时期这类异化现象表现得还不像今天这么突出，所以有必要对此加以关注。我们以生态危机、核武器威胁等内容为例，探讨一下当代社会的异化现象的特点，并且对沙夫的异化思想加以补充，目的是全面把握当代发达资本主义社会的异化问题，深化对异化现象的批判。

生态危机主要表现为生态平衡的破坏、物种灭绝、人为的基因

---

① Adam Schaff, *Marxism and the Human Individual*, New York: McGraw - Hill, 1970, p. 249.

② Adam Schaff, *Marxism and the Human Individual*, New York: McGraw - Hill, 1970, p. 251.

变异、克隆技术的滥用等异化现象，是人与自然关系异化的反映，而且与环境污染、人口爆炸、过度开发和使用自然资源等问题密切相关。从人类进入工业社会以来，随着经济的持续增长，生态危机问题越来越突出，我们已经为自己的错误付出了巨大的代价，受到了自然的惩罚，但是问题还远未达到控制和解决的程度。当代哲学、社会学、经济学、生态学以及与这些问题相关的自然科学等各个领域都对生态危机和环境问题进行了深入的研究，都在各自的领域取得了很多成果，生态伦理学、未来学、发展理论和有关交叉学科的涌现都是这类研究的重要标志。解决生态危机和其他全球问题需要以人道主义为根本价值标准，需要全世界各个国家的积极参与和密切合作，需要联合国和其他国际组织充分发挥影响，需要全人类共同努力，否则，我们就会受到自然更加严厉的惩罚，直至危及人类自身的生存。

战争与犯罪问题是人类自身异化的突出表现，战争是政治异化的极端表现形式，核武器是其中最可怕的威胁，我们已经从两次世界大战中深切地感受到了现代性异化的恐怖后果，“在核毁灭威胁下，达摩克利斯之剑现在正悬在人类的头上”①。现代战争前所未有的巨大破坏性警示我们，整个人类生存最大的威胁来自我们自身的创造物——核武器，我们今天仍然处在核战争阴影的笼罩之下，人类自身制造出来的灾难可能比自然界的灾难更具有毁灭性，这一残酷的现实是20世纪以来异化理论受到普遍关注的一个重要原因。西方马克思主义者中弗洛姆也曾经深刻地评论这一异化问题：“我们自己创造出的物和环境在多大程度上变成了我们的主人，这是马克思所未能预见到的；可是没有什么比下述事实更加突出地证明他的预见了：在今天，全人类都成了它自己创造出的核武器的囚犯，成了同样是它自己创造出的政治制度的囚犯。心惊胆跳的人类正焦急地盼望知道是否它能从自己所创造的物的力量中拯救出来，从它所任命的官吏的盲目行动中拯救出来。”②人性本身是复杂的，我们身上再多的优点和美德也取代不了那些弱点和

① Adam Schaff, *Marxism and the Human Individual*, New York: McGraw - Hill, 1970, p. 11.

② 复旦大学哲学系现代西方哲学研究室编译：《西方学者论〈1844年经济学—哲学手稿〉》，复旦大学出版社1983年版，第68~69页。

丑恶，整个人类在今后漫长的发展历史过程中更无法保证永远不会启动核武器的按钮，一旦这个潘多拉的盒子打开了，人类就将陷入空前的灾难，何况科技的进步还有可能创造出更加具有破坏性和杀伤力的武器，克服和消除核战争这一异化现象将是人类未来很长一段时期面临的艰巨课题。

信息时代语言与交往方式的异化也是一种新的现象，互联网时代网络上虚拟的交往方式不同于以往传统的人际关系，丰富了人们的联系方式的同时，也产生了新的问题，作为手段的网络逐渐成为新的统治力量，遮蔽了人们的真实面目和真正需要。与之相关的还有话语权的争夺与滥用，平面化、碎片化的交流方式对意义与价值的消解等。新的创造问题伴随着新的异化形式，人类未来可以预见的创新都存在着异化的可能，异化是当代普遍的现象，是现代人的命运，消除各种异化现象的斗争将是我们在生存与发展的过程中无法回避的问题。

二、比较视野中的异化理论

沙夫的异化理论很有特点，我们可以通过沙夫与西方马克思主义和东欧新马克思主义其他学者的异化理论之间的比较来加以分析。笔者认为沙夫异化理论的特点主要体现在以下几个方面：

第一，沙夫全面批判了资本主义制度下和社会主义制度下的各种异化现象，对当代社会的异化现象给予了全景式的展现。西方马克思主义和东欧新马克思主义学者几乎都对异化问题有过深入的研究，西方马克思主义者比较侧重对资本主义社会的异化现象进行批判，东欧新马克思主义者对社会主义的异化问题阐述得较多。我们可以通过有关异化问题涉及的具体领域来区分他们各自的理论侧重，卢卡奇通过物化分析了资本主义条件下经济领域的异化现象，法兰克福学派全面批判了发达资本主义条件下的各种异化现象，内容涉及当代资本主义政治体制、意识形态、科学技术、大众文化、性格结构、心理机制等方面，其中有关科学技术的异化和大众文化的异化是沙夫较少涉及的。法兰克福学派对发达资本主义社会异化现象的批判比沙夫的批判更加彻底、更加深刻，这与沙夫的生存背景有关，他身处社会主义国家，相对来说，对资本主义社会的观察和认识没有法兰克福学派的学者们那么全面和深刻，而且法兰克福学派的不少学者都有在欧洲和美国生活的双重体验，资本主义国家之间的差异也更加触动他们进行理论反思和现实批判。关注社会主义异化问题是东欧新马克思主义学者们的共同点，其中南斯拉夫实践派从人的本质活动的角度来理解异化的本质，把异化理解为根源于人的生存结构之中，这种揭示是非常深刻的，而沙夫比较关注社会主义政治异化，侧重分析社会主义异化现象的具体表现，对异化现象的深层根源论述得不是非常充分和深入。总的来看，沙夫对异化问题的阐述比较系统和全面，并自觉地进行分类和概括，形成了比较完整的理论体系。衣俊卿教授指出，“在东欧新马克思主义者中，对异化问题探讨最多、思考最深刻的应首推沙夫和实践派的彼得洛维奇”①。而且沙夫将异化理论与人道主义理论有机地统一起来，丰富和发展了马克思主义人道主义思想，构建了马克思主义异化理论的当代形态。

第二，沙夫深入研究了人类个体的异化问题，将人道主义理论和异化理论推进到了个体层面，深化了马克思主义人道主义理论。沙夫把人类个体概念视为马克思全部理论的出发点和最终归宿，人类个体也是他的社会主义人道主义理论的中心范畴，关于异化问题的研究始终关注人类个体的生存境遇，沙夫在资本主义条件下和社会主义条件下分别考察了人类个体的异化状况，关于人与自我相异化的分析参考了大量的当代社会学和心理学研究成果，极为细致地考察了自我异化的种种表现，对个体生存状态进行多角度透视，为我们提供了丰富的理论资料。在西方马克思主义学者中，列斐伏尔的异化理论是最为全面和深刻的，他从本体论和生存论意义上揭示异化的本质，认为异化就是人的生存矛盾，是人的存在方式的反映，人类社会的历史发展就是人类自身力量不断提高和异化不断增长的过程。列斐伏尔全面分析了资本主义社会的异化现象，他指出，在资本主义条件下人的需要、个人与社会的关系、思想观念、政治、技术、日常生活都被异化了，现代资本主义社会的矛盾和分裂达到了极点，异化现象遍及全部社会生活，表现形式多种多样。列斐伏尔关于个人的异化问题主要讨论了个人与社

① 衣俊卿：《人道主义批判理论——东欧新马克思主义述评》，中国人民大学出版社 2005 年版，第 193 页。

会、个人与集体之间的矛盾和分裂,与沙夫的视角有所不同。沙夫关于个人与自我关系的异化比较明显地受到萨特存在主义的启发,受到弗洛姆等人心理研究的影响,社会学领域涂尔干、默顿等人关于失范理论的研究也为沙夫提供了参考,他十分注重分析特定的社会历史条件下个体的主观感受和心理体验,对个体异化的剖析可谓细致入微,形成了鲜明的研究特色和理论风格。

第三,沙夫把异化区分为客体的异化和主体的异化,并且探讨了二者之间的内在联系。沙夫认为客体的异化是主体的异化的根源:"客体的异化以主体的异化的各种形式表现在人类的意识中。因此,方法论的结论(就研究现象而言)和实用的结论(就适当的行动来看)是一致的。我们必须寻找作为客体的异化的现象的主体的异化的根源,要克服一个给定的主体的异化就必须消除客体的异化支配下的它的根源。"①通过此前关于主体的异化具体表现的分析可以看出,沙夫所说的主体的异化现象是政治、经济、意识形态等方面的客体的异化现象给个体造成的心理体验,他是在主观感受的心理层面理解主体的异化的,对主体的异化的现象展开了细致的分析,另外,沙夫遵循唯物主义原则坚持客观决定主观,因而才得出了主体的异化根源于客体的异化的结论。

笔者认为沙夫提出的客体的异化和主体的异化都比较侧重描述异化现象,用现象来解释现象不能得出令人信服的结论,应该进一步追究所有这些现象背后的深层原因,而不能仅仅停留在制度和社会层面。当我们进一步追问政治、经济、意识形态等方面的客体的异化产生的根源时,就会把造成这些人类社会活动方式异化的根本原因追溯到人类自身实践活动的特性上,对象化活动本身就存在着异化的可能性,因此,人的存在结构才是一切异化现象产生的最终根源。马克思在分析资本主义条件下劳动异化的四重规定性时,把劳动活动本身的异化、人的本质的异化看作更为根本的原因,它们决定了劳动产品的异化和人与人关系的异化,人类历史的创造者是人类本身,人类自身存在的矛盾和分裂才是所有异化现象最为深刻的根源。

---

① Adam Schaff, *Alienation as a Social Phenomenon*, New York: Pergamon Press, 1980, pp. 213 - 214.

与沙夫的观点不同，南斯拉夫实践派哲学家们把自我异化看作是客体的异化的根源。他们在探讨异化理论时，更加关注异化的本质而不是异化的现象和表现形式。坎格尔加提出人的异化是从未来异化，人从未来异化就是从人自身异化，从自己的本质异化。“从未来异化只是意味着人对作为自己的活动自身的异化，对自我活动，自我生产，自我实现，作为人的实践的历史和人的产品的异化……”[①]他认为未来是人之为人的东西，人的本质不在于人的既存或者现存，而在于人能够和应当成为的东西，他把这种应然层面的异化视为自我异化的本质。彼得洛维奇同样强调异化就是人从自己的本质异化，就是人的自我异化，“自我异化意味着人从自身异化，人从自己的本质异化，而这一本质不能理解为他的（一般的、过去的或将来的）现实性的一部分，也不能理解为某种独立的超时空的理念，而是人之历史地给定的属人的可能性”[②]。异化本质上是人的自我异化，因此就应当在人自身中揭示异化的根源，即在人的活动结构中，在人的本质中揭示异化的根源和基础。这种理解方式显然更加深刻，一切异化现象归根结底都是人的实践活动的产物，实践是一种对象化的活动，对象化本身就存在着异化的可能。正如考拉奇所指出的那样，自我异化是人的本质的异化，其根源在于人的存在结构之中，“人在其不断的自我创造的过程中，不仅创造着和创造出其肯定的力量，也创造着否定的特征，因而在其结构中，人不但拥有创造性因素，也有破坏性因素。在人的活动中，除了理性，也活跃着本能。因而，在人的结构中不只是趋善的东西，也有行恶的东西”[③]。人性、人的本质本身就是复杂的、充满内在矛盾和冲突的，人的创造物，无论是客观的还是主观的，无论是对象化还是异化，都是人的本质的反映，在某种意义上，人类的历史就是异化与扬弃异化的历史。弗兰尼茨基断言：“异化是

① 转引自衣俊卿：《人道主义批判理论——东欧新马克思主义述评》，中国人民大学出版社 2005 年版，第 87 页。

② 转引自衣俊卿：《人道主义批判理论——东欧新马克思主义述评》，中国人民大学出版社 2005 年版，第 87 页。

③ 转引自衣俊卿：《道主义批判理论——东欧新马克思主义述评》，中国人民大学出版社 2005 年版，第 90 页。

必然的现象,甚至是特定历史发展阶段上人的存在结构。”[1]实践派哲学家们对异化本质的讨论是非常深刻的,按照这种理解,必然能够得出异化将永远存在的结论,但是这并不否认人类扬弃具体异化形式的可能性。“异化的命运决定了真正意义上的革命和社会主义本质上是开放的过程。”[2]随着人类实践活动的深化和发展,异化现象也更加普遍和不断加剧,扬弃异化的历史任务也将更加艰巨。

还有学者认为,异化具有客观必然性和一定积极意义,“由于历史评价维度的缺席或边缘化,他们始终看不到异化作为历史现象的客观必然性及它本身所蕴涵的积极意义。事实上,没有以物的依赖性为基础的普遍异化和物化,全面发展的个人就无从产生,而以这样的自由个性为基础的共产主义社会也无从降临。当然,共产主义要通过废除私有制的途径来扬弃异化,但总得先有异化才有可能扬弃异化”[3]。异化现象虽然是不可避免的,但是我们不能因此而取消克服异化的斗争,关于异化的积极意义的提法可以商榷,即使作为社会发展必经阶段的异化,也终将被超越。沙夫关于客体的异化和主体的异化的区分,分别从社会层面和个体层面分析问题,有利于对异化现象进行分类研究和对比分析,呈现出清晰的思想脉络和逻辑层次,比较全面地概括了当代社会异化现象涉及的各个领域。

总之,沙夫通过对发达资本主义社会异化现象的分析和批判,进一步阐述了社会主义人道主义理论,并且把人类个体问题的研究向前推进了,异化理论是连接马克思主义人道主义原则与当代社会现实的桥梁,并且为克服和消除异化现象指明了道路和方向。

20 世纪的时代特征是十分特殊的,现代社会工业化的进程伴随着激烈的政治冲突和严重的经济危机,人类遭遇了普遍的生存困境,日益加剧的异化现象渗透于社会生活的各个领域。各种思

---

① 转引自衣俊卿:《人道主义批判理论——东欧新马克思主义述评》,中国人民大学出版社 2005 年版,第 88 页。

② 衣俊卿:《人道主义批判理论——东欧新马克思主义述评》,中国人民大学出版社 2005 年版,第 91 页。

③ 俞吾金:《从康德到马克思——千年之交的哲学沉思》,广西师范大学出版社 2004 年版,第 314 页。

潮和流派从不同角度批判当代社会的异化现象，异化理论因此受到广泛的关注。沙夫研究异化理论是出于社会主义实践的现实需要，针对正统马克思主义的教条和僵化倾向，沙夫把异化理论视为马克思极为重要的思想，视为马克思主义理论和实践的重要支柱。沙夫的异化理论是社会主义人道主义理论体系的重要组成部分，异化理论是以人类个体的自由和幸福为尺度，对现存社会的一切扭曲人、压迫人、阻碍人发展的制度和现象进行彻底的批判。沙夫通过对异化概念的翔实考证，从语义学角度深入阐释了马克思异化思想的深刻内涵，并且区分了客体的异化与主体的异化。

异化理论是人道主义现实批判的基本形式，社会主义人道主义首先要批判的就是当代资本主义的异化现实。发达资本主义条件下，私有制造成的经济异化不仅仅体现在生产过程中的各个环节，而且对整个上层建筑和社会生活都产生了影响。资本主义国家、官僚机构和意识形态越来越成为一种异己的强大力量，无孔不入地对人进行操控和统治，与人相对立并威胁着人的存在。现代社会人类个体的自我异化也不断加剧，个体的人与社会规范和价值体系、与自己的外在活动、与自己的内在感受和心理体验之间都产生了严重的异化，个体的人因此而与社会相抵触、与自我相冲突，悲观主义、虚无主义、绝望心理、无意义感成为普遍的人类感受。新工业革命创造出更高水平的生产力的同时也造成了更大的破坏力，核武器的阴影和全球性的生态问题等都是异化现象加剧的反映，人类陷入了前所未有的生存困境之中。

沙夫对当代资本主义进行了全方位的异化批判，深刻地揭示了当代资本主义社会种种异化现象产生的根源，这是由资本主义生产方式的固有矛盾和资本主义私有制的本质所决定的。只有消灭私有制和剥削才能消除这些异化现象，才能为个体的人的生存和发展创造更加充分的社会条件。

第四章　现存社会主义条件下的异化批判和未来社会主义设想

社会主义就是要消灭作为社会个体的人的一切形式的异化。

——亚当·沙夫

20世纪，两种社会制度同时并存和相互斗争的社会历史状况决定了沙夫的人道主义理论必然要对现实做出回应，批判当代资本主义现实的同时，沙夫更加关注社会主义自身发展面临的问题。20世纪80年代初期开始，沙夫通过《作为社会现象的异化》和《处在十字路口的共产主义运动》两部著作，系统阐述了社会主义的异化问题和共产主义运动的困境，他全面分析了社会主义异化现象的种种表现，运用马克思主义理论剖析社会主义国家的现实，并且开始思考社会主义的前途和命运。关于社会主义的异化问题是沙夫思想中的一个亮点，这既是他的哲学思考，也是他的政治关切。20世纪80年代以后，沙夫的研究主要围绕社会主义的现实问题与未来发展展开，他一方面密切关注波兰和东欧各国的政治动向，另一方面积极参与"罗马俱乐部"关于生态社会主义的研究，还与中国的学者密切联系，探讨当代社会主义的理论与现实问题。沙夫主张社会主义应该走向生态社会主义和民主自治的发展模式，遗憾的是，苏东剧变的发生背离了他的美好愿望，只有对马克思主义一如既往的坚定信仰伴随着他直至生命的最后。

沙夫在理论和实践两个层面对社会主义进行了全面的反思，他是一位坚定的马克思主义者，无论是20世纪60年代开始的人道主义转向，还是20世纪80年代初期关于社会主义异化和共产主义命运的思考,或是参与"罗马俱乐部"有关生态社会主义的研究,乃至苏东剧变后对社会主义未来走向的探讨,沙夫始终坚持马克思主义,发展马克思主义,时刻关注着社会主义的现实问题,为共产主义事业的前途和命运而担忧。他回到马克思的文献中寻找依据,以当代哲学和社会科学的最新成果为理论参照,立足于当代社会两种制度对立背景下的人类生存状况,以人类个体的生存和发展为根本目标,通过人道主义理论建构和异化现象的现实批判,发展了马克思主义的当代形态。

第一节　现存社会主义条件下异化的存在

马克思的异化理论在20世纪30年代左右面世以后,在西方马克思主义和东欧新马克思主义以及西方非马克思主义学者中反响热烈,但是在以斯大林主义为代表的正统马克思主义那里却备受冷落,因为异化理论与官方学说是对立的,它不符合斯大林主义的理论教条,又尖锐地指向了社会主义的现实问题。社会主义国家关注的是如何保卫新政权和新制度,百废待举的国内现状和复杂多变的国际形势都不允许过多地强调人的问题、自由、民主以及反对各种异化形式的斗争。斯大林主义所执行的极权主义、霸权主义和意识形态控制都是典型的政治与思想异化,所以官方马克思主义只能坚持把异化理论排除在马克思主义理论体系之外。在这样的背景下,沙夫特别强调异化理论的重要性:"至关重要的是异化理论蕴含着两个要素,一是引出人的理论和社会主义人道主义理论,这在许多'正统的'马克思主义者眼里是微不足道的;二是社会主义条件下的异化问题进入了人们的视野,这是更冒天下之大不韪。"①在同斯大林主义的教条和僵化做斗争的过程中,东欧各国的理论家们纷纷举起马克思主义人道主义旗帜,运用异化理论批判两种制度下的异化现实,他们同西方马克思主义人本主义思潮形成了理论上的相互呼应,推动了马克思主义人道主义的发展。"马克思主义者之间的意识形态争论(当然是那些涉及原则的争

① Adam Schaff, *Alienation as a Social Phenomenon*, New York: Pergamon Press, 1980, p. 10.

论,但更多的是那些涉及策略的争论),归根结底是关于社会主义的远景和特征的争论。尽管这些争论是抽象的,而且有时学术味道很强,但是这种争论正在两方之间进行着,一方是社会主义人道主义的倡导者们,另一方是我们冒着误解的危险简称为斯大林主义的社会主义的捍卫者们。"[①]沙夫把社会主义的异化问题作为当代马克思主义重要的理论课题来研究,深刻地批判了社会主义条件下的异化现象,结合社会主义现实状况分析了其产生原因,并且为消除和克服这些异化现象提出了种种设想。

一、社会主义存在异化现象的理论根据

20 世纪马克思主义关于异化问题的争论是以社会主义制度是否存在异化现象为核心展开的,对于这个问题的回答有两种截然不同的立场,以苏联为代表的"正统的"马克思主义者否认社会主义存在异化现象,他们认为只有资本主义和其他私有制社会才存在异化;西方马克思主义者和东欧新马克思主义者则认为社会主义条件下存在普遍的异化现象,无产阶级革命、社会主义民主、无产阶级政党、官僚体制、人与自然的关系、人与人之间的关系以及人与自我之间的关系等在特定的条件下都有可能表现为异化状态,他们进而提出异化不仅仅是资本主义和其他私有制条件下特有的社会现象,异化现象始终伴随人类社会的发展过程,只是在不同的历史阶段其表现形式各不相同,还有一些学者更加深入地剖析了异化现象的深层根源,认为异化根源于人自身存在方式的内在矛盾和分裂,根源于人的实践活动本身的特性。社会主义的历史命运通过苏东剧变在实践层面有力地证明了后者的观点,当代哲学和其他社会科学领域对异化理论的广泛运用,在理论层面丰富和深化了马克思的异化理论。

只有充分认识到异化理论的重要现实意义和理论价值,才能为克服和消除异化现象开辟道路,才能保障社会主义事业的健康发展。沙夫明确提出异化理论的作用:"最重要的是它构成了在整

---

① Adam Schaff, *Alienation as a Social Phenomenon*, New York: Pergamon Press, 1980, p. 11.

个社会领域消除异化活动的基础。”[①]研究异化现象及其产生的根源，是社会主义现实的迫切需要，也是贯彻人道主义原则的逻辑必然，克服和消除异化现象，是无产阶级的历史使命，是实现人的自由和解放的必由之路。

沙夫强调异化现象既是超历史又是历史性的。异化现象具有历史性意味着“一切具体出现的异化现象都具有历史特征，就是说它与一定的历史形成的社会关系相联系，而且随着形成它的那些社会关系的消失而消失”[②]。异化现象是超历史的表明人类社会不可能彻底根除异化现象，每一种社会形态都存在产生异化现象的可能性。“异化是历史的产物，这就表明它是可能被克服的，但是这种可能指的是，一种**既定**的异化形式，是由**既定**的社会关系所决定的，这种异化形式将随着这些关系的废除而消失。但这并不意味着‘一般的’异化已经被克服了，这是根本不可能的，因为既然有客体化的存在——在**每一种**社会形态里它的存在都是绝对必要的——如果有适当的条件，它就有异化的可能。”[③]异化现象始终伴随着人类的各个历史阶段，异化不仅仅是私有制和阶级社会的产物，即使是社会主义社会和将来的共产主义社会，也存在异化的可能性。因为人的能动的实践活动就是一个对象化（或客体化）的过程，实践的创造性越强，对象化（客体化）的力量就越突出，异化的可能性也随之增加，这就要求人有更加全面的能力，避免新的异化出现并努力克服各种现存的异化现象。

沙夫认为社会主义制度中存在异化的可能性，他引用了马克思在《1844年经济学哲学手稿》中的一段话来论证这一观点。

> 这种**物质的**、直接**感性的**私有财产，是**异化了的人的**生命的物质的、感性的表现。私有财产的运动——生产和消费——是迄今为止全部生产的运动的**感性**展现，就是说，是人的实现或人的现实。宗教、家庭、国家、法、道德、科学、艺

---

① Adam Schaff, *Alienation as a Social Phenomenon*, New York: Pergamon Press, 1980, p. 221.

② Adam Schaff, *Alienation as a Social Phenomenon*, New York: Pergamon Press, 1980, p. 224.

③ Adam Schaff, *Alienation as a Social Phenomenon*, New York: Pergamon Press, 1980, pp. 223 – 224.

术等等，都不过是生产的一些**特殊的**方式，并且受生产的普遍规律的支配。因此，对**私有财产**的积极的扬弃，作为对**人的**生命的占有，是对一切异化的积极的扬弃，从而是人从宗教、家庭、国家等等向自己的**人的**存在即**社会的**存在的复归。①

这段话经常被正统的马克思主义者们引用，他们把马克思的这一表述当作社会主义制度不可能存在异化现象的理论根据，认为消灭私有制就消除了一切异化。沙夫对这段话进行了深入的解读："但是这段话的本意同那些引用它的人的意图刚好**相反**。这段话毫不含糊地表明，宗教、家庭、国家等（前一句话还包括道德、艺术、法，甚至科学）是异化的形式。它们在社会主义消亡了吗？我们从经验中得知，它们并未消亡。因此，异化在社会主义中不是一样存在吗？"②沙夫的论证巧妙而且精辟，他用马克思提出的异化形式充分证明了社会主义存在异化现象，国家、宗教、法律等典型的异化形式在社会主义条件下同样存在。沙夫指出，1966 年在莫斯科召开了研究社会主义异化问题的研讨会，与会学者强调社会主义社会不仅存在上述异化现象，而且还出现了社会主义特有的异化现象："值得注意的是，他们论证异化现象不只作为资本主义残余会在社会主义出现，而且指出除旧的异化形式（例如宗教）以外，社会主义社会还为其特有的新的异化形式（官僚制度、个人崇拜）的出现制造条件。"③社会主义分为低级阶段的社会主义和高级阶段的共产主义，马克思认为无产阶级专政是从资本主义向社会主义过渡的阶段，社会主义初期仍然保留着资本主义社会的某些残余，比如仍然有阶级划分、存在三大差别、国家以及官僚制度等等。社会主义发展过程中出现的新的异化形式更应该引起我们的重视，例如个人崇拜问题，严重背离了社会主义民主原则，是政治异化的极端表现。

现代社会的生产力发展水平决定了从社会主义向共产主义过

---

① 《马克思恩格斯全集》第 3 卷，人民出版社 2002 年版，第 298 页。

② Adam Schaff, *Alienation as a Social Phenomenon*, New York: Pergamon Press, 1980, p. 226.

③ Adam Schaff, *Alienation as a Social Phenomenon*, New York: Pergamon Press, 1980, p. 228.

渡需要经历很长的时期,这就意味着上述异化现象还将在一定时期内存在。即使在共产主义社会,只要实践的对象化过程不停止,就存在着异化的可能性,社会主义阶段产生异化的条件消失了,在新的社会历史条件下,就有产生新的异化现象的可能性。东欧新马克思主义者普遍认为社会主义条件下存在异化现象,他们分别从各自的角度对资本主义和社会主义条件下的异化现象进行了深刻的批判。南斯拉夫实践派哲学家弗兰尼茨基把异化理解为特定历史发展阶段人的生存结构,因此,他断言异化是必然的现象,"只要人自己的活动成果作为某种外在的东西(政治领域、宗教领域、市场、金钱等)而存在,作为统治他的力量而与他敌对,那么就存在着异化现象"①。他认为异化是很普遍的现象,迄今为止的历史就是异化与扬弃异化相互交织的历史,社会主义条件下不仅存在异化现象,而且它成为社会主义的中心问题,"**同那种认为社会主义已不再有异化问题的命题相反,我们最坚定地认为,异化问题是社会主义的中心问题**"②。资本主义条件下和现存社会主义条件下虽然都存在着异化,但是二者之间有本质的区别,资本主义社会是作为一个异化社会而存在的,而社会主义原则所蕴含的人道主义精神不允许它作为一个异化社会而存在。因此,社会主义只有把异化当作中心问题,并且在理论和实践中把扬弃异化当作首要任务,才能展示社会主义的实质。他得出结论:社会主义只有克服和扬弃异化才能存在与发展。弗兰尼茨基把异化视为社会主义的中心问题,目的是强调社会主义条件下扬弃异化的重要性,强调社会主义要为人的自由和发展创造必要的条件,这一立场贯彻了社会主义人道主义原则,这既是南斯拉夫实践派的理论特征,也是东欧学者在当时的政治背景下得出的共识。从马克思主义的立场来看,否认社会主义存在异化现象不仅是理论上的无知,而且会给社会主义建设带来真正的损害,影响消除异化现象的具体行动。沙夫的分析很深入,论证很充分,他首先在理论层面上令人信服地说明了社会主义存在异化现象,然后在实践层面上具体地分析了社会

---

① 转引自衣俊卿:《人道主义批判理论——东欧新马克思主义述评》,中国人民大学出版社 2005 年版,第 111 ~ 112 页。

② 转引自衣俊卿:《人道主义批判理论——东欧新马克思主义述评》,中国人民大学出版社 2005 年版,第 112 页。

主义异化现象的种种表现。

二、社会主义异化产生的现实原因

社会主义制度下存在的异化现象涉及整个社会的各个层面，包括政治、经济、文化、科技、意识形态等领域，体现在人与社会的关系、人与自然的关系、人与人之间的关系以及人与自身关系的方方面面。沙夫对社会主义异化现象的分析可谓全面，同时他也探讨了这些异化现象产生的根源，在下文中会具体展开分析。在现实层面上，笔者认为社会主义社会的异化现象的根源可以归结为以下几个方面：

第一，相对落后的生产力发展水平决定了建设社会主义的起点低，导致公有制的优势不能充分发挥，甚至在某种程度上束缚生产力的发展。20 世纪各个社会主义国家都是在相对落后的社会条件下建立起了社会主义国家，各国普遍存在着生产力与生产关系之间的矛盾，以及经济基础与上层建筑之间的矛盾，社会主义制度优越性的发挥受到了重重制约，产生了大量的社会矛盾和社会问题，这些成为滋生异化现象的温床。

第二，资本主义等私有制社会原有的制度和观念仍然在一定程度上影响着社会主义社会的各个方面，比如国家制度、官僚体制、伦理道德以及管理模式的异化等等，有些是需要继承和保留的，有些是过渡时期的产物，有些则是由于社会主义新的制度和观念尚未确立造成的。意识形态的发展具有相对滞后性，旧的社会制度残留观念的消极影响在一定时期内仍然存在，社会主义价值体系的确立又需要一个过程，在新旧体系更替的转型时期，更容易产生异化现象。

第三，社会主义制度自身不完善、执政党和政府的方针与决策存在失误造成的异化，这是社会主义自身出现异化现象的最主要原因。回顾社会主义发展的坎坷历程，马克思主义内部各种僵化教条的错误观念以及不适应历史状况的政策路线，给社会主义事业造成了无法弥补的重大损失，马克思主义执政党自身存在的问题是阻碍社会主义发展的最大困难，这种消极影响涉及社会生活的各个领域，政治异化、经济异化和意识形态的异化都根源于此。

第四，社会主义阵营内部存在的矛盾和问题，马克思主义理论内部的分歧和共产主义运动自身的异化。苏联以正统马克思主义自居,对东欧各国内政强加干涉,激化了社会主义国家之间的矛盾,正统的马克思主义、西方马克思主义、东欧新马克思主义以及中国的马克思主义等各自持有不同的理论立场,相互之间的争论和分歧破坏了社会主义事业的整体利益,共产主义运动自身走向了异化。

第五,共产党人和人民群众对社会主义自身发展规律和本质的认识存在偏差,社会主义实践的探索过程总是伴随着异化的可能性,成功的实践探索与失败的实践活动都面临着不同的异化情况。中国的社会主义历程充分说明了这一发展规律。无论是极“左”路线的重大挫折,还是改革开放的成功经验,都存在各自无法避免的异化问题,只是异化的程度和危害性各不相同。作为人的存在方式的实践活动本质上就是矛盾的和分裂的,任何对象化活动都有异化的可能,这是所有异化现象的最深层根源。实践活动的创造性与异化的可能性成正比,可以说异化现象是人类存在方式中难以避免的组成部分,在任何社会发展阶段都有其特定的异化现象,人类社会的发展过程就是不断克服和消除各种异化现象的过程。

第二节　社会主义异化现象的多维透视

沙夫是一位活跃的学者和政治家,在学术研究过程中,他始终非常关注现代西方哲学思潮中有关人道主义和异化问题的相关理论,注重从马克思主义立场进行阐发,取得了丰硕的成果。作为政治家,沙夫在参与政治活动过程中,对社会主义社会的种种异化现象深有感触,因而对这方面的分析和研究就非常深入,这对中国的社会主义建设具有重要的现实意义和参考价值。根据当时东欧和苏联的社会主义现实,沙夫把社会主义社会的异化现象划分为三大类:人与社会制度之间关系的异化、人与自然关系的异化和人与社会塑造的个性之间关系的异化。以下我们分别进行讨论。

一、人与社会制度之间关系的异化

20 世纪的现实表明,社会主义条件下,各种制度都存在异化的可能，尤其是政治制度的异化现象最为突出。沙夫特别关注社会主义的政治异化问题，这类异化现象表现在许多方面，他着重分析了国家、政党、官僚制度的异化，这三个方面的异化问题作为最典型的异化范例，在马克思主义经典著作中早有论述，更重要的是，“主要是因为这几个异化范例在人类社会生活中特别使人痛苦，甚至有危及人类生存的危险”①。只有充分地认识它们的危害性，才能为克服和消除这些异化指明方向。

第一，社会主义国家的异化。根据对马克思主义的理解，国家是阶级统治的工具，具有政治统治和社会管理两个方面的职能。作为政治统治的国家是阶级社会的历史产物，始终具有阶级性特征，因而始终是异化的，将随着阶级和国家的消亡而消亡。社会管理职能即使到了共产主义社会也会继续存在，那时可能通过社会组织等其他形式取代国家的社会管理职能。社会主义国家是无产阶级专政的工具，拥有常备军队、警察、法庭、监狱等暴力机器，这些强制性的机构非但没有随着社会主义的胜利开始消亡，反而都得到了不同程度的加强，这些方面的过度扩张已经给社会主义社会带来了阴影，成为马克思主义理论中典型的异化案例。“国家是一种由人创造但是又居于人之上的异化的产物，只要国家作为强制性机关存在，其本质就是**如此**。这适用于**每一种**国家，包括无产阶级专政。如果不是这样，马克思主义创始人就不会如此热切地宣告必须废除这种机关，把‘全部国家机器放到古物陈列馆去’（恩格斯语）。”②国家伴随着阶级社会的产生而产生，也将随着阶级的消亡而消亡。不仅要打碎资产阶级国家机器，而且要废除在武装政权意义上的所有国家制度，包括无产阶级专政的国家政权。

十月革命之前，列宁根据马克思总结巴黎公社经验提出建设新型国家的建议，主张官员应当选举产生，实行任期制，官员的工资应当不超过熟练工人，没有警察和常设军队，没有享受特权的官僚机构。但是现实的发展却没能实现上述理想，苏维埃政权成立以后，处在资本主义包围之中，不但要保留社会主义国家形式，而

---

① Adam Schaff, *Alienation as a Social Phenomenon*, New York: Pergamon Press, 1980, p. 230.

② Adam Schaff, *Alienation as a Social Phenomenon*, New York: Pergamon Press, 1980, p. 232.

且为了生存和斗争还加强了其军事和政治力量，斯大林时期更是采取了极权主义的国家形式，社会主义国家异化到了极端的程度。其他社会主义国家也有类似情况，无产阶级国家政权建立之后，随着权力的增长，它的自主性也不断增强，越来越不受我们的控制，甚至与我们相对立，成为压迫人和操控人的巨大力量。国家权力滋生腐败现象，国家机构的扩张和运转效率的低下造成巨大的浪费，面对社会主义国家的这些异化问题，应该根据社会主义各国的具体情况和国际环境，设法克服政治异化的弊端，采用切实可行的方针政策限制其消极影响，为将来消除政治异化开辟道路。沙夫同时也指出，考虑到当代社会主义所处的特殊历史环境，加强无产阶级专政是必要的，这就是说现阶段的社会主义还不具备国家消亡的基本条件。沙夫强调社会主义不是以加强政治异化为目的的，而是要克服政治异化，直至最后摆脱它。这就要求我们必须以异化理论为依据，警惕国家权力的扩大和国家机构的膨胀，采取有效措施限制这个我们创造出来并赋予它生命的怪物的活动。“国家是一种异化，不消除这一异化就**不可能**建设共产主义。任何人背离这一原则，就和斯大林一样，偏离了马克思主义。”①异化理论是我们的理论武器，应该通过宣传教育让广大人民群众理解和掌握，进而参与到消除政治异化的行动中，保障社会主义事业的健康发展。

沙夫还探讨了共产主义条件下的社会管理问题。具有政治统治职能的国家将逐渐走向消亡，但是社会管理职能仍然发挥作用，“在马克思主义创始人看来，共产主义仍然保留国家‘管理事务’的**行政**职能，这是不言而喻的。某些管理活动是必需的，如宇宙航天研究；必须关心人民的健康，要建立医院；必须在全球范围（如果不是更大范围的话）计划产品的生产和分配等等，还有更多类似的例子”②。所有的这一切只能靠某种组织起来的社会力量来完成，沙夫设想这种组织是以各种自治的形式出现的，“‘管理事务’的任务，由现有的和不断发展的各种类型的自治机构承担，这种管理必

① Adam Schaff, *Alienation as a Social Phenomenon*, New York: Pergamon Press, 1980, p. 233.

② Adam Schaff, *Alienation as a Social Phenomenon*, New York: Pergamon Press, 1980, p. 234.

须具有集中性、高效率、专业分工的特点，还可以设想，如果必要的话，还应发展超级电子计算机，尽管这需要大量增加管理干部。这种及其他类似组织将取代国家的组织职能，国家将以**这种**形式在共产主义社会继续存在"[①]。沙夫认为，在马克思主义者中间，他们对国家的管理职能在共产主义条件下将继续存在这个问题始终保持缄默，这是因为他们没有正确理解马克思主义的创始人的思想，对国家职能的区分以及其未来发展趋势都知之甚少，更没有意识到国家在社会主义条件下的严重异化以及由此产生的消极影响。马克思、恩格斯和列宁都曾经提到共产主义条件下国家职能的转变问题，我们应该重视和加强对这个问题的研究。

共产主义条件下仍然存在产生异化现象的条件，从事社会管理的大批工作人员组织起来，为社会生活的正常运转开展工作，形成了比较固定的团体和组织，拥有全面的管理权力，"这里可能出现以对象化蜕变为异化的情形，社会控制职能中的一个错误可能使这些及类似的'管理人'团体获得自主权，就足以造成异化的条件"[②]。这意味着异化理论始终是指导我们社会实践的重要依据，与异化现象做斗争是一个伴随人类历史发展的没有终结的过程。

在促使国家走向消亡的过程中，起决定性作用的基本条件就是自治制度的发展。沙夫认为必须从各个方面发展生产者的自治组织，"自治的设想应该密切地联系民主问题加以考虑，例如，同议会民主相比，自治制度是一种特殊的、更高形式的民主，因为在这一制度内部以一种特殊的形式把代议制与执行功能结合起来"[③]。生产者的自治的思想是马克思从乌托邦社会主义者那里借用来的，除此之外，还具有参考意义的是马克思从巴黎公社的经验中得出的结论，"建议一切等级的官吏实行轮换制，严格限制他们的薪金，自治的一般理想开始带有我们条件下的特定色彩"[④]。沙夫认

① Adam Schaff, *Alienation as a Social Phenomenon*, New York: Pergamon Press, 1980, p. 234.

② Adam Schaff, *Alienation as a Social Phenomenon*, New York: Pergamon Press, 1980, p. 236.

③ Adam Schaff, *Alienation as a Social Phenomenon*, New York: Pergamon Press, 1980, p. 237.

④ Adam Schaff, *Alienation as a Social Phenomenon*, New York: Pergamon Press, 1980, p. 237.

为自治制度在生产中将起到重要作用,它会在不违背中央计划的原则的前提下得以严格执行。但是沙夫同时也承认,社会主义条件下的国家在较长的一段时期内还会继续存在,只要国家作为强制性机构存在着,自治作为国家的后继者的意义就不是很明确。在现实层面上,沙夫高度赞扬了当时的南斯拉夫共产党对自治问题的重视和探索,他们在社会管理和经济领域推行自治,但是避开了政治领域和国家职能方面的自治问题,沙夫觉得这种自治的程度还远远不够。对社会主义国家普遍面临的异化问题,沙夫深感忧虑,他指出,"因此,革命的马克思主义者不能允许国家以异化的形式畸形发展,这种畸形发展甚至在将来,会成为消除异化道路上更大的障碍"①。处在20世纪复杂的政治环境中,社会主义国家一方面要通过发展军事力量保卫无产阶级政权,另一方面又要努力避免国家机构的过度膨胀和国家权力的滥用,关于如何克服和消除社会主义国家的异化问题,沙夫也感到困惑和艰难,他提出的自治的设想是原则性的,缺少可操作性,对于国家异化的最终消除显得信心不足。

第二,工人阶级政党的异化。列宁在《国家与革命》里指出,共产主义条件下,不仅国家将走向消亡,而且作为统治形式的民主制度也将消亡,因而,作为民主制度的机构的政党也将走向消亡,这适用于一切政党,包括无产阶级政党。"作为社会制度的政党具有历史特征,它们在历史发展的一定阶段出现,在以后的阶段消亡,同时政党又**可能**变成异化的人的社会产物。因此,政党和国家虽然都是人的产物,但是二者之间有明显的区别,国家**始终是**异化的产物,而政党则**有可能**变成异化的。"②从马克思主义观点来看,资产阶级政党是异化的产物,完全符合异化的标准,但是工人阶级政党是否真正摆脱了异化,则要根据各个社会主义国家的具体发展情况来判断。

沙夫首先明确提出工人阶级政党的发展趋势,"我认为,工人阶级政党产生于近现代关系中,总有一天将走向消亡,在它从产生

① Adam Schaff, *Alienation as a Social Phenomenon*, New York: Pergamon Press, 1980, p. 239.

② Adam Schaff, *Alienation as a Social Phenomenon*, New York: Pergamon Press, 1980, p. 239.

到自然消亡的发展过程中，为了完成一定历史时期的任务以及适应这些任务的完成所需的种种条件，工人阶级政党不得不改变它的组织形式”①。工人阶级政党从产生至今有一百多年的历史，恩格斯曾经提出无产阶级专政的特殊形式将是代议制共和国，代议制式的政党将领导无产阶级取得革命的胜利。沙夫特别强调马克思主义的创始人从未在任何地方将无产阶级专政与一党制联系在一起。“恰恰相反，恩格斯在极为清醒的情况下，于临终前写下无产阶级专政是民主共和制，与之相适应的是多党制。列宁也不认为俄国一开始就应该是一党制，曾经连续数月努力寻求在多党联合执政的基础上和平转向社会主义的可能性。不管怎样，从反对异化的斗争的角度来看这也有许多益处，这一点应当被牢记，至少对那些在将来要建设社会主义的国家而言。”②社会主义国家实行一党制有其特定的历史背景。

20 世纪初，列宁根据当时的革命形势，为了适应反对沙皇专制的政治斗争需要，提出了不同于马克思、恩格斯的新型政党概念。新型政党由职业革命家组成，以严格的集中制和军事组织为基础，实践证明，只有新型政党的领导才能取得十月革命的胜利，西欧的代议制不适应沙俄的政治形势，无法完成社会主义意识形态要求的革命任务。需要注意的是，党的概念由于历史条件的影响发生了变化，恩格斯提出代议制是以 19 世纪末德国的社会民主党的成功经验为基础的，列宁领导十月革命的新型政党适应当时俄国的政治需要，但是列宁在革命胜利后始终思考着如何反对国家官僚制度和党的机构的官僚化，曾经一再讨论党的组织形式问题。

从现实层面来看，领导革命时期的新型政党与社会主义国家建立以后的工人阶级政党相比，具有本质的区别，沙夫尖锐地指出：“我们现在谈论的是**同一个**新型政党吗？一种情形下，它的成员由仅靠很少的党内收入勉强糊口的职业革命家组成，他们为了广大人民群众的利益，甘愿冒着失去自由甚至生命的危险，投身于崇高的革命事业中；在另一种情形下，它的成员由专职的**官吏**组

① Adam Schaff, *Alienation as a Social Phenomenon*, New York: Pergamon Press, 1980, p. 240.

② Adam Schaff, *Alienation as a Social Phenomenon*, New York: Pergamon Press, 1980, p. 129.

成，不仅享有物质特权，而且享有社会地位，以及通常不受限制的，几乎绝对的权力。对这些人来说，唯一的危险就是冒犯他们的上级。组织**形式**没有改变，但是**内容**却彻底变了。把这类人称为‘职业革命家’太可笑了，在**既定**的情况下，反而使他们变成了职业的顺从者。”①这段话深刻地批判了建立无产阶级政权以后工人阶级政党异化的严重程度，这是社会主义国家普遍存在的严峻现实，我们已经切实地感受到了由此导致的一系列后果，整个社会主义事业也因此蒙受了重大的损失。从中还可以看出，政党的异化与官僚体制密切相关，这种蜕化了的工人阶级政党通过官僚体制构成了有组织的社会集团，以权力为核心，在官僚制的传统原则——等级从属和等级服从的基础上建立起权力机构。“‘个人崇拜’的根源就在这里。这是一种社会疾病，从形成这种权力的组织形式的根源生长出来，不断地再生长出来。这就是这种问题并未因斯大林去世而结束的原因。”②政治异化的几个典型问题是彼此关联的，工人阶级政党的异化与社会主义条件下的官僚体制的异化密切相关，社会主义特有的个人崇拜问题又与上述两个方面的异化不可分割。工人阶级政党有可能被异化，在特定情况下这种异化还是不可避免的。“因此，在某些国家的人们中我们看到可悲的景象，他们自诩为‘祖国的救世主’、‘新时代的缔造者’，迅速地变成了‘正统派’，把过去的幽灵带回到生活中来。这不是由于他们人格或品性上的缺点造成的，因为这种经验是普遍的。”③这就是说，社会主义条件下特有的异化——个人崇拜现象的出现，有其深层的制度原因，不能简单地归结为个性问题或者是品性问题。

沙夫提出了消除工人阶级政党内部异化的具体措施，“要根除异化，至少有两个基本要求：对全体职员特别是较高的和最高的职员，实行严格的轮换制；大力减少党的机构中工作人员的物质特权。满足不了这两个条件，党内民主这一根本原则就是一句空话，

---

① Adam Schaff, *Alienation as a Social Phenomenon*, New York: Pergamon Press, 1980, pp. 241 –242.

② Adam Schaff, *Alienation as a Social Phenomenon*, New York: Pergamon Press, 1980, p. 242.

③ Adam Schaff, *Alienation as a Social Phenomenon*, New York: Pergamon Press, 1980, p. 242.

所有的'崇拜'、个人的或集体的专政就会继续盛行"①。沙夫的解释是,要取消在党的机构中工作的物质吸引力,使工作变成沉重的负担,从而让那些自私自利的人退避三舍;要取消以无限期掌权为保证的免于惩罚制度;要避免工人阶级政党的异化,就不能使党内的工作成为具有物质吸引力的专职的岗位。沙夫的设想很理想化,现实的发展表明,东欧和苏联没能摆脱政党异化的种种问题,并最终葬送了社会主义的前途。

第三,社会主义社会官僚体制的异化。社会主义政治异化的几个方面之间有密切的联系,社会主义社会的官僚体制问题是国家和政党问题的一部分,是构成国家和政党机构的基本要素。可以说作为政治内容的国家和政党采取了官僚体制的管理形式,因此社会主义国家和政党的异化也就意味着官僚体制的异化。从某种意义上说,社会主义的官僚制度是必要的,而且并不比资本主义官僚制度的必要性小。沙夫认为官僚体制异化的根源在于权力的异化,"国家或者政党'机构'中的'官僚体制'统治得越好就越危险,因为它没有引起冲突,没有引起不满,所以就能凭借异化更容易地攫取权力。国家和政党的官僚体制问题是个**权力**问题,这一领域的异化问题就等于权力的异化、政治的异化。从社会生活的角度看,官僚体制的异化构成了威胁性最大的异化形式,它导致'机构'的绝对权力产生置于个人和社会之上的危险"②。作为管理手段的官僚体制在运行过程中异化为目的本身,沙夫强调,在社会主义条件下官僚体制的异化比其他社会制度下的官僚体制异化更加危险,"因为在社会主义制度中,自从官僚体制出现以来,就只有一个雇主和同一个政治主人,拥有社会实际上无法控制的行政权力。当我们指出这两种官僚'机构'是在党的'机构'的庇护下联合在一起时,问题就更触目惊心了"③。沙夫借用两部文学作品来表明社会主义官僚体制异化的严重危

① Adam Schaff, *Alienation as a Social Phenomenon*, New York: Pergamon Press, 1980, p. 243.

② Adam Schaff, *Alienation as a Social Phenomenon*, New York: Pergamon Press, 1980, p. 244.

③ Adam Schaff, *Alienation as a Social Phenomenon*, New York: Pergamon Press, 1980, p. 244.

害性，分别是奥威尔的《1984》和卡夫卡的《城堡》。社会主义国家中的人民对此有切身体验，斯大林的极权主义统治是社会主义官僚体制严重异化的产物。』

列宁特别关注社会主义国家官僚体制的异化问题，他强调要防止苏维埃组织受到官僚体制的毒害，并提出了克服官僚体制异化的具体措施。1917 年列宁在《论无产阶级在这次革命中的任务》中提出要“废除警察、军队和官吏。一切官吏应由选举产生，并且可以随时撤换，他们的薪金不得超过熟练工人的平均工资”①。列宁在十月革命胜利后始终对苏联国家和党的机构日趋严重的官僚体制异化问题忧心忡忡，他曾经多次提到要开展反对官僚体制的斗争，并且号召人民学习和参与国家管理，为国家的消亡创造条件。列宁认为要消除社会主义官僚体制的异化现象，应该依靠人民参与国家管理来实现。社会主义国家官僚制度后来的发展与列宁时代的情况不同了，沙夫认为社会主义国家官僚体制在 20 世纪中后期的主要问题是权力过大，“今天我们面对的是国家的，尤其是党的官僚体制，它的活动还是有效的、胜任的，比列宁时代要好得多。最重要的而且最危险的是，这种官僚体制的权力太大了，如果没有这么大的权力，像现在这样组织起来的社会，可能一天都不能存在下去。这种制度在为社会服务的同时，又凌驾于社会之上，往往会转而反对社会。这是一种异化的力量，是在马克思意义上对异化这个词的最佳注解。这正是官僚制度用尽一切手段去保护自身的原因，包括控制意识形态。这种控制的一个实例就是从‘官方’认可的马克思主义的教义中把异化理论‘一笔勾销’”②。同这种官僚体制做斗争是一项艰难的任务，对方大权在握，会不顾一切捍卫自己的立场。来自现实的压力和思想观念逐渐更新的青年人加入到其中，是我们与之斗争的两个有利因素。“我们知道解决这一问题的方向所在，把自治作为更高级的民主形式，但是我们不知道**怎样**去实践这一更高形式。”③沙夫最后坦言，如何克服和消除社

① 《列宁全集》第 29 卷，人民出版社 1985 年版，第 115 页。

② Adam Schaff, *Alienation as a Social Phenomenon*, New York: Pergamon Press, 1980, p. 252.

③ Adam Schaff, *Alienation as a Social Phenomenon*, New York: Pergamon Press, 1980, p. 253.

会主义官僚体制的异化问题并没有明确的方案，中国社会主义的政治体制也同样存在官僚体制的异化问题，而且我们在政治改革的探索过程中也并没有找到特别有效的克服官僚体制异化的办法。

第四，无产阶级革命的异化。社会主义政治异化还表现为无产阶级革命的异化。沙夫首先分析了社会主义的正确内涵，他认为对社会主义本质的理解应该既包含着社会经济形态即经济基础的社会主义特征，又包含着上层建筑的社会主义性质。共产党领导社会主义革命时，就应该从经济基础和上层建筑两个方面实现社会主义，社会主义政治制度的确立是关键所在，“这里涉及的首先是一种促使社会主义人与人之间相互关系得以形成的**政治制度**，必须在符合具体条件的情况下，在不违背自由、全面发展人的个性等标准的情况下建立这种政治制度。只有这样，才可能使人过上特定历史形式的幸福生活”[①]。沙夫再次把社会主义与人的自由和全面发展联系起来，强调社会主义政治制度以社会主义人道主义的实现为根本目的，背离了这一原则，社会主义革命就走向了异化。沙夫认为社会主义只能建立在高度发展的生产力基础上，不能任意超越社会的客观发展阶段，他对落后国家的社会主义建设持谨慎的态度。这反映了沙夫对当时的社会主义国家现状的担忧，对社会主义的未来走向不乐观，苏联和东欧社会主义的历史发展在一定范围内印证了沙夫的顾虑，但是沙夫的观点今天看起来是比较保守的，问题的关键不仅仅是生产力状况，还要看执政的共产党能否制定切实有效的方针政策，在现有的基础上为社会主义的发展开辟道路，中国社会主义建设的成功经验有力地证明了这一点。

沙夫是在社会主义人道主义基本原则的基础上提出无产阶级革命的异化问题的，这一判断在理论上和实践上对我们都具有重要的意义，无论在什么条件下坚持走社会主义道路，都应当以社会主义人道主义基本原则为出发点和最终目的，这是确定社会主义本质的依据所在。我国学者俞吾金教授在这个问题上与沙夫持相

---

① 亚当·沙夫：《论共产主义运动的若干问题》，奚戚、齐伍译，人民出版社1983年版，第30页。

同观点，把马克思主义与人道主义对立起来的思想倾向一度成为官方马克思主义主流的观点。“其实，在马克思那里，阶级斗争和无产阶级专政都不过是手段，而人的自由、解放和人性的复归才是真正的目的。然而，在传统的马克思主义教科书那里，手段和目的却发生了颠倒。原来的手段，即阶级斗争和无产阶级专政现在成了目的，而原来的目的，即人的自由、解放和人性的复归现在却成了手段……显然，这样的见解完全曲解了马克思主义的本真精神，把马克思主义与西方人文主义传统的关系完全掩蔽起来了。”①其实不只传统的马克思主义教科书，在第二国际、第三国际和苏联代表的正统马克思主义中，都有这种倾向，此外还有西方马克思主义的科学主义代表人物阿尔都塞也把马克思主义与人道主义对立起来。

无产阶级革命的异化是因为作为实现社会主义人道主义的手段的无产阶级革命，背离了它的初衷，变成了一种异化的力量：“革命在下述情况下会发生异化：人们为了达到社会发展的一定目标而进行革命（使社会政治结构发生质的改变，而不管实行这一革命的形式），而这一革命在具体的社会条件下却向着一种并非所希望的，某些方面与本来的意图相反的方向上发展，并从而使它的发动者失去对它的控制。”②革命的这种蜕变最恰当的表述就是革命的异化。对此，恩格斯曾经在给维·伊·查苏利奇的一封信中明确地指出：“那些自夸**制造出**革命的人，在革命的第二天总是看到，他们不知道他们做的是什么，**制造出的**革命根本不像他们原来打算的那个样子。这就是黑格尔所说的历史的讽刺，免遭这种讽刺的历史活动家为数甚少。”③恩格斯在手稿中删去了一句“也许我们大家的命运都会是这样”。沙夫认为，在条件不成熟的情况下进行社会主义革命，是对社会不负责任，历史将会在此后进行清算，“历史清算的形式主要表现为革命的异化，即革命的性质和内容会发生

① 俞吾金：《从康德到马克思——千年之交的哲学沉思》，广西师范大学出版社2004年版，第401～402页。

② 亚当·沙夫：《论共产主义运动的若干问题》，奚戚、齐伍译，人民出版社1983年版，第34页。

③ 《马克思恩格斯选集》第4卷，人民出版社1995年版，第670～671页。

变化"[①]。为了推翻旧政权,建立新政权,无产阶级革命不得不采取物质暴力,动用武装力量镇压危害无产阶级专政的集团、组织或个人,废止自由选举,这都是对民主的最基本表现形式的否定。这一现象不是偶然的,在一定环境下具有必然性,比如斯大林主义。沙夫客观地评价了斯大林主义产生的原因,"把整个事情归结于对斯大林的可恶的个人崇拜及其后果,并不是一种解释,这样只能掩盖现象的本质。不能把'斯大林主义'归因于个别人,尽管这个人赋予斯大林主义以特殊的色彩。斯大林主义同体制的全部机构紧密联系在一起,而这个体制受到条件的限制,它的正常发展从而受到阻碍"[②]。在特定的社会历史条件下,无产阶级革命的异化是不可避免的,这种认识无疑是很深刻的。沙夫在此基础上进一步指出,重要的是我们应该如何防止这类异化条件的产生。

认识到无产阶级革命异化的危害性具有重大的意义,"包括革命在内的社会变革,都不能用唯意志论的方式强行实现,即使抱着最崇高的意愿也不行,它们必须以社会发展的客观规律为依据"[③]。沙夫总结现代共产主义运动危机产生的原因,他认为,"弊端的原因不在于马克思主义理论的某些内在的缺陷,而在于这个理论在所谓的现实社会主义的建设实践中被错误地运用了"[④]。这种错误的直接后果就是革命的异化。从苏联和东欧的教训来看,共产主义运动遇到的重大挫折的确根源于共产党在执政过程中没有正确地处理好马克思主义理论与本国实践的具体结合,错误的路线、方针和政策造成了一系列的恶果,最终葬送了无产阶级革命已经取得的成果。相比之下,中国的社会主义建设则从正面提供了走具有本国特色的社会主义道路的成功范例。

① 亚当·沙夫:《论共产主义运动的若干问题》,奚戚、齐伍译,人民出版社 1983 年版,第 36 页。

② 亚当·沙夫:《论共产主义运动的若干问题》,奚戚、齐伍译,人民出版社 1983 年版,第 41 页。

③ 亚当·沙夫:《论共产主义运动的若干问题》,奚戚、齐伍译,人民出版社 1983 年版,第 50 页。

④ 亚当·沙夫:《论共产主义运动的若干问题》,奚戚、齐伍译,人民出版社 1983 年版,第 50 页。

二、人与自然关系的异化

沙夫是"罗马俱乐部"的最早成员之一,1980 年任"罗马俱乐部"执行委员会主席。沙夫始终关注当代人类生存困境,是生态社会主义的重要代表人物,在生态学领域的研究促使他对当代人与自然的关系进行了深刻的反思,也构成了沙夫异化理论的一个重要内容。虽然自然具有客观性,但是我们身处的自然已经深深地打上了人类的烙印,是人化了的自然,马克思称自然是我们的"无机身体"。随着科学技术的迅速发展,人类在征服和改造自然,获取更多自然资源的同时,也对自然造成了巨大的破坏,有关生态危机和全球性问题的研究都是人与自然关系异化的反映。沙夫着重研究了与人口爆炸有关的生态问题,从人类自身发展与自然之间的矛盾入手,探讨了现代社会人与自然之间关系的异化。"有关'人与自然'或'人与人的自然环境'的各种问题的综合征,'罗马俱乐部'称之为'人类的困境',正日益为公共舆论所关注。我指的是与人口爆炸有关的生态问题,人类生活所需要的自然资源的枯竭,尤其是食物(以及饮用水)和生产物质产品所需要的原材料(包括作为能源来源的原材料)的枯竭,以及日益严重的空气、水、土壤等自然环境的污染现象,以一种生物的方式威胁着人类的存在。"① 沙夫对待生态问题的态度非常明确,对于自身的活动给自然造成的后果,人类不能逃避责任和漠不关心,否则,对自然的这种控制和管理方式就会导致自然的报复与惩罚,造成与人的意图相反甚至威胁到人类自身的存在的结果。正是在这个意义上,自然或人的自然环境变成了一种异化的力量。

引起生态危机的一个重要原因是人口爆炸,世界人口的无限增加导致了一场严重的危机,如果不加控制地发展下去,人类必将陷入灾难之中。人类自身数量的增长处于失控状态,并且威胁着人类自身的生存。据统计,1800 年,全世界人口仅为 10 亿,1927 年达到 20 亿,1960 年攀升到 30 亿,1974 年上升到 40 亿,1999 年飙

① Adam Schaff, *Alienation as a Social Phenomenon*, New York: Pergamon Press, 1980, p. 254.

升到60亿,2011年已经突破70亿大关。[①] 生产力的发展提高了人类的生活质量,医学进步延长了人类的寿命,使整个20世纪的人口飞速增长,虽然专家估计人口数量将在未来的50年左右逐渐趋于稳定,但是现有的人口数量已经给自然环境造成了巨大的压力,生态平衡遭到严重的破坏。一方面,过度的消费,尤其是发达国家不断人为地刺激消费,使全球的自然资源都面临着枯竭的危险;另一方面,无节制的生产以及大量有害化学物质的使用和排放,造成对自然环境的严重污染,这些后果直接威胁着人类自身的生存,这都是典型的异化现象。

要消除这些异化现象就应该首先废除产生异化的各种关系,沙夫探讨了一些可行的措施,具体包括控制人口数量;节约资源,限制发达国家的过度消费,开展资源的回收和再利用,寻找替代能源;积极预防和清除污染;等等。人与自然关系异化的消除是一项系统工程,需要全世界共同参与、相互合作,采取一系列的综合措施,这将是一个长期的、艰巨的历史使命,是全球性的现实课题。这种异化的全球性特征使得社会主义与资本主义都无法置身事外,对于中国这样人口众多的发展中的社会主义国家来说,消除这方面异化的课题就更加重要了。

可以说沙夫对人与自然关系问题的研究是非常早的,30多年前的生态问题与今天相比还没有这么突出,他所提出的问题今天看来依然具有重大的现实意义,我们不必罗列更多的有关人与自然关系的异化现象,正如沙夫所言,重要的是人类对自身活动的失控将直接导致我们的生存危机,人道主义原则时刻提醒着我们生存的手段与目的之间的关系,没有什么狭隘的利益需求比整个人类的生存和发展更为重要的了,否则人类必然将自食其果。

三、人与社会塑造的个性之间关系的异化

在自我异化问题中沙夫已经研究了人与自身的个性之间的异化关系,在社会主义条件下也存在着这种异化,这种异化是以社会主义要塑造的"新人"为前提的,这种情况与资本主义条件下个性

---

① Lise Barnéoud:《全球人口增长的真相》,李晓桦编译,载《新发现》2010年第4期。

形成的基础是不同的,沙夫关注的是"建立在社会认可的价值体系基础之上历史地形成的人的模式,一个人**应是**的模式,因此,不是真正的个体的'自我'或特殊的个性,而是这种'自我'或个性的**模式**,冠之以'社会主义的人'的概念"①。在社会主义条件下,当个人与这种模式相异化时,我们应该格外予以关注。人能够与社会制度或者其他人相异化,他也能够与那个社会认可的、人应是什么样的模式相异化,这在社会主义条件下很常见。"我们有一个'社会主义的人'的模式或理想,同时,我们也注意到,在社会主义社会中存在着与这一模式背道而驰的人和个性特征,罪犯、窃贼、民族主义者、种族主义者等等。'培育社会主义的人'的意思就是**消除**社会主义社会成员的个性中的这些异化现象,即采取铲除这种异化现象根源的社会行动,促进在社会主义社会中生活的人们的新型人格的形成。"②沙夫重点要论证的是社会主义社会新人的塑造和生成,或者说是如何消除社会主义社会人的个性的异化现象。沙夫以马卡连柯的《教育诗》作为教育社会主义新人的最佳注解,他把这一著作称为"消除异化的诗"。这种模式究竟是什么?对这一模式可能有不同的解释和概括,在社会主义现实背景下就是一个真正的社会主义"超人"。古希腊把理想的人的模式称为"理想和完善的人"(kalokagathos),古希腊的人的模式是美而善的。马克思的模式是"全面的人",指人受过全面的教育,拥有全面的能力。"我们今天几乎'遗忘'了马克思的这一理想(真可惜,因为它尽管不实际,但对渴望未来的人而言仍然充满力量,并且具有现实主义意义),正是在这里——从文学上而不是从明确的理论表征上判断——浮现出了想要献身于社会事业、国际主义以及为高尚的理想、尊严等勇于牺牲的人格特征。重要的不是个体特征,而是'新人'或'社会主义的人'的综合表现。"③违背这一模式就可能表现为自我异化,就需要通过适当的社会行动来加以克服。

---

① Adam Schaff, *Alienation as a Social Phenomenon*, New York: Pergamon Press, 1980, p. 259.

② Adam Schaff, *Alienation as a Social Phenomenon*, New York: Pergamon Press, 1980, p. 259.

③ Adam Schaff, *Alienation as a Social Phenomenon*, New York: Pergamon Press, 1980, p. 260.

消除社会主义社会人与这种理想模式之间的异化现象，除了宣传教育以外，还需要具备一定的客观条件，沙夫详尽地阐述了社会主义新人生成的客观条件。第一，通过社会的高度发展，满足人们基本需要的可能性也随之不断增长。沙夫特别批判了消费的异化，“消费者的社会是在资本主义经济基础上发展起来的需要被异化了的社会”。社会主义要满足的是基本需要的增长，而不是人为的需要的增长。有关消费社会批判和大众文化批判的理论都涉及这个问题。第二，在社会生活的各个方面不断实现政治和社会的自治制度。“国家的公民，即马克思所说的‘自由生产者’，应该通过直接参与管理来掌控社会生活中的所有事务，从而消除高居于这些公民之上的一切异化的社会制度，使之回到服务社会生活的轨道上来。”①沙夫把自治制度的发展视为一种逐渐过渡的过程，将来条件成熟时能够完全取代国家、政党和官僚体制等政治异化现象。沙夫认为自治制度的意义首先要通过宣传教育深入人心，最终要在实践层面上得以逐渐推行和普遍发展。第三，在马克思看来，社会主义新人就是全面发展的人，必须为人的才能的全面发展创造客观条件。要实现这一点，应该在人生存的物质条件和教育制度这两个方面进行彻底的革命，消灭脑体、工农和城乡三大差别，自动化的发展为这一目标提供了客观条件，人从繁重的工作中解放出来，拥有更多的闲暇时间，并且使劳动真正成为一种需要时，人的全面发展、个性的丰富和完善才有可能真正得以实现。第四，宣传作用不仅取决于技术手段，而且应该保证宣传内容务实，从实际出发，实事求是。只有让人真正接受这种社会主义新人的理想观念，才有可能实现对人的教育和塑造，避免人与这种新人模式相异化。第五，必须满足这样的政治条件：建立健全保障个人政治自由（言论、集会、出版和信息等方面的自由）的制度，从而激发个人独立思考和当家做主的精神。社会主义新人应该具有一种主人翁精神，富有创造性和批判精神，积极参与社会生活，勇于同社会丑恶现象做斗争。这就要求要有高度的社会主义民主制度做保障，塑造公民个性，完善人格，促进社会主义新人的培养和生成。

---

① Adam Schaff, *Alienation as a Social Phenomenon*, New York: Pergamon Press, 1980, p. 261.

社会主义新人的基本特征就是具有社会主义社会所需要的"社会性格",培养教育社会主义新人就是创造条件促进这种社会性格的形成。性格可以理解为人在一生中的一定时期所形成的较为稳定的,决定他的情感、思想和行动的一系列综合特征。性格不仅与人的身心状态和个人经历有关,而且还受社会文化的影响。性格中虽然有先天的因素,但是后天的养成的作用更加重要。人的社会性是通过社会交往和实践活动逐渐形成的,如果性格中的先天成分是人的基因密码,那么后天养成的社会性格就是人的文化密码。在特定的时期,社会塑造的通常具有普遍性的性格特点,也会出现在个体的性格特点之中。"社会性格"就是在特定的条件下,在社会生活需要的基础上,在特定个人身上由社会所塑造的那些激励性的综合特征。"重要的是,通过他们的社会性格,人们拥有了社会所需要的行动、情感和思维的动力。"①即使是那些与社会性格相异化的叛逆的表现形式,也同样产生于特定的社会性格形成的具体社会条件下。

资本主义社会已经形成了适应"消费社会"所需要的社会性格,社会主义社会也应该形成适应人的全面发展需要的社会性格,塑造社会主义新人是以社会主义人道主义的基本原则为根据的。"为了社会主义社会的利益,人们应该**愿意**去做他们**应该**去做的事情,他们的思想、情感和行动都应该与社会主义社会的需要相一致。"②沙夫把社会主义新人的塑造和生成作为社会主义的重要任务,从个体的人的层面上论证社会主义人道主义的本质特征,将他的人道主义理论贯彻到实践中,体现了彻底的马克思主义立场。沙夫还具体地分析了塑造社会主义新人的途径,他认为直接的宣传灌输方式收效甚微,通过文学、艺术、哲学和社会科学的间接影响是比较有效的,树立个体榜样,发挥他具有的社会所认可的个性的示范作用是最为有效的方式。在青年时期进行社会主义新人所需要的社会性格的塑造是非常重要的,应该特别重视对青年人的教育和培养。

---

① Adam Schaff, *Alienation as a Social Phenomenon*, New York: Pergamon Press, 1980, p. 265.

② Adam Schaff, *Alienation as a Social Phenomenon*, New York: Pergamon Press, 1980, p. 266.

马克思把共产主义看作是一个过程，同样，培养和塑造社会主义新人也是一个持续的、无限的过程，应该伴随社会主义发展过程的始终。社会主义的不同发展阶段有不同的特征和要求，相应的社会主义新人应该具有的社会性格也会随之发展变化，教育工作不可能一劳永逸。沙夫特别重视文化的发展，文化是上层建筑中影响社会性格形成的重要因素。这一认识首先是列宁提出来的，葛兰西有关文化领导权的理论也与沙夫的这一观点有一致之处。

无论是哪个历史阶段，都存在异化现象，社会主义社会甚至将来的共产主义社会也不例外。只要人类的实践活动表现为对象化的活动，在特定的条件下对象化就存在着蜕变为异化的危险，所以反对异化和自我异化的斗争是我们永恒的课题。“马克思把共产主义理解为这样一种社会制度，它为人类个体的自由和全面发展提供了可能，首先是从异化状态下获得自由的可能。”①我们在社会主义阶段就应该致力于消除各种异化现象，为个体的人的发展创造条件，塑造社会主义新人，促进完整的人的个性生成。“只要共产主义不放弃自身就不会被放弃的一个原则是：创造一个新的共产主义的人。至少在马克思看来，共产主义是实践的人道主义。”②通过对社会主义异化现象的批判，沙夫重申了社会主义和共产主义的人道主义目标，他以自动化为前提，以自治制度为途径，以消除各种异化现象为目的，以社会主义和共产主义新人为尺度，描绘了社会主义与共产主义的理想状态，也实现了社会主义人道主义从理论到实践的贯通。

第三节　生态社会主义的理论探索

沙夫的社会主义人道主义思想不仅形成了完整的理论体系，而且始终密切联系现实问题进行分析，并且积极探索社会主义发展的新道路。20 世纪 70 年代，沙夫参加了著名的国际学术组织“罗马俱乐部”，有关生态学问题的研究为沙夫开辟了一个新的领

① Adam Schaff, *Alienation as a Social Phenomenon*, New York: Pergamon Press, 1980, p. 268.

② Adam Schaff, *Marxism and the Human Individual*, New York: McGraw - Hill, 1970, p. 195.

域，他把生态学与马克思主义结合起来，形成了生态社会主义学派，开创了马克思主义理论的新方向。

"罗马俱乐部"成立于1968年4月，因总部设在意大利的罗马而得名。"罗马俱乐部"是关于未来学研究的国际性民间学术团体，也是一个研讨全球问题的智囊组织。"罗马俱乐部"的成立标志着西方生态运动的崛起，它在人类历史上第一次提出了"全球生态危机"的威胁问题。它的宗旨是通过对人口、粮食、工业化、污染、资源、贫困、教育等全球性问题的系统研究，提高公众的全球意识，敦促国际组织和各国有关部门改革社会与政治制度，并采取必要的社会和政治行动，以改善全球管理，使人类摆脱所面临的困境。沙夫早在1972年就成为"罗马俱乐部"最早的成员之一，1980年任"罗马俱乐部"执行委员会主席。沙夫是生态社会主义的创始人之一，是第一代生态社会主义的代表人物。生态社会主义从人与自然关系这一人类生存的重要维度入手，揭示了现代社会人类面临的生态危机，指出了摆脱生态困境的基本途径和社会主义发展的未来走向，拓展并深化了马克思主义在生态学领域的研究。

一、生态学马克思主义转向

从20世纪70年代起，沙夫通过参与"罗马俱乐部"的生态学研究活动，探索了一条社会主义发展的新道路，创立了生态社会主义学派。生态社会主义也称生态学马克思主义，是在20世纪下半叶蓬勃兴起的生态运动中形成的一个新思潮、新学派。在各种形式的生态理论中，生态社会主义独具特色，试图把生态学与马克思主义结合起来，用马克思主义理论解释当代生态危机，从而为克服人类生存困境寻找一条既能消除生态危机，又能实现社会主义的新道路。生态社会主义是随着绿色生态运动的发展逐步成长起来的，以批判当代资本主义全球性问题为主题，具有区别于一般生态主义的理论特征。戴维·佩珀总结了生态社会主义的理论主题和基本诉求："真正基层性的广泛民主；生产资料的共同所有（即共同体成员所有，而不一定是国家所有）；面向社会需要的生产，而主要不是为了市场交换和利润；面向地方需要的地方化生产；结果的平等；社会与环境公正；相互支持的社会——自然关系。生态社会主义试图证明，这些主题不多不少也构成了一个**社会主义**社会的基础。它们是**社会主义的**原则与条件,而且,它们恰恰是解决晚期资本主义产生的环境与社会难题所需要的。因而,结论应当是,社会主义和共产主义比它们在以前任何时候都更加具有相关性。"[①]经过40多年的发展,生态社会主义的政治诉求和理论特征越来越清晰与明确,"生态社会主义是人类中心论的(尽管不是在资本主义——技术中心论的意义上说)和人本主义的。它拒绝生物道德和自然神秘化以及这些可能产生的任何反人本主义"[②]。这一概括抓住了生态社会主义的价值核心是人道主义,生态社会主义主张通过社会政治、经济变革实现社会公平正义以及人与自然的和谐。

法兰克福学派从20世纪50年代起就对人与自然关系和资本主义发展造成的生态危机进行了研究与批判,把生态问题作为一个重要的理论主题,这些思想主要体现在霍克海默、阿多诺的《启蒙辩证法》等著作中。他们指出,"启蒙的纲领是要唤醒世界,祛除神话,并用知识替代幻想"[③]。培根颂扬知识的力量,他认为,"人们从自然中想学到的就是如何利用自然,以便全面地统治自然和他者。这就是其唯一的目的"[④]。但是启蒙精神却走向了自我毁灭,倒退成了神话,并且导致人与自然关系的异化,"神话变成了启蒙,自然则变成了纯粹的客观性。人类为其权力的膨胀付出了他们在行使权力过程中不断异化的代价。启蒙对待万物,就像独裁者对待人"[⑤]。人类社会对自然的无限度攫取已经显现出严重的后果,"社会对自然的暴力达到了前所未有的程度"[⑥]。人类已经因此受到报复和惩罚,"每一种彻底粉碎自然奴役的尝试都只会在打破自然的过程中,更深地陷入到自然的束缚

---

① 戴维·佩珀:《生态社会主义:从深生态学到社会正义》,刘颖译,山东大学出版社2005年版,《中译本前言》第3~4页。

② 戴维·佩珀:《生态社会主义:从深生态学到社会正义》,刘颖译,山东大学出版社2005年版,第354页。

③ 霍克海默、阿道尔诺:《启蒙辩证法:哲学断片》,渠敬东、曹卫东译,上海人民出版社2003年版,第1页。

④ 霍克海默、阿道尔诺:《启蒙辩证法:哲学断片》,渠敬东、曹卫东译,上海人民出版社2003年版,第2页。

⑤ 霍克海默、阿道尔诺:《启蒙辩证法:哲学断片》,渠敬东、曹卫东译,上海人民出版社2003年版,第6~7页。

⑥ 霍克海默、阿道尔诺:《启蒙辩证法:哲学断片》,渠敬东、曹卫东译,上海人民出版社2003年版,《前言》第4页。

之中。这就是欧洲文明的发展途径”[①]。人与自然关系的异化、人与人关系的异化以及人与自身关系的异化都是启蒙精神自我异化的结果,“这种支配不仅仅为人与其支配对象相异化付出了代价,而且随着灵魂的对象化,人与人的关系本身,甚至于个体与其自身的关系也被神化了。个人被贬低为习惯反映和实际所需的行为方式的聚集物”[②]。批判启蒙精神的目的就是为了消除现存社会的异化现象,就人与自然的关系而言,我们的目标不应该是对自然的统治,而应该是与自然的和解,这一思想在生态社会主义理论中被更加充分地表达了。

20世纪六七十年代,马尔库塞通过研究马克思的《1844年经济学哲学手稿》,把自然的解放当作人的解放的手段这一思想视为《1844年经济学哲学手稿》的核心思想,“人们发现(或者确切地说是再发现),自然界成为反对剥削社会的斗争中的同盟者,因为在剥削社会中对自然界的损害加剧了对人的损害。发现解放自然界的力量以及这一力量在建设一个自由社会中所起的至关重要的作用,将成为社会变革中的一种新型的力量”[③]。马尔库塞提出解放自然有两重含义:一是要解放属人的自然,即人的本能和感觉;二是要解放外部的自然界,即人的生存环境。“自然的这两种表现形式都是一种历史的实体,人所遇到的自然界是为社会所改造过的自然,是服从于一种特殊的合理性的,这种合理性越来越变成技术的、作为工具的合理性,并且服从于资本主义的要求。这种合理性也影响到人的自身的自然,影响到人的原始的冲动”[④]。马尔库塞把人与自然关系的异化与资本主义制度联系起来,进而批判了当代资本主义的异化现实:“在现存的社会中,尽管自然界本身越来越受到有力的控制,但它反过来又变成了从另一方面控制人的力量,变成了社会伸展出来的手臂和它的抗力。商品化的自然界、被

① 霍克海默、阿道尔诺:《启蒙辩证法:哲学断片》,渠敬东、曹卫东译,上海人民出版社2003年版,第10页。

② 霍克海默、阿道尔诺:《启蒙辩证法:哲学断片》,渠敬东、曹卫东译,上海人民出版社2003年版,第25页。

③ 复旦大学哲学系现代西方哲学研究室编译:《西方学者论〈1844年经济学—哲学手稿〉》,复旦大学出版社1983年版,第144页。

④ 复旦大学哲学系现代西方哲学研究室编译:《西方学者论〈1844年经济学—哲学手稿〉》,复旦大学出版社1983年版,第145页。

污染了的自然界、军事化了的自然界，不仅仅在生态学的含义上，而且在存在的含义上，缩小了人的生存环境。这样的自然界，使人不能从环境中得到性本能的净化（和变革他的环境），使人不能在自然界中发现他自己，发现异化的那一边和这一边。它也使人不能把自然界看成它的真实样子的**主体**，即使人不能把自然界看成是生活于共同的人的宇宙中的**主体**。”①这就表明人与自然关系的异化是资本主义异化现实的一种表现形式，这些异化现象的产生与消除都是相互联系的，正是在这个意义上，马尔库塞强调解放自然是解放人的一种工具，并且把消除人与自然关系的异化上升到政治斗争的高度：“对人的统治是通过对自然界的统治实现的。要了解解放人和解放自然界之间的具体联系，在今天，只要看一下生态学上的冲击在激进运动中所起的作用，就一清二楚了。空气和水的污染、噪声、工商业对空旷的自然空间的侵占，具有奴役和压迫的物质力量。反对这些奴役与压迫的斗争，是一种政治斗争。对自然界的损害和资本主义经济之间的密切联系达到了多大程度也是显而易见的。”②马尔库塞有关自然解放的思想中包含着许多生态社会主义思想的萌芽，这种异化批判特质与生态社会主义具有内在的理论一致性。马尔库塞提出的解放自然的具体途径是从人的本能层面的自然开始的，他主张发展一种激进的、非顺从性的感受性，强调“感觉的解放”在重建社会中的作用，它“就是指感觉造就了新型的社会主义的人与人、人与物、人与自然的关系”③。马尔库塞提出了自然革命的思想，主张人类应当人道地占有自然。此外，马尔库塞还特别重视妇女解放的重要作用，把妇女视为家长制社会的掘墓人。

法兰克福学派的上述思想在西方产生了很大的影响，他们对当代资本主义生态问题的社会批判是深刻的，但是相对缺少具体的革命措施和实践策略，这些研究成果对后来生态社会主义的发

---

① 复旦大学哲学系现代西方哲学研究室编译：《西方学者论〈1844 年经济学—哲学手稿〉》，复旦大学出版社 1983 年版，第 145 页。

② 复旦大学哲学系现代西方哲学研究室编译：《西方学者论〈1844 年经济学—哲学手稿〉》，复旦大学出版社 1983 年版，第 146 页。

③ 复旦大学哲学系现代西方哲学研究室编译：《西方学者论〈1844 年经济学—哲学手稿〉》，复旦大学出版社 1983 年版，第 149 页。

展产生了一定的影响,被视为生态社会主义思想的萌芽。沙夫等人开创的生态社会主义思潮,发展了法兰克福学派有关生态问题的研究,他们更加注重联系现实,把生存环境问题与政治问题结合起来,在批判当代社会生态危机的同时,提出了许多更加具有建设性的解决方案,逐渐形成了在当代世界具有广泛影响力的重要学派,成为当代马克思主义流派的重要代表。

生态社会主义诞生于20 世纪70 年代的德国,大致经历了三个阶段的发展历程,20 世纪 70 年代是萌芽时期,20 世纪 80 年代是发展时期,20 世纪 90 年代是成熟时期。

第一个阶段的代表人物是 20 世纪 70 年代的鲁道夫·巴罗和沙夫。鲁道夫·巴罗与沙夫是共产党人中最早介入生态研究的,在生态运动兴起的最初时期就积极参与其中,他们最先明确提出了有关生态社会主义的基本思想。鲁道夫·巴罗原是东德统一社会党成员,后来因政治原因出逃到西德。他的代表著作是《从红到绿》、《创建绿色运动》,他倡导社会主义生态运动,主张绿色的生态运动与红色的共产主义运动相结合,建立一个由绿党、妇女运动、生态运动和一切进步的非暴力社会组织组成的广泛的群众联盟。沙夫从马克思主义立场研究当代社会人与自然关系的异化,批判资本主义和社会主义两种制度条件下对生态环境的破坏,探索社会主义与生态学的结合方式。他们被视为"红色"的"绿化",他们的政治道路的典型特征是"从红到绿"。

第二个阶段以 20 世纪 80 年代加拿大的威廉·莱易斯和本·阿格尔、法国安德列·高兹等左翼学者为主要代表人物。威廉·莱易斯曾经与法兰克福学派的成员共事,他的代表著作是《对自然的统治》和《满足的极限》,他认为对自然控制的加强加剧了对人的统治,统治自然的观念是生态危机的最深层根源。资本主义过度生产导致人的异化和生态危机,要解决生态危机就必须实行一种"稳态经济",缩减资本主义生产能力,减少物质需求并控制消费,调整人与自然之间的关系,建立一种新的发展观。本·阿格尔是威廉·莱易斯思想的追随者,他著有《论幸福和被毁灭的生活》、《西方马克思主义概论》等,他认为资本主义危机在当代已经转移到了消费领域,当代资本主义的生态危机取代了经济危机;安德列·高兹的代表作是《作为政治的生态学》和《资本主义,社会主义,生态学》，他认为解决生态危机的出路是停止经济增长、改变生活方式和限制消费，建立人与自然协调的民主的社会，主张在新的社会历史条件下社会主义左翼与生态运动结盟，反对晚期资本主义。这几位代表人物都是左翼学者，他们批判当代资本主义经济制度，同时质疑现存的社会主义模式，试图寻求一条新的生态社会主义的革命道路。他们运用马克思主义理论分析生态危机产生的根源，比较明确地提出了克服生态危机的政治、经济和意识形态要求，他们典型的理论特征是“红绿交融”。

第三个阶段以20世纪80年代末以来的乔治·拉比卡、瑞尼尔·格伦德曼、戴维·佩珀等欧洲学者和左翼社会活动家为代表人物。乔治·拉比卡是法国左翼运动理论家，在苏东剧变以后致力于研究全球生态危机与生态社会主义的关系问题，他认为生态社会主义标志着工人运动进入了“工人运动的文化革命阶段”；瑞尼尔·格伦德曼是德国左翼学者，主要著作是《马克思主义和生态学》，他主张运用马克思主义的历史唯物主义理论解决生态危机，肯定马克思主义关于人化自然理论的重要意义；戴维·佩珀的代表作是《现代环境主义的根源》和《生态社会主义：从深生态学到社会主义》，他自称为生态运动中的“马克思主义左派”，他概括了生态社会主义的理论主题和人道主义诉求，深化了生态社会主义与生态主义之间关系的争论，提出了生态社会主义的基本原则：“基本的社会主义原则——平等、消灭资本主义和贫穷、根据需要分配资源和对我们生活与共同体的民主控制——也是基本的环境原则。”[①]瑞尼尔·格伦德曼、戴维·佩珀提出了“红色绿党”的概念，试图以马克思主义改造生态运动，解决全球生态危机，把生态运动引向社会主义的方向。这一阶段生态社会主义的总体特征是“绿色红化”。

进入世纪之交，生态社会主义陆续涌现出一些新的思想，美国学者詹姆斯·奥康纳出版了《自然的理由——生态学马克思主义研究》，他认为传统社会主义批判了资本主义生产关系的性质，但是在实践中却导向了定量性的分配性正义要求，他提出要修正社

① 戴维·佩珀：《生态社会主义：从深生态学到社会正义》，刘颖译，山东大学出版社2005年版，第356页。

会主义理念,对社会主义重新进行理论界定,“复活社会主义的理念,并且,第一,把它从对定量性改革实践和分配性正义的迷恋中拯救出来,代之以(或补充进)定性的改革实践和生产性正义;第二,从意识形态上斩断它与民族主义和国家主义的关联,这种做法可能吗,或者说是可取的吗? 我认为,从以下三个方面来对社会主义重新进行理论界定,这不仅是可能和可取的,而且还是十分必要的:在实践中,重点关注对资本主义的定性批判,这也包括对生产性正义的重视;在理论上和政治上,对资本主义国家进行批判,使国家民主化;另外它明显还是国际主义的”①。他对生产性正义与分配性正义的区分是对新旧社会主义的一种新的理解方式,这一观点是比较独到的。这位学者还运用马克思主义经典理论对生态社会主义进行了新的概括,“我用‘生态学社会主义’这个术语来界定这样一些理论和实践:它们希求使交换价值从属于使用价值,使抽象劳动从属于具体劳动,这也就是说,按照需要(包括工人的自我发展的需要)而不是利润来组织生产。如此定义的生态学社会主义在理论上不仅研究资本主义的劳动过程,而且也研究使用价值和需要(消费)的结构。从这个含义上来讲,生态学社会主义所寻求的正是使传统社会主义本身的批判性理想得以实现”②。他把生态社会主义视为解决当代资本主义生态危机的唯一出路:“**生产性正义将需求最小化,或者说,彻底废止分配性正义,因为,分配性正义在一个社会化生产已达到高度发展的世界中是根本不可能实现的**。因此,正义之惟一可行的形式就是**生产性正义**;而生产性正义的惟一可行的途径就是**生态学社会主义**。”③詹姆斯·奥康纳的生态社会主义思想不仅明确了社会主义的理论内涵,而且提出要实现生产性正义的政治要求,从理论和实践、政治和经济等不同的角度阐述了生态社会主义的纲领与目标。美国学者约翰·贝拉米·福斯特出版了《马克思的生态学》,他的结论是马克思的生态观是一种深

① 詹姆斯·奥康纳:《自然的理由——生态学马克思主义研究》,唐正东、臧佩洪译,南京大学出版社 2003 年版,第 515 ~516 页。

② 詹姆斯·奥康纳:《自然的理由——生态学马克思主义研究》,唐正东、臧佩洪译,南京大学出版社 2003 年版,第 525 ~526 页。

③ 詹姆斯·奥康纳:《自然的理由——生态学马克思主义研究》,唐正东、臧佩洪译,南京大学出版社 2003 年版,第 538 页。

刻的、真正系统的生态世界观，这种生态观源于他的唯物主义。

生态社会主义不仅是生态运动的一面旗帜，而且还是当代马克思主义的一个重要流派，他们在当代社会背景下运用马克思主义理论分析资本主义政治、经济和生态问题，提出了许多新思想和新观点，丰富了社会主义理论，也为社会主义实践提供了有益的参考。我国学者周穗明这样评价生态社会主义："从总体上说，生态社会主义试图以无政府主义的内容来改造科学社会主义，更接近于欧洲历史上的'小资产阶级社会主义'。在社会政治实践中，他们提不出可行的、有号召力的具体社会政策，缺乏社会理想和解决社会冲突的具体手段。因此，生态社会主义还不能说为解救全球生态危机找到了一条正确的道路。"①但是，生态社会主义所研究的问题具有重要的理论价值和现实意义，只有深刻地认识到当代生态危机的严重性，才能为解决危机打下坚实的基础。生态社会主义立足当代现实，尝试走一条可持续发展的社会主义道路，这一思路对社会主义理论和实践都具有重要的参考价值。

二、微电子时代的生存挑战

沙夫的生态社会主义思想集中体现在《微电子学与社会》一书中，以及《作为社会现象的异化》里关于人与自然关系异化的阐述，后者已经在上文中讨论过了，在此笔者主要针对沙夫有关微电子学引导的信息时代人类生存方式的转变进行分析。

"罗马俱乐部"作为生态运动的发起者，是以"人类困境"及出路为主题展开学术研究的，从第一篇报告《增长的极限》开始，"罗马俱乐部"就关注着经济增长模式给地球和人类自身带来的破坏性后果，围绕环境与发展之间的关系，他们提出"有机增长"的概念和"以人为中心的发展观"，为环境保护和"可持续发展"理论的提出做出了重要的贡献。同时，"罗马俱乐部"又是一个未来学研究机构，他们的报告总是从我们面临的具体的全球问题入手，思考人类的现实处境与未来发展之间的关系，提供富有建设性的解决方案。

人类社会已经进入了信息时代，以微电子学的广泛应用为标

① 周穗明：《生态社会主义述评》，载《国外社会科学》1997年第4期。

志的信息革命，被称为“第二次工业革命”，这场新的工业革命为人类基本需要的满足提供了可能性，同时它也引发了一场深刻的社会变革，如何全面认识这场变革，众多学者都提出了各自的观点。美国社会学家丹尼尔·贝尔称之为“后工业社会”，《第三次浪潮》的作者阿尔文·托夫勒称之为“超工业社会”，更多的人称之为“信息社会”，丹尼尔·贝尔后来明确指认后工业社会就是信息社会。“罗马俱乐部”深入地研究了信息社会的特征和变革，于 1982 年出版了研究报告《微电子学与社会》，这本书同样是以人类生存面临的现实困境为核心，对微电子学引发的新工业革命在生产领域和社会生活各个领域带来的冲击进行全方位的评估，着重讨论了信息时代人类生存方式发生根本变革的前提下，我们会遇到怎样的挑战、机会和问题。“微电子学，通过微型化、自动化、计算机化和机器人化，将从根本上改变我们的生活，并冲击着生活的许多方面：劳动，家庭，政治，科学，战争与和平。”①关于微电子学广泛应用产生的深远影响，学者们一方面详尽分析了在社会生活各个领域发生的革命性改变，另一方面也深入探讨了信息革命的经济后果、政治后果以及人的生存方式的重大转变。

沙夫是《微电子学与社会》一书的主编之一，他不仅撰写了最后一章《职业与劳动》，而且从总体上对信息工业革命进行了评估，特别是对人的生产方式和生活方式的重大变革进行了分析与预测，提出要恢复“人生意义”和实现人的“全面发展”。通过生态社会主义研究，沙夫阐述了生态学与马克思主义的理论联系，指出了一条解决当代生态问题的新的道路。

我们关心的不是微电子学在各个技术领域的具体应用，也不详细讨论生产方式和生活方式的具体改变，我们重点考察信息社会对人的生存发展的影响，对人际关系的影响以及对社会、文化、政治领域的影响。

对人的生存和发展而言，信息社会由于劳动方式的转变将产生职业结构的变化，并造成结构性失业。沙夫首先分析了信息社会劳动（尤其是体力劳动）减少产生的影响，“微电子革命无疑会改

① Günter Friedrichs and Adam Schaff, *Microelectronics and Society: for better or for worse: a report to the Club of Rome*, New York: Pergamon Press, 1982, *Preface*.

变劳动在人类生活中的地位，减少对劳动的需要，在某些情况下甚至完全消除了劳动。这会产生一个问题，怎样重建人类传统的‘人生意义’，尤其是在北方工业化社会里，‘人生意义’是与劳动相联系的首要问题。问题就在于如何预防社会生活中的病态现象，尤其是对青年人来说，如果这种空白不用适当的内容及早填满的话，就更令人担忧”①。微电子技术极大地提高了劳动效率和自动化程度，因而把更多的人从劳动特别是体力劳动中解放出来，劳动时间也会不断缩短，对于传统社会那种以工作为人生重要内容的生存状态来说是一种挑战。沙夫所说的北方工业化社会指的是当代发达的资本主义社会，而劳动与“人生意义”联系在一起的观念，按照马克斯·韦伯的观点就是新教伦理与资本主义精神之间存在的内在逻辑联系，沙夫认为这是古往今来规划和指导人类行动的目标，劳动的减少会削弱甚至可能取消这一目标。从另一个角度看，马克思提出时间是人类发展的空间，如何更好地利用不断增多的闲暇时间也是信息社会将要面临的现实课题，所以沙夫强调要防止这种变革给人造成的消极影响，就应该未雨绸缪，及早设计补偿措施。

未来的劳动和职业形式会发生变化，从某种意义上说，能够为人的全面发展提供更大的可能。“全面自动化将大量消除生产和服务中的**劳动**(work)，但是不会终止人类的**活动**(activity)，从这个意义上说，也就是不会终止人类的**职业**(occupation)。这将导致由创造性的、有趣的职业来取代以前的‘劳动’。因此，我们要求以人类活动的其他形式(职业)来取代劳动是完全现实的，这种职业能恢复人的人生目标，即恢复‘人生意义’。”②沙夫在这里用劳动一词指代那些一般性的、偏重于劳作或是体力的、较为辛苦的工作，用职业一词来表述那些经过一定程度教育或训练的、更具有创造性的、人们更有兴趣从事的工作。笔者认为，这两个词的细微差异主要在于职业相对工作而言更加适宜人的全面发展，更能满足人的精

① Günter Friedrichs and Adam Schaff, *Microelectronics and Society: for better or for worse: a report to the Club of Rome*, New York: Pergamon Press, 1982, p. 337.

② Günter Friedrichs and Adam Schaff, *Microelectronics and Society: for better or for worse: a report to the Club of Rome*, New York: Pergamon Press, 1982, p. 340.

神需求。

信息社会出现的这种变化有三点特别值得关注，一是结构性失业问题及其后果，二是对空闲时间的支配，三是新职业领域的涌现及其发展趋势。结构性失业是新工业革命的必然结果，“传统的工人阶级会作为自动化的一种结果而减少或消失”[1]，特定领域中自动化的广泛应用取代了人工劳动，主要涉及生产领域和服务性行业的简单劳动或是体力劳动，这些领域会遭遇持久的结构性失业。工作是人的需要，是人生目标的重要内容，通过工作个人在社会中得以确立自己的地位和责任，现代社会工作已经成为现代人自我实现的一种手段。因此，失业会造成生存的困难和心理上的挫折感，失业者会感觉到被社会拒绝和抛弃，丧失了生存和发展的机会。这种倾向表现为某些社会病态现象，比如吸毒、酗酒、暴力行为、违法犯罪等等。社会必须承担消除结构性失业的消极影响的责任，制定相应的策略解决社会转型对不适应人群所造成的损伤，最大限度地减少结构性失业的不良后果。劳动效率的提高必然导致劳动时间的减少，人们将有更多的闲暇时光，甚至有可能占据他们的一生。沙夫认为必须有效地利用好闲暇，否则这些空闲时间就有被污染的危险。空闲的污染指的是人们丧失了人生的意义感，受到空虚感的折磨，找不到人生的目标和方向，这是“生命不能承受之轻”。解决上述两个方面的问题都与新职业领域的发展有关，沙夫对就业结构将会出现的变化进行了预测，他选择了人类今后主要从事的众多职业中的五类加以分析：第一类是以研究和艺术为代表的创造性工作，第二类是以规划、组织和管理社会生活为核心的工作，比如有关经济发展计划、社会事务管理、公共服务、文教卫生、环境保护、交通运输、银行保险、商店饭店、维护治安等方面的工作，第三类是满足各类人士需要的社会咨询性的工作，第四类是由技术专家组成的生产、服务部门及其监督机构，第五类是与利用闲暇时间有关的机构，如体育、旅游、文化组织等。上述职业都是自动化不能取代，或是未来大有前景的工作，这种职业结构的变化能够为个人的发展提供更多的机会和可能，其中显现出固

① Günter Friedrichs and Adam Schaff, *Microelectronics and Society: for better or for worse: a report to the Club of Rome*, New York: Pergamon Press, 1982, p. 341.

定化分工的逐渐消除以及人们职业活动范围的扩大,沙夫还提出可以在业余爱好的基础上大力开展各种各样的活动,这些变化都有助于更好地实现人的幸福。

为适应信息社会发展的需要,应当把连续教育作为一种普遍的职业形式。沙夫建议以多样化的形式和可供选择的模式实行连续教育,为所有人精心设计一套轮流就业的方案,避免“空闲时间的污染”,满足他们实现人生价值和全面发展的需要。沙夫提出的连续教育包括比现在的义务教育时间更长的普及教育,以及教育与研究相结合的选择性的提高教育两个阶段,第二阶段应当持续到二十五至三十岁。这种连续教育的好处在于根本解决了结构性失业问题,有利于实现人的全面发展,根本改变社会的性质。

微电子学引起的信息技术革命还会影响人们的交往方式,产生一系列的社会文化后果和政治后果。对人际关系和人们之间交往方式的负面影响主要体现在微电子文化可能产生孤独与疏远的可能性,加剧了现代社会人的孤独感,造成了“疏远的社会”。这种影响可能比电视机的催眠作用更加严重,以电脑和网络联结起来的社会,使得各种信息交换、教育文娱活动、一些基本的生活方式都可以在家庭里完成,“这些因素及许多其他因素会使家庭与外界的接触更少、更加隔离。这将很容易导致个体的日益异化,不是我们今天看到的主动的反主流文化的引退,而是伴随着人的尊严和自尊的丧失的那种被动的、潜在的异化。更直白地说,大部分人类活动的自动化,最终会导致人类的自动化吗? 答案是很有可能,但是只要正确地理解并做好准备,也可能向相反的方向发展”①。除了对人的异化的担忧,其中还流露出他们对大众文化的否定和批判。《微电子学与社会》一书的副标题就是“更好还是更坏”,学者们充分研究了新工业革命的双重后果,从而提出各种可行性的解决方案。

微电子学革命对社会、文化的影响也是多方面的,包括社会产业结构的调整,消费需求的增加,服务性行业的发展,世界市场的扩大,文化艺术、教育培训事业的普及,工作时间的缩短和闲暇时

① Günter Friedrichs and Adam Schaff, *Microelectronics and Society: for better or for worse: a report to the Club of Rome*, New York: Pergamon Press, 1982, p. 29.

间的充分利用，等等。在文化方面的负面影响除了大众文化的消极作用之外，还会对相对落后国家和地区的文化造成侵袭与渗透，侵蚀当地的文化价值，威胁土生土长的文化，破坏文化的多样性，消解民族传统，而强势文化如果遭到排斥和抵制，有可能加剧文化上的两极分化。第三世界的许多人会认为这是一次新的技术殖民浪潮，有可能造成严重的政治依赖心理。

关于信息革命的政治后果，“罗马俱乐部”的研究报告主要关注南北问题，他们认为新工业革命将会加强工业化程度高的国家的国际竞争力，还会使国与国之间的相互依存的需要增加。发展中国家如果要引进微电子技术，就有增加他们对发达国家的依赖性的危险，由科学技术支撑的帝国实施统治的世界，恐怕很难保证非殖民状态的存在。南北差距的扩大，会使富国更富，穷国更穷，由此产生更多的问题。政治后果的最大危险就是战争，微电子技术在军事领域的应用增加了战争的破坏性，核战争的威胁给全世界蒙上了一层阴影，“我们正在被军事技术的巨大冲力推向世界核大战”①。这是人类目前面临的最为严重的生存威胁。

微电子学革命是在全球问题的大背景下到来的，生态危机、能源危机和人口爆炸造成的人类生存困境尚未摆脱，新工业革命的影响会与全球问题叠加起来，但是选择的权利还在我们手里，“微电子学革命只有在创造一个平等的社会方面获得成功，实现有高度的工业民主，能够创造性地满足多数人的需要，才真正称得上是革命的。在这方面，与其他方面一样，希望与疑虑复杂地交织在一起——传统知识，现有政策和线性思维，不可能实现向一个本身已经可能的新社会的突破。微电子学的发展必然产生新的方法和新的思维方式。或是通向一个异化和令人愤恨的机械化世界之路，或是通向个人生活的丰富和文化多样性的提升之路，我们要做出选择，而不是等着后人们来选择”②。在这重要的历史时刻，我们选择的能力取决于我们的认识深度和我们自身的觉悟程度，取决于我们的批判能力，“在这里我们必须重复我们始终如一的坚定主

① Günter Friedrichs and Adam Schaff, *Microelectronics and Society: for better or for worse: a report to the Club of Rome*, New York: Pergamon Press, 1982, p. 272.

② Günter Friedrichs and Adam Schaff, *Microelectronics and Society: for better or for worse: a report to the Club of Rome*, New York: Pergamon Press, 1982, p. 336.

张，在每一种情况下，决定性的因素是对科学和技术以及管理的批判能力”①。在对科技理性异化批判的前提下，我们才能更好地利用微电子技术造福人类，把握机遇，为人的发展创造出更大的空间和可能。

生态社会主义通过对人类生存困境的研究，自然而然地得出了以人的发展为目的的结论，这种生态学与马克思主义相结合的研究方式，开辟了当代马克思主义发展的新方向。作为生态社会主义的发起者，沙夫功不可没，他也通过生态社会主义研究弘扬了社会主义人道主义思想，以当代人类生存现状为切入点，沙夫的社会主义人道主义思想有关人与自然关系、人与科技关系的探讨都更加深入和丰富了。笔者认为，沙夫生态社会主义理论研究的主要贡献体现在以下几个方面：

第一，确立了以人类生存困境为研究对象的当代马克思主义理论主题。通过参与“罗马俱乐部”的研究活动，沙夫考察了当代人类面临的各种生存困境，运用马克思主义基本理论，对那些涉及全球性的重大问题，比如生态平衡的破坏、环境污染、人口爆炸、能源危机、资源短缺、贫困问题、教育问题等进行深入的研究，以国际视野审视当代社会的普遍异化状态，提出了处理全球问题的马克思主义原则和立场，开创了当代马克思主义理论的新形态。

第二，运用异化理论批判当代社会人与自然关系的异化，更加全面地考察了人的生存与发展的现实基础和客观条件，阐述了人道主义理论的现实意义。沙夫在生态社会主义领域的研究立足于当代社会的现实问题，他继承和发展了马克思主义理论的批判性，以东欧新马克思主义特有的理论风格，与西方马克思主义的社会批判形成理论呼应，在同存在主义等现代西方哲学流派的对话过程中，丰富发展了社会主义人道主义理论。

第三，通过对当代社会具有普遍性的全球问题的剖析，探讨了当代社会主义的具体发展道路、未来的发展方向、合理的发展模式、根本的发展原则、可行的发展策略等重要问题，确立了以人为核心的发展理念，不仅对中国等社会主义国家具有重大的借鉴意

① Günter Friedrichs and Adam Schaff, *Microelectronics and Society: for better or for worse: a report to the Club of Rome*, New York: Pergamon Press, 1982, p. 322.

义，而且对全世界都产生了深远的影响。

第四，沙夫从当代资本主义变化、社会主义前途和新左派历史使命的战略高度，提出了共产主义运动同生态运动相结合的新思路。这一尝试具有重大现实意义，生态社会主义在实践中始终致力于寻求“红色”与“绿色”之间的结合方式，“红绿联盟”曾在1998年德国联邦议院选举中获胜并组阁，生态社会主义者在历史上第一次获得执政地位，实现了生态社会主义在实践中的重大飞跃。经过约40年的发展历程，生态社会主义不仅在生态运动中成为引人瞩目的一股潮流，而且成为当代马克思主义流派的重要代表，在理论和实践上都取得了丰硕的成果。

生态社会主义思想是沙夫社会主义人道主义理论的重要组成部分，沙夫在这一领域的研究和实践体现了社会主义人道主义的现实性、开放性和探索性，反映了马克思主义理论的强大生命力，也是沙夫作为一名具有国际影响力的马克思主义学者的重要标志。

第四节　新左派与社会主义的未来

纵观沙夫一生的思想发展历程和政治活动轨迹，可以看出沙夫的哲学思想与政治立场之间的相互影响。以20世纪60年代为分水岭，沙夫在哲学思想上经历了从正统的马克思主义到马克思主义人道主义的转变过程，与这一重大转变相关联，随着波兰政局的变化，沙夫在政治上经历了从党内领导人到决裂者，再到探索者的过程。1955年至1968年间，沙夫任波兰统一工人党中央委员，20世纪60年代后期沙夫因与波兰统一工人党存在矛盾而辞去有关领导职务，20世纪80年代初，沙夫又因批判苏联和东欧当时社会主义制度内部存在的问题，被波兰统一工人党开除出党。20世纪80年代末期到90年代初期发生的苏东剧变，使社会主义运动遭遇到了重大的挫折，沙夫开始反思社会主义发展过程中存在的问题，并思考社会主义未来发展方向和发展道路。波兰发生剧变后，沙夫始终坚持马克思主义立场，反思社会主义挫折的原因，积极从事社会主义的理论探索。20世纪80年代末，他与西班牙工人社会党合作，参与创立和发展“未来的社会主义”这一国际组织，致力于未来社会主义的理论研究。沙夫哲学思想的发展和转变决定了他参与政治活动的态度和立场,正因如此,无论他在政治上得志还是失意,无论社会主义事业顺利还是坎坷,沙夫始终是坚定的马克思主义者,他总是能够超越个人的得失,以社会主义人道主义为根本原则,运用马克思主义的立场观点和方法,站在整个共产主义运动的角度来思考和评价现实。特别是苏东剧变以后,他更加明确地表明自己的立场,宣称自己是坚定的马克思主义者,思考马克思主义在今天的意义,探索社会主义未来的发展趋势。沙夫用自己的人道主义理论坚持和发展马克思主义,也用自己的实际行动践行马克思主义。

沙夫在苏东剧变之后的著述主要都是围绕社会主义理论与实践这一主题的,他关于社会主义问题的基本思想体现在以下几个方面,社会主义的现实问题,社会主义的基本原则,社会主义未来的趋势和特征,新左派与社会主义,马克思主义的当代意义,等等。

一、社会主义的基本原则

我们通常把社会主义理解为社会政治制度,对社会主义政治制度可以从不同的角度给出不同的解释,在社会主义发展过程中,社会主义这一名词前面曾经用许多不同的定语来限制和修饰,比如马克思和恩格斯理解的国家社会主义与无政府主义主张的无国家社会主义;社会党人和社会民主党人的民主社会主义与列宁的无产阶级专政的社会主义;现实的官僚社会主义与南斯拉夫的人民自治的社会主义;计划经济的社会主义与市场经济的社会主义;一党制的社会主义与多元社会主义;等等。这说明对社会主义内涵的理解存在着很大的差异和分歧,但是其中也存在着共同点,我们可以从中提炼出社会主义的本质特征。作为政治制度的社会主义,无论表现形式有多么大的差异,都应该建立在一个基本前提下,这就是以"消灭人剥削人的一切形式是社会主义(作为一种社会制度)的主要目标。其余一切,包括'自由、平等、博爱'的口号都从属于这一基本原则,是对它的说明和补充"①。沙夫的这种理解

① 亚当·沙夫:《当代社会主义的"空白领域"》,见戈尔巴乔夫、勃兰特等著:《未来的社会主义》,中央编译局国际发展与合作研究所编译,中央编译出版社 1994 年版,第 82 页。

让我们很容易就联想到马克思关于人是人的最高本质的那条绝对命令,"**必须推翻**那些使人成为被侮辱、被奴役、被遗弃和被蔑视的东西的**一切关系**"①,沙夫明确指出对社会主义原则的这一概括出自哥穆尔卡,是他在 1956 年"波兹南事件"后提出的,沙夫完全认同他对社会主义内涵的这一理解。沙夫把资产阶级革命所确立的人道主义原则"自由、平等、博爱"看作是对社会主义内涵的补充和说明,这种理解表明社会主义从人道主义意义上进一步超越了资本主义,将人道主义理想建立在消除一切剥削形式的基础上,更加彻底地把社会主义的目标归结为人的解放,进而把社会主义归结为一场现实的运动。

在 1995 年出版的《困惑者纪事》一书中,沙夫更加全面地概括了社会主义的基本原则:"我们在谈到社会主义原则时,其道德要求的出发点是'爱人'这一基本的最高原则,即自由、平等、社会公正原则。可以用另一种方式来表达:社会主义就是要求消灭人剥削人的各种形式,或者用学术语言来表达:消灭作为社会个体的人的一切形式的(包括主观的和客观的)异化。因此,可以用等号来表示,即社会主义是特殊理解的人道主义,正如青年马克思所说的:社会主义 = 人道主义,或人道主义 = 社会主义。这是问题的核心,是一个不断深化但永远也不可能达到终极的境界。"②这一表述至少从三重意义上来揭示社会主义,以"爱人"即自由、平等和社会公正为道德原则的社会主义,以消灭人剥削人的各种形式为政治原则的社会主义,以消灭作为社会个体的人的一切异化形式为哲学原则的社会主义,这三个不同的角度表达的是同一个主题,社会主义是特殊理解的人道主义。从这段话中我们可以清楚地看出,沙夫在 20 世纪 60 年代确立的社会主义人道主义立场,一直贯穿此后的整个思想发展过程之中,即使经历了苏东剧变,沙夫也从未动摇过,而且沙夫从 20 世纪 60 年代以后的主要学术研究和政治活动,都围绕着社会主义人道主义这一理论核心展开,这是他从人道主义理论走向社会主义实践的内在逻辑主线。

这种理解还有一层深义,这将意味着在这一基本原则的基础

① 《马克思恩格斯全集》第 3 卷,人民出版社 2002 年版,第 207 ~ 208 页。

② 亚当·沙夫:《呼唤新左派——〈困惑者纪事〉(一)》,郭增麟编译,载《当代世界社会主义问题》1996 年第 4 期。

上，存在各种差异的社会主义能够因此统一在一起，换句话说，就是允许各种探索社会主义具体形式的尝试，这显然是沙夫在苏东剧变背景下，基于现实困惑提出的设想。正是出于对社会主义未来的期望，沙夫广泛地与各种学术流派交流合作，除了“罗马俱乐部”和未来社会主义等学术组织和研究机构之外，其中还包括与试图把宗教与马克思主义结合起来的解放神学合作，研究基督教人道主义。沙夫对社会主义未来发展的设想正是建立在这一原则的基础上的，他希望社会主义能够团结各种左派力量，适应时代发展的要求，在政治形式、经济形式、社会形式等方面进行探索与变革，克服传统社会主义的种种弊端，发展当代马克思主义理论。

二、社会主义的先决条件及未来社会主义的构想

从20世纪80年代的《作为社会现象的异化》和《论共产主义运动的若干问题》等著作，一直到他后期有关社会主义的理论著述，沙夫始终把现行社会主义面临的困境作为重要的现实课题进行研究，他对社会主义异化问题，尤其是对政治领域的异化问题进行了深刻的剖析，对苏东模式的社会主义在实践中暴露出来的种种问题进行了深入的批判，他认为这种社会主义由于自身存在难以克服的弊端已经陷入了深刻的危机，并最终导致共产主义运动的重大挫折。苏东剧变后沙夫总结上述历史教训时指出，20世纪建立的社会主义国家都不具备马克思提出的建设社会主义的先决条件，这是社会主义后来出现各种困难和问题，在政治、经济和社会生活各个领域严重异化的重要根源。

许多马克思主义理论家都强调，建设社会主义应该具备一定的客观条件和主观条件。沙夫认为社会主义取得胜利的必要条件，包含着主观愿望和现实的可能性，“社会主义不可能，也不应该**随意地**实行，它只能在那些具备了必要的前提条件，在那些使它得以建立的社会、经济关系已经**成熟**的地方实现”①。马克思在《德意志意识形态》中就曾经指出社会主义革命应该具备一定的条件。

① 亚当·沙夫：《论共产主义运动的若干问题》，奚戚、齐伍译，人民出版社1983年版，第31页。

这种“**异化**”(用哲学家易懂的话来说)当然只有在具备了两个**实际**前提之后才会消灭。要使这种异化成为一种“不堪忍受的”力量,即成为革命所要反对的力量,就必须让它把人类的大多数变成完全“没有财产的”人,同时这些人又同现存的有钱有教养的世界相对立,而这两个条件都是以生产力的巨大增长和高度发展为前提的。另一方面,生产力的这种发展(随着这种发展,人们的**世界历史性的**而不是地域性的存在同时已经是经验的存在了)之所以是绝对必需的实际前提,还因为如果没有这种发展,那就只会有**贫穷**、极端贫困的普遍化;而在**极端贫困**的情况下,必须重新开始争取必需品的斗争,全部陈腐污浊的东西又要死灰复燃。……共产主义只有作为占统治地位的各民族‘一下子’同时发生的行动,在经验上才是可能的。①

马克思的这段论述提出革命的前提是生产力的高度发展、无产阶级与资产阶级的对立、人们的普遍交往的建立和世界性的革命运动的爆发,沙夫从中概括出了实现社会主义的必要前提:“是相应的社会经济发展(以便不造成‘贫穷的普遍化’)和社会成员具有相应的文化发展。也就是说,社会主义只能依靠高度发展的生产力。为了利用这种生产力,需要驾驭这种生产力的人具有高度的文化。马克思在他的著作中曾反复强调这一点。马克思在《资本论》第一卷的序言中明确指出,不能任意超越社会的客观发展阶段。”②这一思想最初是在20世纪80年代初社会主义危机四伏的情况下提出的,在苏东剧变之后发表的文章中,沙夫总结社会主义运动(包括波兰)的历史教训时反复提起,他强调在社会主义实践过程中客观的物质条件不具备,导致后来社会主义的优越性无法体现出来,造成了以无产阶级专政取代民主、权力的过度集中和官僚主义、扼杀政治自由、人的社会特性的扭曲及其他异化现象,这是苏东剧变的主要客观原因。

实现社会主义还需要一定的主观条件,沙夫认为马克思曾经间接地表达了这一思想,葛兰西给予更加明确的说明,他提出实现

① 《马克思恩格斯选集》第1卷,人民出版社1995年版,第86页。

② 亚当·沙夫:《论共产主义运动的若干问题》,奚戚、齐伍译,人民出版社1983年版,第32页。

社会主义革命必须取得社会多数人的同意和支持，至少要得到工人阶级多数人的支持，这是一种重要的社会共识，“葛兰西认为，取得这种支持需要一定的时间，必须进行适当的思想工作。由于这个原因，他把他的条件同他赋予知识分子和工人运动的那种无与伦比的作用联系起来。在他看来，知识分子代表一种意识，要把这种意识从外面带进工人阶级中。这并不是新发明的论点，因为考茨基已经说过这一点，列宁自己在他的《国家与革命》一书中也重复过这一点，并且明确地提到考茨基。但是葛兰西对这个论点作了正确的表述”①。葛兰西认为东西方社会结构的差异在于西方形成了独立的市民社会，西方革命的核心是争夺文化领导权或意识形态领导权，知识分子在无产阶级革命中承担了重要的使命。虽然沙夫没有提到卢卡奇，但是我们知道卢卡奇提出无产阶级的阶级意识的生成是无产阶级革命的首要问题，这一思想也体现了革命的主观条件的重要性。沙夫认识到无产阶级革命不只是政治革命问题，要取得革命彻底的胜利，就必须实现政治上、经济上、文化上及心理上的全面变革，这一认识是非常深刻的。苏东各社会主义国家显然不具备上述革命的客观条件和主观条件，沙夫在对社会主义运动这一重大挫折进行反思的前提下，才会对社会主义未来发展进行设计，进而提出未来社会主义的基本构想。

重新思考马克思主义有关社会主义革命的客观条件和主观条件的理论，总结苏东剧变的历史教训，对未来社会主义发展具有重大理论价值。在对苏联和东欧的社会主义进行批判与反思的基础上，沙夫认为未来的社会主义应该探索新的发展模式，对照社会主义现实，他从政治、经济、社会、阶级、社会主义新人等方面提出了新社会主义的理论构想。

第一，关于未来社会主义的经济形式，沙夫的基本观点是允许私有制以某种形式存在、实行社会市场经济（或者称之为有计划的社会主义市场经济）。按照传统马克思主义的理解，消灭生产资料的私有制是社会主义的基本要求，但是在新型社会主义中，这一论断的前提发生了变化。因为随着新技术革命的发展，生产方式已

① 亚当·沙夫：《共产法西斯主义——起源和社会职能》，见戈尔巴乔夫、勃兰特等著：《未来的社会主义》，中央编译局国际发展与合作研究所编译，中央编译出版社1994年版，第321～322页。

经发生了变化，生产资料的传统内涵大大扩展了，除了机器和原材料，生产资料的新形式还有技术、科技成果等，它越来越不再具有物质的形式，特别是信息社会里，电脑软件程序等知识产品变成了生产资料。信息和知识产品如何国有化？而且信息社会的这种生产方式要求以创新能力来引领，激励脑力劳动者创造物质财富就应当允许他们合法拥有知识产权，这就是新型社会主义条件下的私有制新形式。“新的社会主义制度中应当允许生产资料私有制的某种形式的存在。”①沙夫认为这种私有制形式不会导致人剥削人，反而会增加人们富裕起来的机遇。在计划经济和市场经济问题上，沙夫明确反对新自由主义，“我是新自由主义的毫不留情的敌人，我认为它在理论上和实践上都是一派胡言。但是，我在过去的实践中已经充分学到了这样的知识，即从社会生活中武断地排除市场机制，同样也是胡说八道。要带有市场的社会，而不要新自由主义所理解的市场社会，我认为这是指引我们正确思考这个问题的正确路标”②。沙夫不赞成自由市场经济，但是也不排斥市场的存在，他主张实行社会市场经济，凡是有可能的地方都应当有计划，他借用波兰经济学家奥斯卡·兰格的提法，叫作“有计划的社会主义市场”。

在20世纪90年代中期的著作里，沙夫曾经明确否认中国、越南和朝鲜的社会主义性质，谈到新左派的影响时，他特别指出，“与此同时，不应当忘记在亚洲，首先是中国、越南、朝鲜，在所谓的‘南部’国家里，共产主义依然强大，而且随着这些国家的经济增长，它的力量还将越来越强。那么，这是社会主义吗？如果按照马克思的经典论述来讲，我们可以轻而易举地下结论：不是社会主义。那么这是什么制度呢？我建议还是不要轻易下结论为好”③。沙夫对中国社会主义的这种保守谨慎与他对未来社会主义的热切期待相比，显得非常矛盾，虽然他质疑建设中国特色社会主义的物质条

① 亚当·沙夫：《关于未来社会主义的思考——〈困惑者纪事〉（二）》，载《当代世界社会主义问题》1997年第1期。

② 亚当·沙夫：《创造性的马克思主义——新型社会主义（下）》，载《当代世界社会主义问题》2001年第1期。

③ 亚当·沙夫：《呼唤新左派——〈困惑者纪事〉（一）》，郭增麟编译，载《当代世界社会主义问题》1996年第4期。

件,但是恰恰是在建设中国特色社会主义过程中,我们既在所有制形式上采取了灵活的策略(以公有制为主体,多种所有制形式并存)同时又在计划经济与市场经济之间实现了一种兼容,即社会主义的市场经济。沙夫关于未来社会主义经济形式的某些理论设想,已经在中国的社会主义进程中实践了30多年。沙夫的上述评价是在20世纪90年代中期给出的,那时的情况与今天相比又有了许多变化,中国的社会主义改革尚处于探索阶段,我们进行了许多积极的尝试和变革,也面临着一些新的问题和困难,沙夫关于社会主义基本原则和建设社会主义的条件的思考,对中国的社会主义理论和实践都具有重要的参考价值。

第二,关于未来社会主义的社会形式,沙夫认为中间阶层或中产阶级将成为社会上的主要阶层,以更加完善的价值体系为核心的普遍的人道主义将得以实现。随着信息社会的发展,传统意义上的劳动特别是体力劳动将逐渐消失,传统的无产阶级也将消失。由学者、工程师、技术员、经理人员和其他自动化生产的操纵人员、从事艺术创作的手工艺者等组成的新阶级可能成为占有者阶级,并在一定条件下变成统治阶级。社会的进步和发展使他们的生活更加富裕,这个中间阶层(或是中产阶级)在社会中的作用会越来越重要。另外,未来社会主义社会的民族问题、妇女问题等不平等现象也会更受重视,文化教育、道德伦理等方面也会不断发展,形成有利于社会主义新人成长的氛围,由他们来实现社会主义人道主义和普遍的人道主义思想。

第三,关于未来社会主义的政治形式,沙夫认为新型社会主义国家不但不会消亡,它的职能还将得到加强,而且还会有实实在在的民主。在苏东剧变时期,他曾经主张政治多元化,即实行多党制,到20世纪90年代中期以后,沙夫的这一观点有所改变,就不再提政治多元化和多党制问题了。

第四,关于马克思主义在未来社会主义中的作用,沙夫认为当代马克思主义主要具有学术和理论作用,主张把马克思主义作为社会主义运动的意识形态,创造性地发展马克思主义。沙夫指出,马克思主义产生以来经历了一百多年的发展过程,现代社会在各个领域都发生了深刻的变化,它的某些具体观点已经不适应当代社会的发展状况。但是,“我们不必放弃作为理论和意识形态的马克思主义中的任何有生命力的成分，而要拓展观念，以便对付新的问题，马克思无法看到这些问题，因为这些问题在他那个时代尚未出现；我们还必须扩大基础，以便把新社会运动的活动者包容进来（例如革命的宗教运动、生态运动和妇女运动等）。因此，为了跟得上我们这个时代的要求，我们不仅要在新的问题、经验和解决办法上丰富我们的马克思主义，而且还必须倾听登上全面社会转变舞台的新角色的观点，重视他们对于旨在实现共同目标的共同行动的论点"①。马克思主义具有开放性，我们应该创造性地发展马克思主义，把它作为未来社会主义的行动指南，作为新左派的共同思想基础。

沙夫始终是一位坚定的马克思主义者，他无论遇到怎样的误解和挫折，对马克思主义的信仰都没有丝毫动摇过。20 世纪 60 年代他因发表《马克思主义与人类个体》被批判为修正主义者，20 世纪 80 年代初又因在国外出版《处在十字路口的共产主义运动》一书，再次受到批判并被开除出党。苏东剧变以后，他反而公开宣称自己是坚定的马克思主义者，把社会主义的现实问题归结为对马克思主义的运用不善。他对马克思主义理论的思考是严肃的，提出来的基本观点比较符合马克思主义的原意，他在理论上和实践上都为马克思主义的发展做出了贡献。

三、新左派的兴起及其使命

沙夫把未来的社会主义设想为一种新型的社会主义，这种理想的社会主义形式需要一个在新的历史条件下成长起来的马克思主义派别来承担建设任务，这个新左派呈现出不同于以往共产主义运动的领导者和实践者的新面貌。

新左派的产生具有深刻的时代背景，以信息技术引导的新工业革命给整个社会带来了巨大的变化，生产方式和生活方式都呈现出全新的发展态势，简单而繁重的传统的劳动方式逐渐被自动化和机械化取代，生产的社会化程度进一步提高，职业结构也发生了重大的改变，这将导致结构性失业，导致财富分配方式的调整，这些变化在社会化生产领域里自发地积累着社会主义的因素。同

① 亚当·沙夫：《需要一种新的左派》，柴方国译，载《当代世界与社会主义》1997 年第 4 期。

时，经济基础的变革必将导致上层建筑的变革。除了新工业革命引起的社会变革，当代社会面临的人类生存困境也需要新左派来处理，这些困境主要包括核战争的威胁、人口爆炸及与之相关的生态危机、南北贫富差距的扩大、新工业革命引起的结构性失业。未来社会主义的经济基础和上层建筑领域的双重变革及摆脱当代人类面临的生存困境，这就是未来社会的基本使命，需要新的社会政治力量来实现这一转变，传统共产主义左派由于共产主义运动的危机而陷入了困境，社会党和社会民主党已经远离了马克思主义立场，他们都无法承担新的历史使命。

新左派因此应运而生了，"目前出现的新问题和左派面临的新任务，需要有新的社会势力按照新的活动纲领来完成"[①]。他们是由信息时代所造就的进步力量。至于这种左派的具体构成人群，沙夫并没有过多提及，他曾经说过学者、工程师、技术员、经理人员和其他自动化生产的操纵人员、从事艺术创作的手工艺者等组成的新阶级有可能成为新的统治阶级，也提到过未来社会中产阶级数量会越来越多，还提到市民社会阶层的发展，但是沙夫并没有明确指出哪些人是新左派的中坚力量，他只是描述了新左派的三个特征："第一，能够把每一种社会主义的价值结合起来，同上述 5 种挑战（结构性失业、原子毁灭、全球性生态恶化、人口爆炸和南北矛盾）展开斗争；第二，只有理解改变目前的资本主义制度使之成为具有某种社会主义特性的后资本主义制度，上述斗争才能有效展开；第三，必须能够把准备同上述挑战展开斗争的社会势力（除了传统的左派运动和政党外，还有新的社会运动，如生态运动、妇女运动、青年运动等）团结起来。我认为，这不一定就是一个新的政党，可以是几个政党的联合体或联盟——这在很大程度是取决于该国的历史和传统。"[②]要完成时代赋予的历史使命，新兴的左派需要联合各种关心社会变革的社会力量，除了传统左派和政党外，还要团结以生态运动、妇女运动和青年运动为代表的新社会运动组织，以政党联合或者联盟的形式自觉地行动起来，明确社会主义原

① 亚当·沙夫：《呼唤新左派——〈困惑者纪事〉（一）》，郭增麟编译，载《当代世界社会主义问题》1996 年第 4 期。

② 亚当·沙夫：《呼唤新左派——〈困惑者纪事〉（一）》，郭增麟编译，载《当代世界社会主义问题》1996 年第 4 期。

则，形成以马克思主义理论为核心的统一的意识形态，制定相应的行动纲领，并尽可能采取和平的手段，避免不必要的社会动荡。沙夫认为这种新左派的联合不一定是新的政党，"在今天可行和值得向往的是一种由进步政党和派别共同进行的行动，这些政党和派别在为避免威胁人类的灾难必须采取行动这一点上达成共识。其形式可以是同盟或联盟，正如我们在 30 年代的经历中所看到的反法西斯人民阵线那样"①。沙夫的设想并不是很有说服力，他对新左派构成的界定是比较模糊的，这种松散的联盟能有多大的可行性，沙夫显得信心不足。根据沙夫有关社会自治问题的论述，沙夫所描述的新左派应该是以整个社会个体的人的独立精神和参与意识的普遍发展为前提的，这种在新的时代特征下成长起来的新人，在社会生活的各个领域已经建立了多种多样的自治方式，他们的社会责任感更强，具有批判精神，对整个社会生活能够发挥积极的影响作用，更重要的是他们坚持马克思主义，积极探索马克思主义对当代现实的指导意义，并且将马克思主义作为未来社会主义的意识形态和行动纲领。沙夫给我们描绘的新型社会主义主体形象，作为个体有很强的精神独立性，但是作为一个政治派别则是比较松散的，具有很大的包容性。

从 20 世纪 80 年代以后，关于社会主义理论与实践的批判和探索，始终是沙夫研究的主题，他对社会主义实践中出现的各种问题的认识是深刻的，对社会主义异化现象的批判是全面的。沙夫关于生态社会主义的探索具有重大的理论意义和现实意义，对未来社会主义的设想为我们提供了一种参考。虽然我们未必认同他提出的具体方案，但是沙夫的社会主义人道主义理论对马克思主义当代形态的发展做出的巨大贡献是不容置疑的。

第五节　社会主义人道主义的理论反思及现实意义

沙夫的社会主义人道主义思想是一个有机联系的整体，以 20

① 亚当·沙夫：《需要一种新的左派》，柴方国译，载《当代世界与社会主义》1997 年第 4 期。

世纪的社会主义命运为观照背景，以人类个体范畴为理论核心，以对两种制度的异化批判为主题，以生态社会主义探索和未来社会主义走向为理论蓝图，系统地建构起了人道主义的社会主义理论体系。沙夫将社会主义人道主义的理论焦点聚集到个体的人身上，在20世纪的历史条件下丰富和发展了马克思主义思想。沙夫的生态社会主义思想和有关社会主义原则的概括都具有重要的理论意义与现实意义，但是沙夫关于现存社会主义的改革方案和对未来社会主义的设想均有很大的局限性，这根源于他对现存社会主义异化的批判的深度还不够，没能揭示苏东社会主义危机的内在发生机制，因而无法提出有效的实践策略。研究沙夫的人道主义思想对中国特色社会主义具有重要的理论价值和现实意义。

一、社会主义人道主义的理论逻辑

沙夫的社会主义人道主义实现了对马克思主义本真的回归，突出强调马克思主义的出发点和最终目的，即以个体的人的自由和全面发展为价值目标与最高理想，系统阐述了异化理论，对社会主义理论与实践进行了反思，提出生态社会主义和未来社会主义的设想。这些内容之间具有密切的逻辑联系，它们构成了沙夫社会主义人道主义思想的有机整体。

沙夫理论体系的建构参照了他对马克思思想的基本理解。他认为马克思的著作是一个有机联系的整体，马克思的思想发展具有内在的统一性。从整体上看，马克思的思想发展有一条清晰的内在线索，对人的问题的关注贯穿他的整个思想历程，是他全部思想体系的核心。从批判种种异化现象入手，马克思确立了他的人道主义立场。沙夫强调，以人道主义为基础，才能理解马克思主义理论体系各部分之间的关系。在19世纪资本主义社会的历史背景下，马克思从哲学的人道主义诉求出发，以经济学为分析异化现象产生根源的现实基础，以政治学的社会主义和共产主义理论为消除异化的解决方案，建立起一个完整丰富的思想体系。在马克思的思想体系中，人道主义是最高原则和最终目的，政治经济学研究是实现人的解放的手段，共产主义是一场推翻建立在经济异化基础上的社会的现实运动。

根据上述理解，我把沙夫的社会主义人道主义思想理解为具有内在联系的逻辑整体。从时间和问题的角度来看,沙夫的社会主义人道主义理论主要围绕四个问题展开:20 世纪 60 年代开始人的问题的哲学思考;20 世纪 70 年代着手生态问题的理论探索;20 世纪 80 年代关注异化问题的现实批判;20 世纪八九十年代以后致力于社会主义危机及其出路的政治反思。根据对这些问题的考察研究,沙夫提出并发展了一系列的理论成果:社会主义人道主义理论;生态社会主义理论;异化理论;社会主义改革思想。这些理论构成沙夫社会主义人道主义思想的有机整体。这些理论之间存在清晰的内在逻辑联系,沙夫的社会主义人道主义理论主要有三个层次:从理论内核来看,以人类个体为核心和出发点,以人的全面发展和个性生成为归宿的人道主义理论,关于现代人的生存状态批判的异化理论构成沙夫人道主义思想的深层结构;从制度建设来看,关于社会主义的根本原则、前提条件、发展基础等问题的研究可以视为沙夫人道主义思想的中层结构;从实践策略来看,关于发达资本主义和社会主义现实的批判、对社会主义危机和技术理性的反思等具有鲜明时代特征的思想则可以视为沙夫思想的表层结构。沙夫的社会主义人道主义思想有两条基本线索贯穿始终,一是以个体的人为内在线索,二是以社会主义为外在线索,沙夫把社会主义人道主义理解为实现个体的人的全面发展和最终幸福的现实运动,这两条线索交织在一起,构成了沙夫人道主义思想的统一性和完整性。

二、社会主义人道主义思想的现实意义

研究沙夫的人道主义思想,对中国特色社会主义建设具有重要的理论参考价值和现实意义。沙夫思想的启示主要体现在以下几个方面:

第一,人类个体范畴标志着人道主义主体内涵研究的深化,在实践层面应当加强对个体的人的生存观照。沙夫有关人类个体问题的研究是他最为重要的理论创新之处,通过文本考证可以发现,马克思著作中多次使用个体的人这一重要范畴,沙夫明确地把马克思主义的主体范畴从人推进到个体的人,这不仅是对马克思主义的深化和发展,而且对人道主义研究也具有重要意义。马克思在《共产党宣言》中提出,“代替那存在着阶级和阶级对立的资产阶

级旧社会的，将是这样一个联合体，在那里，每个人的自由发展是一切人的自由发展的条件”①。沙夫有关人类个体问题的研究符合马克思和恩格斯对共产主义人的发展问题的理解，强调个体的人的自由发展是一切人自由发展的前提，抓住了个体的人与人类整体之间的内在联系，为我们提供了有益的理论参考。回顾马克思主义自身的发展过程，国内外理论界关于人道主义问题的争论都越来越趋于明朗化。以中国为例，极“左”时期谈人色变；20 世纪 80 年代人道主义成为理论热点，但是争论仍然很激烈，主流声音不承认马克思主义的人道主义性质；现阶段百家争鸣，越来越多的学者坚持马克思主义的本质是人道主义；中国特色社会主义理论体系已经把以人为本作为科学发展观的核心。但是我们关于人的具体内涵仍然需要加以研究和深化，在理论和现实层面上关注个体的人都是非常重要的，这是沙夫思想带给我们的深刻启示。

科学发展观把以人为本作为核心内容，这是对人的问题关注度的重大转变。在中国语境下，对人的问题的理解和表述经历了从民本到人本的变迁，在中国传统文化中就有民本思想，孟子提出“民为贵，君为轻，社稷次之”，在封建时代这种认识已经难能可贵了。但是，民是与君相对的概念，民本是建立在君对民的统治这一前提下的。新中国成立以后提出了人民的概念，与人民相对应的是政党，我们是在党对人民的领导这一前提下理解人民概念的。科学发展观的核心是以人为本，这一理论定位进一步超越了民本观念，使人的内涵得到了新的提升。科学发展观强调经济社会发展的目的是为了人的发展，这种理解更加接近马克思的人本主义思想，是中国特色社会主义理论的重大飞跃。科学发展观强调以经济建设为中心，把发展作为第一要义和实现人的发展的根本手段，经济社会发展与人的发展之间的关系是一个重要的理论焦点，涉及手段与目的之间的关系问题。以人为本的理论研究仍然需要不断向前推进，人的具体内涵是什么？能不能把以人为本中的人笼统地理解为“广大人民”？应该怎样理解所有的人、大多数人、少数人与个体的人之间的关系？在发展过程中不同内涵的主体利益怎样才能得到更加充分的保证和实现？这些问题都使对个体的人

① 《马克思恩格斯选集》第 1 卷，人民出版社 1995 年版，第 294 页。

的地位和价值的研究与认识浮出水面,要求我们做出理论回应。社会主义的根本目的是为了最大限度地为每一个人的自由和发展创造必要的条件,在理论和实践层面上,对广大人民群众根本利益的关注和满足程度,应当以当前社会历史条件下不同个体生存和发展的现实水平为基本参照。

第二,沙夫异化理论的启示与局限。衣俊卿教授指出,“在东欧新马克思主义者中,对异化问题探讨最多、思考最深刻的应首推沙夫和实践派的彼得洛维奇”①。沙夫充分肯定异化理论在马克思思想中的核心地位,特别强调异化理论的现实意义。沙夫对异化问题的研究非常全面,对两种制度下的各种异化现象进行了深入的批判。沙夫异化理论的内容丰富,对20世纪各种异化现象的分析也很全面,但是沙夫的异化理论比较偏重现象分析和概念阐释,对异化问题的深层次根源研究不多,相比之下,南斯拉夫实践派的理解更为深刻,他们指出异化现象根源于人的存在结构之中。沙夫关于客体的异化与主体的异化之间关系的讨论有很大的局限性,他认为客体的异化是主体的异化的根源,这是用现象来解释现象,二者之间存在相互影响,但是并不构成因果关系,沙夫并没有深入探究两种异化背后更深层次的原因。

异化是指人的产物摆脱了人的控制,变成与人相对立、统治人的独立的力量。异化现象是人类实践活动的对象化进程中不可避免的一种结果,如果有适当的条件,就会出现异化现象。异化与对象化活动密切相关,因此,异化不仅仅是私有制和阶级社会的产物,社会主义和将来的共产主义社会也存在异化的可能。所以,沙夫得出结论,社会主义存在普遍的异化现象。基于对异化的这种理解,我们同样可以确认,中国社会主义条件下也存在着普遍的异化。沙夫对社会主义异化现象的批判是以苏联和东欧的社会主义国家为背景的,中国的社会主义具有自己的特殊性,不同社会主义条件下各种异化现象的表现形式可能不尽相同,但是当代中国在经济、政治、思想、文化、社会等领域同样存在着各种异化现象。当前经济领域的异化主要表现为盲目和过度追求经济利益,在经济

① 衣俊卿:《人道主义批判理论——东欧新马克思主义述评》,中国人民大学出版社2005年版,第193页。

发展和人的发展关系问题上出现了手段与目的的倒置。政治领域主要表现为官僚体制的异化,其根源则在于权力的异化。权力的膨胀和滥用造成了严重的后果,不仅成为滋生腐败现象的温床,而且根本颠倒了作为公仆的领导干部与作为主人的人民群众之间的本真关系,损害了中国共产党的执政形象。处在社会转型时期的中国,还出现了思想文化、价值观念、社会生活等方面的异化现象,各种异化现象造成了人与人之间的关系、人与自然之间的关系、人与自身之间的关系的矛盾与冲突,阻碍了社会主义事业的健康发展。

当前中国社会主义条件下产生异化现象的原因和性质都不同于20世纪末期的苏联和东欧各国。从政治层面来看,苏联和东欧各国的社会主义模式是极权的、僵化的、教条的,不能适应时代的要求和社会发展的需要,社会矛盾尖锐,政治异化表现在政党、官僚体制及无产阶级等各个方面,已经危及社会主义制度本身。中国的社会主义具有自己鲜明的特色,基本政策方针比较适合国情,综合国力不断增强,总体上呈现出良好的发展态势,社会稳定,民主化进程正在不断向前推进。在这种趋势下,政治异化主要表现为官僚体制的异化和权力的异化,政府权力过大并且缺乏有效的制约。中国的官僚体制不仅机构庞大臃肿,工作效率低下,运行成本过高,而且缺乏有效的监督制约机制,法律和制度建设不健全,缺乏民主和法制精神,还是滋生腐败现象的温床。官僚体制及其拥有的权力原本是服务于社会和人民的手段,在现实中却凌驾于社会之上,并且竭力维护其自身利益,甚至将官僚体制自身变成了目的,上述政治异化是社会转型和改革探索过程中出现的现象,能够通过政治体制改革的推进和加强制度建设逐渐得到克服与消除。但是,如果当前的政治异化现象得不到有效的遏制,将会直接影响到整个改革进程,甚至会激化社会矛盾,威胁社会的稳定。克服政治异化是中国当前的重要任务,是考验中国共产党的执政能力的严峻课题。

从经济层面来看,苏联和东欧各国的社会主义以计划经济为中心,经济发展缓慢,社会矛盾突出,剧变之前经济领域的异化已经严重到难以克服的地步。中国坚持走社会主义与市场经济相结合的道路,经济体制改革成效明显,经济实力增长迅速,显示出蓬勃的生机和活力。在总体经济形势向好的情况下，由于没有处理好经济发展与社会发展和人的发展之间的关系，把经济发展这一手段当作目的，过度追求经济利益，出现了破坏生态环境、地区发展及行业发展不平衡、房地产投资过热、物价过高、贫富差距过大、人民群众收入增长偏低、社会保障体制不健全、不择手段追逐经济利益导致的违法犯罪等异化现象。这主要是因为经济体制改革不到位，缺乏长远规划和顶层设计，过度追求眼前利益；经济发展方式落后，仍然以大规模投入资源拉动的粗放型为主，政府握有太大的资源配置权力，过多地干预经济活动；效率与公平的关系处理不当，不能将改革的成果更多地惠及广大民众，从而出现比较突出的社会弊端。通过政治体制改革与经济体制改革的进一步深化和推进，这些异化现象能够随着法制的健全和政策的调整逐渐得到改善。当前我国正处于改革的关键时期，能否处理好现存的社会问题和矛盾，将直接关系到改革的成败和社会主义的发展，这是我们面临的严峻挑战。

从社会历史背景来看，东欧各国的社会主义进程深受苏联的制约和影响，社会主义国家之间的矛盾与各国内部的矛盾相互叠加，加上与资本主义阵营之间的斗争，在这三重矛盾共同作用之下，加剧了各种异化现象；中国坚持独立自主，政治上不受其他势力的干扰，避免了社会主义建设的不必要损失。但是由于中国跨越了资本主义阶段直接进入社会主义社会，民主意识和法治精神还没有成为整个社会的普遍原则和尺度，封建残余思想在相当长的一段时期内仍然具有负面的影响，在各个领域里侵蚀着社会主义的发展，加剧了某些异化现象。

从总体上看，当前中国社会的异化现象，是在社会主义改革已经取得一定成效的前提下，伴随着改革探索的进程出现的，虽然各种异化现象比较普遍，但是并不能因此否定社会主义实践的现实成果和积极意义。苏联和东欧各国的社会主义曾经陷入深刻的危机之中，并最终导致社会主义事业的重大挫折。相比之下，中国的情况则大不相同，中国特色社会主义在经济和政治领域的改革已经取得了比较丰硕的成果，呈现出良好的发展势头，这些异化现象会随着制度的健全和完善而不断得到克服。

消除当前的异化现象并不能根本解决社会主义发展中的问

题,作为社会现象的异化是社会发展特定阶段的外在表现形式,社会各个领域的异化现象及其严重程度折射出我们在理论和实践上出现的偏差及其后果,克服和消除异化现象的过程也是社会主义自我修正的过程。具体异化现象的消除仅仅是特定发展过程中的阶段性任务,只要具备一定的条件,其他形式的异化现象仍然会不断出现。归根结底,始终围绕个体的人的自由和发展这一核心,才能明确社会主义的根本原则和目标,依据这一基本尺度和标准,我们才能不断调整前进的方向,克服重重困难。我们应当在坚持社会主义根本原则的前提下,探索适合中国国情的发展道路和发展模式,在社会主义发展过程中处理好人与人、人与自然、人与社会、人与自身的关系,努力克服不同发展阶段出现的各种异化现象,尽可能满足人的自由和发展的需要,充分实现社会公平和正义。

第三,沙夫关于社会主义理论与实践问题的研究为我们提供了有益的借鉴。20 世纪 90 年代,沙夫通过对苏东社会主义现实的批判和反思,从马克思的人道主义立场出发,在理论层面对社会主义的基本原则进行了概括:“我们在谈到社会主义原则时,其道德要求的出发点是‘爱人’这一基本的最高原则,即自由、平等、社会公正原则。可以用另一种方式来表达:社会主义就是要求消灭人剥削人的各种形式,或者用学术语言来表达:消灭作为社会个体的人的一切形式的(包括主观的和客观的)异化。因此,可以用等号来表示,即社会主义是特殊理解的人道主义,正如青年马克思所说的:社会主义 = 人道主义,或人道主义 = 社会主义。这是问题的核心,是一个不断深化但永远也不可能达到终极的境界。”①沙夫的这一理论表述包含着三重内涵:以“爱人”即自由、平等和社会公正为道德原则的社会主义;以消灭人剥削人的各种形式为政治原则的社会主义;以消灭作为社会个体的人的一切异化形式为哲学原则的社会主义。这三重意义表达的是同一个主题,社会主义是特殊理解的人道主义。

沙夫的这种理解与马克思的人道主义立场是一致的,“**必须推翻**那些使人成为被侮辱、被奴役、被遗弃和被蔑视的东西的**一切关**

① 亚当·沙夫:《呼唤新左派——〈困惑者纪事〉(一)》,郭增麟编译,载《当代世界社会主义问题》1996 年第 4 期。

系”①，这是马克思思想的根本出发点，是推翻一切剥削制度，消除异化，建立社会主义和共产主义的基本前提。在《共产党宣言》中，马克思和恩格斯从人的发展的角度概括未来的社会主义和共产主义社会：“代替那存在着阶级和阶级对立的资产阶级旧社会的，将是这样一个联合体，在那里，每个人的自由发展是一切人的自由发展的条件。”②他们把未来的新社会称为“自由人的联合体”，把个体的人的发展作为社会发展和所有人发展的前提条件，这是理解社会主义原则的核心所在。

弗洛姆同样以人为核心来理解社会主义，在分析马克思的社会主义概念时，他从消除异化和人的本质的实现的角度阐述了社会主义与共产主义的最终目的：“社会主义的目的是人。社会主义的目的就是去创造出一种生产的形式和社会的组织，在这种形式和组织中，人能从他的生产中、从他的劳动中、从他的伙伴中、从他自身和从自然中，克服异化；在这种形式和组织中，人能复归他自身，并以他自己的力量掌握世界，从而跟世界相统一。”③弗洛姆认为马克思的社会主义概念是从整个人的概念中推导出来的，并且与存在主义哲学一样，是对人的异化的一种抗议，社会主义就是要消除人的自我异化，复归人的本质，为人的自由和发展创造条件，“社会主义（或共产主义）不是贫困地复归到一种非自然的、原始的简朴中去。宁愿说，它是作为某种实在的东西的人的本性的第一次真正的出现，真正的实现。马克思认为，社会主义是一个允许人得以通过克服自己的异化而实现自己的本质的社会。社会主义无非就是为真正自由的、理性的、积极向上的和独立的人创造条件；社会主义就是实现这位预言家的目标：摧毁偶像”④。弗洛姆分析了马克思在《资本论》中有关必然王国和自由王国关系的论述，他认为马克思在其中表述了社会主义的一切本质因素，“人是以一种联合的方式而不是一种竞争的方式来进行生产的；人是以一种合

---

① 《马克思恩格斯全集》第3卷，人民出版社2002年版，第207～208页。

② 《马克思恩格斯选集》第1卷，人民出版社1995年版，第294页。

③ 复旦大学哲学系现代西方哲学研究室编译：《西方学者论〈1844年经济学—哲学手稿〉》，复旦大学出版社1983年版，第69页。

④ 复旦大学哲学系现代西方哲学研究室编译：《西方学者论〈1844年经济学—哲学手稿〉》，复旦大学出版社1983年版，第71－72页。

理的非异化的方式来进行生产的,这意味着他使生产置于自己的控制之下,而不让生产作为一种盲目的力量来统治自己。这显然是跟那种让人受官僚操纵的社会主义的概念不相容的,即使在那种社会里,官僚统治着整个国家经济,而不仅仅是统治着一个大公司。这意味着个人积极地参与制定计划和实行计划;简言之,这意味着实现政治民主和生产民主"①。弗洛姆把社会主义的本质概括为以非异化的独立自主的人的联合为前提的政治民主和生产民主,他强调,"在这种社会里,人将真正成为他的生活的主人和创造者,因而他能开始使得**生活**本身成为他的主要活动,而不是以生产谋生手段为主要活动"②。社会主义是保证那样一种生活的圆满完成的条件,是实现人的自由和创造性的条件,而不是构成人的生活的目的本身。弗洛姆对马克思的社会主义思想的理解与沙夫高度一致,都把实现人的自由和发展视为社会主义的核心内涵。

沙夫对社会主义的理论概括,不仅贯彻了马克思的思想原则,而且在当代社会背景下,以个体的人的自由、解放为基本尺度,进一步阐述了社会主义原则的丰富内涵,这一概括对中国的社会主义探索具有重要的理论价值。

中国共产党对社会主义原则和本质的认识经历了探索与发展的过程。邓小平在改革开放之初曾经多次阐述了社会主义的原则,"一个公有制占主体,一个共同富裕,这是我们所必须坚持的社会主义的根本原则。我们就是要坚决执行和实现这些社会主义的原则。从长远说,最终是过渡到共产主义"③。邓小平把社会主义的根本原则归结为以公有制为主体和共同富裕,这是从所有制关系(即生产关系)和人民生活水平两个方面进行概括,兼顾到社会经济基础的性质和人民群众的物质生活水平,涉及社会公正的实现问题,同时也指出了社会主义向共产主义逐渐过渡的发展趋势。但是对社会主义的这种认识和理解还不够完整和全面,从社会基本矛盾的角度来看,有关生产力发展水平和上层建筑的基本要求

① 复旦大学哲学系现代西方哲学研究室编译:《西方学者论〈1844 年经济学—哲学手稿〉》,复旦大学出版社 1983 年版,第 70～71 页。

② 复旦大学哲学系现代西方哲学研究室编译:《西方学者论〈1844 年经济学—哲学手稿〉》,复旦大学出版社 1983 年版,第 71 页。

③ 《邓小平文选》第 3 卷,人民出版社 1993 年版,第 111 页。

还有待于分析，从人的发展的角度来看，生活水平的提高是人的发展的基本物质条件，尚未触及自由、民主和解放以及道德境界等方面的内容，这反映了改革开放之初对社会主义的理解和认识尚处于探索与思考阶段。

1992年邓小平在南方讲话中进一步对社会主义的本质进行了阐述："社会主义的本质，是解放生产力，发展生产力，消灭剥削，消除两极分化，最终达到共同富裕。"①这一论断分别从生产力和生产关系的角度阐述了社会主义的内涵，在解放和发展生产力的基础上，在人与人的关系方面实现消灭剥削、消除两极分化，其中包含着平等、公正和分配正义的原则，最终实现共同富裕，表达了社会主义对人的物质需求的保障和满足，这是实现人的全面发展的基本物质条件。但是，解放和发展生产力归根结底只是实现社会发展和人的发展的手段，人的自由和全面发展才是最终目的，而人的发展不仅仅需要必要的物质条件，还包括政治权利的保障、思想文化的教育、道德境界的提升、精神世界的丰富等方面的内容。

2002年党的十六大报告提出要发展先进生产力，发展先进文化，实现最广大人民的根本利益，推动社会全面进步，促进人的全面发展，把握住这一点，就从根本上把握了人民的愿望，把握了社会主义现代化建设的本质。这些论述以生产力的发展为基础，在上层建筑层面提出了发展先进文化的要求，把社会主义初级阶段共同富裕的基本目标与人的全面发展的高级目标联系起来，表明中国共产党对社会主义本质有了新的认识。

2003年中国共产党十六届三中全会明确提出了科学的发展观：坚持以人为本，树立全面、协调、可持续的发展观，促进经济社会和人的全面发展，强调按照统筹城乡发展、统筹区域发展、统筹经济社会发展、统筹人与自然和谐发展、统筹国内发展和对外开放的要求，推进改革和发展。人的全面发展得到了更加充分的阐述，并且树立了以人为本的基本理念，体现了从生产力发展到经济社会发展再到人的发展的理论推进，标志着党对社会主义本质认识的进一步深化和发展。

2004年以后，中国共产党提出以人为本，构建社会主义和谐社

① 《邓小平文选》第3卷，人民出版社1993年版，第373页。

会。社会主义和谐社会具有六大特征：民主法治、公平正义、诚信友爱、充满活力、安定有序、人与自然和谐相处。这一时期对社会主义的理解有两点值得注意：一方面把以人为本作为构建和谐社会的核心，把人与人之间的关系、人与社会之间的关系、人与自然之间的关系统一起来；另一方面突出了公平正义的重要内涵，中国共产党明确指出，维护和实现社会公平和正义，涉及最广大人民的根本利益，是共产党坚持立党为公、执政为民的必然要求，也是中国社会主义制度的本质要求。解放和发展生产力与实现社会公平正义，是社会主义初级阶段的两大任务，社会正义在中国共产党的理论中的地位越来越重要，构成社会主义本质的基本内容。

2007 年党的十七大报告系统阐述了科学发展观的理论内涵。十七大报告指出，科学发展观，第一要义是发展，核心是以人为本，基本要求是全面协调可持续发展，根本方法是统筹兼顾。科学发展观成为党的指导思想的一部分，以人为本是科学发展观的核心，表明人的发展是最终目的，生产力发展和经济社会发展是实现人的发展的手段，这是向马克思思想的回归。在十七大报告中，公平正义的内涵也更为丰富。报告提出要通过发展增加社会物质财富、不断改善人民生活，又要通过发展保障社会公平正义，不断促进社会和谐。

2012 年党的十八大将科学发展观确立为党的指导思想，进一步概括提炼了中国特色社会主义道路、中国特色社会主义理论体系和中国特色社会主义制度，提出经济建设、政治建设、文化建设、社会建设和生态文明建设"五位一体"的中国特色社会主义事业的总体布局。十八大提出要积极培育和践行社会主义核心价值观，将社会主义核心价值观概括为国家、社会和个人三个层面，富强、民主、文明、和谐，自由、平等、公正、法治，爱国、敬业、诚信、友善。社会主义核心价值观是社会主义核心价值体系的高度凝练和集中表达。国家、社会和个人三个层面的价值追求体现了社会主义的本质和原则，体现了人的发展与经济社会发展的关系，反映了社会主义条件下个人与国家、社会、自然以及他人之间的关系。

中国共产党在社会主义实践过程中，对社会主义原则和本质的认识是不断深化与发展的，人的发展这一根本尺度逐渐超越了物的尺度，关于人的发展的内涵也不断得到丰富和完善。反思沙夫对社会主义原则的总结和概括，我们能够更加深刻地认识到沙夫思想的理论深度和现实意义，从社会主义人道主义立场出发，沙夫关于社会主义现实和理论的反思，对中国的社会主义实践具有重大的思想价值，值得我们展开深入的理论研究。

沙夫对现存社会主义的批判虽然是以苏联和东欧的社会主义为背景的，但是有关社会主义制度的反思值得我们关注和研究。在中国的社会主义进程中，有关发展模式与发展速度的关系、经济发展与人的发展之间的关系、分配正义问题、消费与需求关系等等，都需要我们进行更加深入系统的研究。沙夫的很多具体策略我们未必认同，但是他对生态社会主义及可持续发展问题的研究是非常有价值的。科学发展观的提出标志着当代中国已经将人与自然的关系纳入了发展视野，在这方面中国的社会主义已经充分认识到全面发展、协调发展及可持续发展的重要性，这是我们社会主义实践的重要原则，是社会主义理论的重大创新。

沙夫认为社会主义就是要消灭作为社会个体的人的一切形式的异化，在两种制度对立的背景下，沙夫的社会主义人道主义理论承担着对当代资本主义和现存社会主义进行双重批判的历史使命。沙夫一方面积极进行理论层面的社会主义研究，另一方面对现实层面的社会主义异化展开批判，使异化理论在当代的社会背景下得到深化和发展。

沙夫认为异化不是资本主义社会或其他私有制条件下特有的现象，异化根源于人类实践活动本身，实践的创造性越强，对象化或客体化的力量就越突出，异化的可能性也随之增大。异化现象具有历史性，因为异化现象总是与特定的历史形成的社会关系相联系，并随着这些社会关系的消失而消失。同时异化现象是超历史的，因为人类社会不可能彻底根除异化现象，每一种社会形态都存在产生异化现象的可能性，即使将来的共产主义社会也不例外。从现实状况来看，社会主义条件下存在普遍的异化现象，无产阶级革命、社会主义民主、无产阶级政党、官僚体制、人与自然之间的关系、人与人之间的关系以及人与自我之间的关系都表现为异化状态，这里面有社会主义制度自身不完善、建设社会主义条件不成熟等客观原因，也有对社会主义认识存在偏差、执政党决策失误等主观原因。现行的社会发展方式造成了严重的生态危机，新工业革命将使整个社会生活发生重大变革，社会主义的发展面临着多方面的挑战。

社会主义的基本原则就是消灭一切人剥削人的形式，消除个体的人的一切异化形式，实现自由、平等和社会公正。当代社会主义遭遇到了重大挫折，但并不能因此从根本上否定马克思主义的理论价值和重要意义。沙夫阐述了未来的社会主义的基本特征，在政治上推行民主化和多元化，发展自治组织，重视新兴中间阶层的作用；在经济上实行有计划的市场经济形式；在发展模式上走人与自然和谐发展的生态社会主义道路；从人类个体的发展角度来看，社会主义应当努力塑造更加充分发展的“社会主义新人”。未来的社会主义应当以马克思主义理论为指导，由适应信息社会发展的新左派团结各种进步力量来建设。

沙夫的社会主义人道主义思想是一个有机联系的整体，各部分内容之间具有清晰的逻辑结构。沙夫关于人类个体问题的研究、社会主义异化现象的分析和社会主义理论与实践的反思等人道主义理论的探讨，对中国特色社会主义具有重要的理论意义和现实意义。

结 语

我之所以倾向于马克思主义，是因为它为我提供了比其他流派更好的世界图景，并且开辟了更广阔的活动可能性和活动范围。

——亚当·沙夫

沙夫是社会主义人道主义思想的集大成者，他全面系统地阐述了社会主义人道主义的理论内涵，自觉地概括和表述了社会主义的人道主义本质，进一步提炼出当代社会主义的哲学立场、价值追求和政治理想，对现代人的生存困境给予全景式的揭示和观照。在 20 世纪现实背景下，沙夫运用马克思主义理论对资本主义制度和社会主义制度进行全面深刻的双重批判，总结社会主义运动的经验教训，开创了生态社会主义的发展方向，提出了未来社会主义的基本构想。沙夫的社会主义人道主义思想是马克思主义人道主义的一种典型的当代形态。

沙夫是一位具有国际影响力的杰出的马克思主义学者。他曾经参加过多个国际性学术组织的研究活动并多次担任重要职务，如联合国教科文组织社会科学学术中心主任、“罗马俱乐部”执行委员会主席等，开创了生态学马克思主义方向。沙夫思想敏锐，视野开阔，他与当代各种思潮都曾展开深入的对话和交锋，在哲学、语义学、政治学等领域都取得了丰硕的理论成果，世界上许多国家出版了他的大多数著作，仅《马克思主义与人类个体》一书就曾经被翻译成十几种文字，中国从 1962 年开始翻译出版沙夫的著作和文章，50 多年来累计翻译出版 7 部著作和 25 篇文章，可以说，沙夫是享有崇高国际声誉的马克思主义思想家和政治家。

从20世纪60年代起,以《人的哲学》(1962年)和《马克思主义与人类个体》(1965年)两部著作问世为标志,沙夫确立了社会主义人道主义的基本立场,他此后的研究始终围绕着这一理论核心展开,逐渐发展成为系统的社会主义人道主义理论体系。从现实问题到思想原则再到解决出路的求索过程,反映了沙夫对马克思主义理论的阐释和发展,对社会主义现实困境的反思和批判,对人类个体的尊重和观照。

沙夫的社会主义人道主义理论主要围绕四个问题展开:20世纪60年代开始人的问题的哲学思考;20世纪70年代着手生态问题的理论探索;20世纪80年代关注异化问题的现实批判;20世纪八九十年代以后致力于社会主义危机及其出路的政治反思。根据对这些问题的考察研究,沙夫提出并发展了一系列的理论成果:社会主义人道主义理论;生态社会主义理论;异化理论;社会主义改革思想。这些理论共同构成沙夫社会主义人道主义思想的有机整体,同时这些理论之间存在清晰的内在逻辑联系,受衣俊卿教授对马克思思想层次划分的启发,我把沙夫的社会主义人道主义理论理解为三个层次:从理论内核来看,以人类个体为核心和出发点、以人的全面发展和个性生成为归宿的人道主义理论,关于现代人的生存状态批判的异化理论构成沙夫人道主义思想的深层结构;从制度建设来看,关于社会主义的根本原则、前提条件、发展基础等问题的研究可以视为沙夫人道主义思想的中层结构;从实践策略来看,关于发达资本主义和社会主义现实的批判、对社会主义危机和技术与生存关系的反思等具有鲜明时代特征的思想观点则可以视为沙夫思想的表层结构。根据这种理解方式,可以把沙夫思想的丰富性和开放性以人道主义理论为核心内容整合起来,我们就能够理解,他终生执着追求的人道主义价值目标从未动摇过,而具体的理论关注点是变化的,从存在主义到生态运动,从异化理论到社会主义现实危机,紧扣时代主题的理论表现形式尽管各不相同,却都从各个侧面反映了他的社会主义人道主义的根本立场,其中贯穿始终的主题就是个体的人的存在与发展。因此,沙夫在20世纪60年代自觉地阐述社会主义人道主义的理论内容;在20世纪70年代参加“罗马俱乐部”的研究,开始关注当代人面临的生存困境;在20世纪80年代对社会主义现实矛盾的加剧深感忧虑,苏东剧变后苦苦思索社会主义运动的经验教训和未来走向，上述问题和相关的理论研究从未离开对人的深切关注，从未偏离社会主义人道主义的理论方向。

沙夫的社会主义人道主义思想有两条基本线索贯穿始终，一是以个体的人为内在线索，20 世纪 60 年代明确个体的人的价值为最高原则，20 世纪 70 年代以后生态学研究和异化理论开始关注现代社会个体的人的存在状况，社会主义理论探讨新人的生成关系到人类个体的自由解放、全面发展，人类个体的存在与发展是沙夫从事各种研究的不变主题。二是以社会主义为外在线索，在不同时期的研究中，沙夫始终带着现实中遇到的困惑去解读马克思主义经典作家关于社会主义的最初构想，对社会主义现实进行全面的批判和反思，在社会主义运动遭遇挫折后积极描绘未来社会主义的理论设想，沙夫把社会主义人道主义理解为实现个体的人的全面发展和最终幸福的现实运动，这两条线索交织在一起，构成了沙夫人道主义思想的统一性和完整性。

基于上述理解，本书的基本观点概括如下：

1. 沙夫的社会主义人道主义理论是一个具有多维结构的有机整体，以人道主义为基本立场，以人类个体为核心范畴，沙夫的思想具有连续性和一致性，关于人道主义的系统性理论构建，关于异化问题的研究，关于当代新技术革命与人类生存困境关系的探讨，关于社会主义的现实、走向与未来的思考都围绕着人的自由、解放和发展这一主题，分别从理论、制度和实践层面展开，既关注人类社会中个体与群体、类的关系，又努力从人与自然关系的角度探讨人的自由和解放，最终落脚在制度层面的革命和变革。他在不同领域的研究和著述体现了两种意识形态对垒背景下的时代特征。社会主义人道主义本质上是一种社会批判理论，作为深层理论内核的人道主义理论的建构和阐述确立了这种社会批判的根本原则和价值目标，同时也是对人道主义传统的继承和发展，沙夫在此基础上才能依据这一应然层面的原则和目标对照现实状况展开全面批判，实现理论对实践的指导作用。

2. 人类个体概念是沙夫人道主义理论的核心范畴，马克思的人道主义思想就是以处于特定社会历史条件下的人类个体的现实生存状况为出发点的，以个体的人的自由、解放和全面发展为最终目的，这是沙夫在萨特存在主义的启发下，通过深入解读青年马克思的著作概括出来的，他将马克思主义人道主义推进到人类个体这一微观视野，把以往人道主义笼统地称为“人”的主体内涵明确地表述为具有社会性特征的“个体的人”，并且全面地考察了个体的人在现代社会的生存状况，提出社会主义的目标就是实现人的个性和自由的充分发展，并且把塑造新人作为社会主义的重要任务。沙夫的社会主义人道主义思想继承了马克思提出的人的自由和全面发展的价值目标，沙夫在理论上的贡献在于，他一方面把人道主义的主体内涵深化为个体的人，另一方面把社会主义的本质特征和根本任务归结为个体的人生成为充分发展的“社会主义新人”，并且强调社会主义应该为实现个体的幸福创造客观条件。以人类个体为核心的人道主义思想，使我们对“每个人的发展是一切人发展的条件”这一经典命题有了更深的理解，这是马克思主义人道主义理论的当代新形态，也是人道主义理论发展的新成果。人道主义理论的主体界定从古代抽象的人到近代一般的人，再到现代个体的人的发展过程，反映了人道主义在理论内涵、观照范围、实现程度等方面的不断推进和深化。

3. 沙夫的异化理论以 20 世纪的社会历史现实为切入点，对两种社会制度进行深刻的批判和反思，从政治、经济、社会文化、技术、生态、个体的心理和个性等各个方面揭示异化的普遍存在与日益加剧。关于两种制度下的政治异化（包括国家、政党、官僚体制、民主、革命）问题，以及关于人类个体在心理、个性特征等方面的异化问题，是沙夫异化理论中特别深刻而且非常有创造性的部分。异化理论本质上是以人道主义的价值和原则为根据的，对人道主义理想与社会现实之间的落差进行揭示和批判，人道主义是异化理论的现实尺度，异化理论以特定的社会历史条件为前提，从现实出发，通过否定和批判现存，实现对人道主义目标的弘扬。东欧新马克思主义者都承担着对两种社会制度进行现实批判的历史使命，但是沙夫的异化批判最为全面，他详细划分了异化领域，阐述客体的异化与主体的异化的区别，为我们呈现出了一个全面系统、层次分明的异化理论结构。

沙夫继承并发展了马克思的早期思想，对西方马克思主义和东欧新马克思主义的理论成果进行了总结与概括，沙夫不仅建构了异化理论的概念系统,在当代背景下阐释异化理论,运用它分析和批判发达资本主义与社会主义的现实,而且以开放和包容的态度对待异化理论在存在主义者、社会分析学派甚至天主教文献中的广泛应用,并把消除各种异化现象作为实现人道主义的具体道路,体现了社会批判理论的特征。同时,我们也应看到,沙夫的异化思想存在比较明显的不足,沙夫对异化现象的揭示是非常全面的,但是关于异化根源的分析不足,另外,他颠倒了主体的异化与客体的异化的关系,没有揭示自我异化是客体的异化的根源。

4. 本书认为沙夫的人道主义理论有一定的局限性,他突出和强调了人类个体在马克思主义理论中的重要地位,但是在实现人道主义的具体道路问题上,他仍然侧重从制度层面消除普遍的异化现象,而忽视了个体的人在主观层面的自我塑造和自我实现。沙夫对存在主义的评价有局限性,他承认存在主义提出了个体存在的重要问题,但是否定了存在主义的理论内容。一方面,从人道主义的实现方式考察,在个体的自由和发展问题上,存在主义与马克思主义各自突出和强调了其中的一个方面,即社会制度层面的发展环境、客观条件与个体精神层面的自我设计和自我实现。人道主义目标的最终实现这两个方面缺一不可。另一方面,在更深层次上看,马克思主义与存在主义在人道主义基本价值目标的理解上具有高度的一致性,都以人的自由、解放和发展为最高价值。马克思的早期思想就确立了这一目标,此后他的确沿着为实现绝大多数人的福祉而变革社会制度的方向进行革命实践和理论探索,这在当时的社会历史条件下是必然的选择,但是这并不意味着马克思忽视了实现人的自由和发展的另一个维度,马克思关于资本主义条件下劳动异化的四重规定性中人的本质的异化就是劳动异化的根源,自我异化的消除和克服与人的自由的实现是一致的。显然,沙夫继承并发展了马克思的理论方向,但是他对自我异化的理解存在较大的偏差,这就影响他对个体自我改造和自我设计的重要性的认识,未能吸取存在主义的理论成果。本书认为在人类个体层面上探讨社会主义人道主义实现的双重路径,对于我国当前提倡以人为本的科学发展观具有重要的理论意义和现实意义,我们既要从制度建设层面提供推进人的自由和全面发展的客观条件,又要努力创造尊重个体价值和选择的氛围,使每个个体通过自我设计和自我实现,获得自由和发展,成为真正的“自由人”。

沙夫把社会主义人道主义概括为一种幸福论,这是比较有局限性的,仅仅从需要的满足程度、精神愉悦程度来判断是否幸福是远远不够的。关于幸福的标准、幸福的客观条件和主观条件、个体幸福与人的自我实现、与社会发展进步和人类整体幸福之间的关系等等问题,都有待于展开讨论。人的自由和解放、人的全面发展、人的丰富和完善、人获得自身的总体性这些人道主义的最高目标与最高原则无疑是正确的,通过社会变革创造客观条件,通过人类个体参与社会实践进行自我改造,通过经验的积累和经历的锤炼,才能实现人自身素质的提高、能力的增强。人对主观世界的改造、反思和批判能力、超越意识等等直接影响到自身发展的程度。必须考虑到两个方面:社会要努力为个人发展和自由创造条件;个体要注重自身的经验积累和觉悟提升。

幸福和不幸没有统一的标准,只有相对的标准,对于那些我们无法回避的现实境遇,最为重要的是人面对它时能够做些什么,做到了什么程度,也就是说人能够把自身的潜能和意志实现到什么程度,在自我超越层面上、主观能动性得以充分发挥的情况下,人才能实现发展和完善,从而体验到超越的幸福。从具体经验的层面上看,作为一种感受(状态)的幸福和不幸,既是之前个体实践的结果又是此后实践的开端。

5. 沙夫明确提出并全面论述了社会主义人道主义的理论内涵,深化发展了马克思关于人的自由和发展的学说,将马克思主义人道主义推向了一个新的高度。沙夫把人道主义的价值目标进一步明确指向人类个体的自由和幸福,以个体差异为前提,提出了实现个人幸福的社会条件并指出了社会制度的限度,从而为主体自主选择、创造和自我实现留下了理论空间。沙夫的社会主义人道主义是在现代社会条件下对马克思主义人道主义的继承和发展,总体上看,本书认为:

第一,沙夫确立的以人类个体为核心的社会主义人道主义原则和价值目标,符合马克思本人思想和马克思主义精神,在最深层次上抓住了人道主义问题的本质。处于特定社会历史条件下的人类个体是社会主义人道主义的根本出发点,个体的人的自由、全面发展和幸福是社会主义人道主义的最终目的,对个体的人的现实观照是社会主义理论和实践的根本原则。“马克思主义越来越成为这样一种理论，提到首位的问题就是它的人类学的(antropologic-zna)一面，这就是关于个人的理论、自主的人道主义理论和异化理论等。这在过去是被忽视的，或者说，是被当成背离马克思主义的东西而‘逐出教门’的。”①沙夫把个体的人、自治的人道主义和异化视为马克思主义学说的重要部分，我们应该对这一人道主义内核加以充分研究，作为指导社会主义实践的重要理论武器。

第二，沙夫对资本主义异化和社会主义异化的批判是全方位的，这是沙夫社会主义人道主义思想的现实基础，反映了这一理论的时代特征。沙夫对异化现象的研究分别涉及两种制度下的社会各个领域和各个层面，是东欧新马克思主义中最为全面的。同时沙夫关于异化问题的研究又不同于以法兰克福学派为代表的西方马克思主义的理论视角，既具有综合性，又具有针对性，既关注整个社会的异化程度，又突出人类个体的生存状态。

第三，在策略层面上，对社会主义政治改革的设计和时局的估计是保守的，生态学马克思主义探索是有重要理论意义和现实意义的，开创了马克思主义理论的新形态和新方向。沙夫对社会主义现实问题的分析是深刻的，诊断是准确的，但是他所提供的解决方案在多大程度上具有现实性和可行性是不确定的，当时波兰的局势发展超出了他的设想，苏联和东欧各国的情况就更加复杂和难以估计。同时，任何现实问题的解决可以有各种不同的设计和选择，当沙夫面临着不确定的未来社会主义发展环境时，所提出的方案只能是笼统的和猜测性的。沙夫作为生态社会主义的发起者，为马克思主义未来的发展提供了新的可能性，对人类生存的现实困境的关注，是异化理论的应用和发展，对当代政治实践产生了深远的影响。

本书的不足：笔者把语义学视为沙夫的一种方法论，沙夫对人类个体范畴的论述、对异化概念的梳理都运用了语义学的基本方法，但是有关沙夫语义学研究的具体内容笔者没有展开分析，因为这一领域与人道主义理论的关联度不是太高，希望以后可以把这

① 亚当·沙夫：《创造性的马克思主义——新型社会主义(上)》，载《当代世界社会主义问题》2000年第4期。

个内容单独作为研究对象，能够弥补这一遗憾。另外，虽然笔者在写作过程中注意比较维度，但是由于能力和视野所限，可能不够充分和深入。

沙夫的社会主义人道主义思想是对马克思主义人道主义的深化和发展，对当代社会面临的普遍的人道主义现实的问题，对未来的社会主义发展和中国的社会主义探索都具有重要的现实意义。

社会主义人道主义理论为我们认识和解决现实中对人的存在及发展构成威胁与破坏的各种异化问题提供了根本依据、参照，人类生存和发展过程中遇到日益普遍和严重的异化问题，人道主义理论为我们描绘了应然层面的生存状态，克服和消除现存的各种异化现象，是每个时代都要面临的生存挑战，在当代社会，这一形势尤为严峻。沙夫的社会主义人道主义虽然表明了鲜明的政治立场，但是它的根本原则和价值诉求具有超越时代特征的普遍合理性，是人类共同追求的理想境界，从这个意义上来看，沙夫的人道主义理论与其他的人道主义理论和人本主义思潮一样，是人类自我认识、自我实现的理论表征。

从世界范围来看，当代的社会主义实践呈现多样化和复杂化的发展趋势，民主社会主义关于第三条道路的主张，欧洲共产主义关于资本主义向社会主义民主过渡的理论，阿拉伯、非洲、拉美国家和一些亚洲国家的社会主义实践分别以各自的方式探索社会主义的发展道路，沙夫的人道主义思想在社会主义的根本原则、人类个体的发展状况、社会阶层的变化与左派力量的构成、社会主义政治民主、社会主义在新工业革命时代的使命和任务等等方面，都对当代的社会主义实践具有很大的参考价值。

中国的社会主义实践正不断地走向未来，我们面临的发展现状充满了机遇和挑战，理论探索和现实问题都在时时拷问着我们的信念和立场。衣俊卿教授认为我们现在取得的成绩还相对脆弱，不必急于总结和定性“中国模式”，如何在社会主义实践中立足，中国现实找到一条健康发展的道路，还需要我们去探索和思考。这就要求我们清醒地认识自身的状况和问题，以开放的眼光研究和总结世界上其他发展道路的经验，学习借鉴社会主义理论研究的成果，提升理论研究的层次。沙夫对以往社会主义经验教训的总结概括、对社会主义制度的反思、对未来社会主义发展的设想，对中国都具有重要的现实意义。

沙夫是一位真正的马克思主义者，他早在 1931 年就加入波兰共产党，投身共产主义运动，参加民族独立和反法西斯斗争，曾经坐过牢，受过政治排挤，也曾身居党内要职。沙夫坚持社会主义人道主义立场，公开批评苏联模式和现实社会主义制度的弊端，主张民主化改革，探索新型社会主义发展道路。无论是作为哲学家还是政治家，无论身为波兰统一工人党的中央委员还是被批判为修正主义者，被开除出党还是恢复党籍，被奉为“思想之父”还是经历波兰统一工人党解散，他始终公开表明自己的马克思主义立场，坚定不移地信仰马克思主义，全身心地投入到社会主义的理论研究和政治实践之中，他认为，他和他的同代人“选择共产主义是因为共产主义为他们敞开的是牢狱之门，而不是通向升官发财之路”①，他是一位学识渊博、品德高尚、具有伟大人格魅力的共产主义者，为马克思主义贡献出了宝贵的思想财富。

① 耶日·维亚特尔：《学者与政治家》，载《当代世界社会主义问题》2003 年第 1 期。

参考文献

一、英文部分

(一)沙夫的英文文献

[1] Adam Schaff. A Philosophy of Man [M]. London: Lawrence & Wishart, 1963.

[2] Adam Schaff. Marxism and the Human Individual [M]. New York: McGraw - Hill, 1970.

[3] Adam Schaff. Alienation as a Social Phenomenon [M]. New York: Pergamon Press, 1980.

[4] Günter Friedrichs, Adam Schaff. Microelectronics and Society: for Better or for Worse: A Report to the Club of Rome [R]. New York: Pergamon Press, 1982.

[5] Adam Schaff. Introduction to Semantics [M]. New York: Pergamon Press, 1962.

[6] Adam Schaff. Structuralism and Marxism [M]. New York: Pergamon Press, 1978.

[7] Adam Schaff. Language and Cognition [M]. New York: McGraw - Hill, 1973.

[8] Adam Schaff. History and Truth [M]. New York: Pergamon Press, 1976.

(二)有关沙夫的英文文献

[1] Isidor Wallimann. Marxism and the Human Individual [J]. Qualitative Sociology, 1978, 1(1), 152 - 158.

二、中文部分

(一)沙夫的中文文献

[1]亚当·沙夫. 人的哲学——马克思主义与存在主义[M]. 林波,徐懋庸,段薇杰,等. 北京:三联书店,1963.

[2]亚当·沙夫. 人的哲学[M]. 赵海峰,译. 哈尔滨:黑龙江大学出版社,2014.

[3]亚当·沙夫. 论共产主义运动的若干问题[M]. 奚戚,齐伍,译. 北京:人民出版社,1983.

[4]亚当·沙夫. 语义学引论[M]. 罗兰,周易,译. 北京:商务印书馆,1979.

[5]京特·弗里德里奇,亚当·沙夫. 微电子学与社会[M]. 李宝恒,袁幼卿,吴宝坤,译. 北京:三联书店,1984.

[6]亚当·沙夫. 结构主义与马克思主义[M]. 袁晖,李绍明,译. 济南:山东大学出版社,2009.

[7]亚当·沙夫. 历史与真理[M]. 张笑夷,译. 哈尔滨:黑龙江大学出版社,2014.

[8]亚当·沙夫. 当代社会主义的空白领域[M]//戈尔巴乔夫,勃兰特. 中央编译局国际发展与合作研究所编译. 未来的社会主义. 北京:中央编译出版社,1994.

[9]亚当·沙夫. 共产法西斯主义——起源和社会职能[M]//戈尔巴乔夫,勃兰特. 中央编译局国际发展与合作研究所编译. 未来的社会主义. 北京:中央编译出版社,1994.

[10]亚当·沙夫. 呼唤新左派——《困惑者纪事》(一)[J]. 郭增麟,编译. 当代世界社会主义问题,1996(4):25-30.

[11]亚当·沙夫. 关于未来社会主义的思考——《困惑者纪事》(二)[J]. 当代世界社会主义问题,1997(1):21-26.

[12]亚当·沙夫. 美国——梵蒂冈"神圣同盟"内幕——《困惑者纪事》(三)[J]. 当代世界社会主义问题,1997(2):59-70.

[13]亚当·沙夫. 波兰"现实社会主义"安魂曲——《困惑者纪事》(四)[J]. 当代世界社会主义问题,1997(4):58-65.

[14]亚当·沙夫. 马克思主义基本理论的波兰经验——《困惑者纪事》(五)[J]. 当代世界社会主义问题,1998(1):49-54.

[15]亚当·沙夫. 需要一种新的左派[J]. 柴方国,译. 当代世界与社会主义,1997(4):12-16.
[16]亚当·沙夫. 做马克思主义者,不做教条主义者[J]. 当代世界社会主义问题,1999(2):46-49.
[17]亚当·沙夫. 创造性的马克思主义——新型社会主义(上)[J]. 当代世界社会主义问题,2000(4):3-11.
[18]亚当·沙夫. 创造性的马克思主义——新型社会主义(下)[J]. 当代世界社会主义问题,2001(1):3-11.
[19]亚当·沙夫. 个人幸福的社会条件[J]. 哲学译丛,1962(1):14-22.
[20]亚当·沙夫. 马克思主义旧内容的新发现[J]. 哲学译丛,1965(6):1-8.
[21]亚当·沙夫. 马克思异化理论的概念系统(上)[J]. 哲学译丛,1979(1):22-27.
[22]亚当·沙夫. 马克思异化理论的概念系统(下)[J]. 哲学译丛,1979(2):51-55.
[23]亚当·沙夫. 马克思主义的人道主义[J]. 哲学译丛,1980(1):47-53.
[24]亚当·沙夫. 论个人自由[J]. 哲学译丛,1981(2):51-59.
[25]亚当·沙夫. 异化是社会问题和哲学问题[J]. 哲学译丛,1981(4):61-67.
[26]亚当·沙夫. 应该研究异化理论[J]. 哲学译丛,1981(6):53-59.
[27]亚当·沙夫. 社会主义与异化[J]. 哲学译丛,1982(2):50-58.
[28]亚当·沙夫. 社会主义与异化(续完)[J]. 哲学译丛,1982(3):8-16.
[29]亚当·沙夫. 异化和社会行动[J]. 哲学译丛,1983(5):23-30.
[30]亚当·沙夫. 作为一种思潮的结构主义[J]. 哲学译丛,1983(5):67-77.

(二)有关沙夫的中文文献

[1]衣俊卿. 人道主义批判理论——东欧新马克思主义述评[M].

北京:中国人民大学出版社,2005.

[2]衣俊卿,丁立群,李小娟,等. 20 世纪的新马克思主义[M]. 北京:中央编译出版社,2001.

[3]衣俊卿. 东欧的新马克思主义[M]. 唐山:唐山出版社,1993.

[4]衣俊卿. 衣俊卿集[M]. 哈尔滨:黑龙江教育出版社,1995.

[5]衣俊卿,尹树广,王国有,等. 20 世纪的文化批判:西方马克思主义的深层解读[M]. 北京:中央编译出版社,2003.

[6]郭增麟. 沙夫对苏东剧变的反思和关于未来社会主义的构想(上)[J]. 国外理论动态, 2001(8):1-5.

[7]郭增麟. 沙夫对苏东剧变的反思和关于未来社会主义的构想(下)[J]. 国外理论动态, 2001(10):5-8.

[8]耶日·维亚特尔. 学者与政治家[J]. 当代世界社会主义问题,2003(1):3-6.

[9]陈学明. 马克思主义在今天还有没有意义——从亚当·沙夫的回答说开去[J]. 马克思主义与现实,1999(6):31-39.

[10]陈学明. 论马克思关于人的全面发展理论的当代功能——兼评亚当·沙夫对马克思主义现实意义的论证[J]. 马克思主义研究,2000(1):72-81.

[11]叶林. 马克思主义关于人的哲学和人道主义——沙夫的《马克思主义与人类个体》一书简介[J]. 哲学译丛,1981(4):49-53.

[12]赵鑫珊. A. 沙夫的《人的哲学》(英文版)[J]. 哲学译丛,1981(1):67-69.

[13]章士嵘. 读沙夫的《语义学引论》[J]. 哲学研究,1981(11):67-71.

[14]燕宏远. 亚当·沙夫[J]. 哲学译丛,1980(6):62-63.

[15]袁晖. 沙夫对“结构主义的马克思主义”的批判[J]. 山东大学学报(哲学社会科学版),1997(4):14-18.

[16]袁晖,李绍明. 一个马克思主义哲学家视野中的结构主义——亚当·沙夫《结构主义与马克思主义》中译本序[J]. 当代世界社会主义问题,2007(3):47-50.

[17]陈道德. 沙夫的意义理论述评[J]. 湖北大学学报(哲学社会科学版),1992(6):60-62.

[18]高湘泽. 人道主义哲学－社会学观照中的微电子时代——亚当·沙夫主编《微电子学与社会》一书对我们的启迪[J]. 学术研究,1999(11):11－17.

[19]朱丽君. 亚当·沙夫的异化理论[J]. 晋阳学刊,2002(6):45－49.

[20]郑理. 亚当·沙夫的人学思想研究[J]. 毛泽东思想研究,1998 年增刊:144－151.

[21]俞可平. 全球化时代的"社会主义"——90 年代以来西方社会主义研究述评[J]. 马克思主义与现实,1998(2):46－57.

[22]周穗明. 生态社会主义述评[J]. 国外社会科学,1997(4):8－13.

[23]于润洋. 符号、语义理论与现代音乐美学[J]. 音乐研究,1985(3):42－60.

[24]叶传汗. 有关阿·沙夫语义学理论的几个问题——和于润洋同志商榷[J]. 音乐研究,1986(1):116－118.

[25]郑一明. 当代西方著名学者对马克思主义哲学若干问题的思考[J]. 马克思主义与现实,2001(3):35－41.

[26]B. 图汉斯卡. 马克思的人的概念[J]. 哲学译丛,1985(1):1－8.

[27]J. 伊斯埃尔. 论社会主义社会中的异化问题[J]. 哲学译丛,1980(5):1－12.

(三)相关参考文献

[1]《马克思恩格斯选集》第 1－4 卷[M]. 北京:人民出版社,1995.

[2]《马克思恩格斯全集》第 3 卷[M]. 北京:人民出版社,2002.

[3]《马克思恩格斯全集》第 2 卷[M]. 北京:人民出版社,1974.

[4]《马克思恩格斯全集》第 23 卷[M]. 北京:人民出版社,1972.

[5]《马克思恩格斯全集》第 46 卷(上)[M]. 北京:人民出版社,1979.

[6]马克思. 1844 年经济学哲学手稿[M]. 北京:人民出版社,2000.

[7]《列宁全集》第 29 卷[M]. 北京:人民出版社,1985.

[8]张奎良. 马克思的哲学思想及其当代意义[M]. 哈尔滨:黑龙

江教育出版社,2001.

[9]张奎良. 时代呼唤的哲学回响[M]. 哈尔滨:黑龙江人民出版社,2000.

[10]衣俊卿. 现代化与日常生活批判——人自身现代化的文化透视[M]. 北京:人民出版社,2005.

[11]衣俊卿. 现代化与文化阻滞力[M]. 北京:人民出版社,2005.

[12]衣俊卿. 回归生活世界的文化哲学[M]. 哈尔滨:黑龙江人民出版社,2000.

[13]阿伦·布洛克. 西方人文主义传统[M]. 董乐山,译. 北京:三联书店,1997.

[14]大卫·戈伊科奇,约翰·卢克,蒂姆·马迪根. 人道主义问题[M]. 杜丽燕,等,译. 北京:东方出版社,1997.

[15]保罗·库尔兹. 21 世纪的人道主义[M]. 肖峰,等,译. 北京:东方出版社,1998.

[16]美国《人文》杂志社,三联书店编辑部. 人文主义:全盘反思[M]. 北京:三联书店,2003.

[17]爱德华·W. 萨义德. 人文主义与民主批评[M]. 朱生坚,译. 北京:新星出版社,2006.

[18]戴维·埃伦费尔德. 人道主义的僭妄[M]. 李云龙,译. 北京:国际文化出版公司,1988.

[19]肖恩·塞耶斯. 马克思主义与人性[M]. 冯颜利,译. 北京:东方出版社,2008.

[20]凯蒂·索珀. 人道主义与反人道主义[M]. 廖申白,杨清荣,译. 北京:华夏出版社,1999.

[21]海德格尔. 路标[M]. 孙周兴,译. 北京:商务印书馆,2000.

[22]萨特. 存在与虚无[M]. 陈宣良,等,译. 北京:三联书店,1987.

[23]让-保罗·萨特. 辩证理性批判(上、下)[M]. 林骧华,徐和瑾,陈伟丰,译. 合肥:安徽文艺出版社,1998 .

[24]让-保罗·萨特. 存在主义是一种人道主义[M]. 周煦良,汤永宽,译. 上海:上海译文出版社,2005.

[25]费尔巴哈. 基督教的本质[M]. 荣震华,译. 北京:商务印书馆,1984.

[26]卢卡奇. 历史与阶级意识——关于马克思主义辩证法的研究[M]. 杜章智,任立,燕宏远,译. 北京:商务印书馆,2004.
[27]卢卡奇. 存在主义还是马克思主义? [M]. 韩润堂,阎静先,孙兴凡,译. 北京:商务印书馆,1962.
[28]安东尼奥·葛兰西. 狱中札记[M]. 曹雷雨,姜丽,张跣,译. 北京:中国社会科学出版社,2000.
[29]马克斯·霍克海默,西奥多·阿道尔诺. 启蒙辩证法:哲学断片[M]. 渠敬东,曹卫东,译. 上海:上海人民出版社,2003.
[30]埃里希·弗洛姆. 人的呼唤——弗洛姆人道主义文集[M]. 王泽应,刘莉,雷希,译. 上海:三联书店,1991.
[31]埃·弗洛姆. 为自己的人[M]. 孙依依,译. 北京:三联书店,1988.
[32]埃里希·弗罗姆. 逃避自由[M]. 刘林海,译. 北京:国际文化出版公司,2002.
[33]E. 弗洛姆. 健全的社会[M]. 孙恺祥,译. 贵阳:贵州人民出版社,1994.
[34]马尔库塞. 单向度的人[M]. 张峰,译. 重庆:重庆出版社,1990.
[35]路易·阿尔都塞. 保卫马克思[M]. 顾良,译. 北京:商务印书馆,1984.
[36]复旦大学哲学系现代西方哲学研究室编译. 西方学者论《1844 年经济学—哲学手稿》[M]. 上海:复旦大学出版社,1983.
[37]戴维·佩珀. 生态社会主义——从深生态学到社会正义[M]. 刘颖,译. 济南:山东大学出版社,2005.
[38]詹姆斯·奥康纳. 自然的理由——生态学马克思主义研究[M]. 唐正东,臧佩洪,译. 南京:南京大学出版社,2003.
[39]俞吾金. 从康德到马克思——千年之交的哲学沉思[M]. 桂林:广西师范大学出版社,2004.
[40]杜丽燕. 爱的福音:中世纪基督教人道主义[M]. 北京:华夏出版社,2005.
[41]张维迎. 大学的逻辑[M]. 北京:北京大学出版社,2004.
[42]张康之. 总体性与乌托邦:人本主义马克思主义的总体范畴

[M]. 长春:吉林出版集团有限责任公司,2007.

[43]高德平. 列国志 · 波兰[M]. 北京:社会科学文献出版社,2010.

[44]尼古拉斯 · 布宁,余纪元. 西方哲学英汉对照词典[M]. 北京:人民出版社,2001.

[45]金炳华,等. 哲学大辞典(修订本)[M]. 上海:上海辞书出版社,2001.

[46]G. 彼特洛维奇. 论异化[J]. 哲学译丛,1979(2):55 -60.

[47]B. 彼得洛维奇. 马克思主义的人道主义[J]. 哲学译丛,1983(4):24 -30.

[48]J. 马里坦,傅乐安. 马克思主义的人道主义[J]. 哲学译丛,1966(3 -4):135 -141.

[49]G. 克劳斯,M. 布尔. 何为异化?[J]. 哲学译丛,1979(2):60 -65.

[50]F. -J. 冯 · 伦泰林. 人道主义和人性在当前的意义与重要性[J]. 哲学译丛, 1980(2):54 -57.

[51]薛葵,仰海峰. 先验人性的颠覆与人道主义新释——读萨特《存在主义是一种人道主义》[J]. 理论学刊, 2002(3):59 -62.

[52]渠敬东. 涂尔干的遗产:现代社会及其可能性[J]. 社会学研究, 1999(1):29 -48.

[53]侯文. 有关"异化"概念的几点辨析[J]. 哲学研究,2001(10):74 -75.

索　引

国外马克思主义研究文库·东欧新马克思主义理论研究

书目

1.《具体辩证法与现代性批判——科西克哲学思想研究》 李宝文 著

2.《文化悖论与现代性批判——马尔库什文化批判理论研究》 孙建茵 著

3.《个性道德与理性秩序——赫勒道德理论研究》 王秀敏 著

4.《宏大叙事批判与多元美学建构——布达佩斯学派重构美学思想研究》 傅其林 著

5.《激进需要与理性乌托邦——赫勒激进需要革命论研究》 李晓晴 著

6.《文化的张力与理论的命运——科拉科夫斯基的青年马克思观研究》 胡蕊 著

7.《个体自由和道德责任——布达佩斯学派社会批判理论研究》 颜岩 著

8.《作为文化批判的审美——赫勒美学思想研究》 王静 著

9.《现代性危机与基督教文化精神——科拉科夫斯基宗教理论研究》 李晓敏 著

10.《历史哲学中的现代性反思——赫勒的后期思想研究》 范为 著

11.《多元文化阐释与文化现代性批判——布达佩斯学派文化理论研究》 杜红艳 著

12.《社会主义理想的初步实践探索——科拉科夫斯基的列宁主义观研究》 王继红 著

13.**《个体生存的现代观照——沙夫人道主义思想研究》 孙芳 著**

14.《人、历史与自我实现——马尔科维奇人道主义辩证法研究》 宋铁毅 著

15.《现代性危机的反思与人道主义马克思主义诉求——斯维塔克文化批判理论研究》 员俊雅 著

16.《哲学反思与社会批判——东欧新马克思主义的马克思观》

刘海静 著

17.《厚重的历史积淀与激进的理论批判——波兰新马克思主义研究》

衣俊卿、[波]T. 布克辛斯基、张笑夷等 著

18.《阶级分析与政治民主的建构——瓦伊达政治哲学理论研究》

孙建茵 著

19.《人道主义的视野与批判的内省——南斯拉夫实践派的实践哲学》

姜海波 著

20.《东欧新马克思主义精神史研究》 衣俊卿 著